JN184780

ベルト伝動・精密搬送の実用設計

第三次改訂増補版

ベルト伝動技術懇話会編

養賢堂

編集および執筆担当者（五十音順）

編集委員長	籠谷　正則	北九州自動車大学校
編集副委員長	大窪　和也	同志社大学
編集委員	明石　貴光	バンドー化学（株）
	飯塚　　博	山形大学
	榎田　政純	ハバジット日本（株）
	龍巳　良彦	三ツ星ベルト（株）
	田中　滋泰	日本ベルト工業会
	中村　晴彦	ニッタ（株）
	山本　貴司	ニッタ（株）
執筆委員	明石　貴光	バンドー化学（株）
	上田　博之	大阪産業大学
	榎田　政純	ハバジット日本（株）
	大窪　和也	同志社大学
	籠谷　正則	北九州自動車大学校
	川原　英昭	バンドー化学（株）
	佐藤　佑紀	ニッタ（株）
	龍巳　良彦	三ツ星ベルト（株）
	田中　滋泰	日本ベルト工業会
	中村　晴彦	ニッタ（株）
	廣中　章浩	ゲイツ・ユニッタ・アジア（株）
	藤井　　透	同志社大学
	丸山　雄司	三ツ星ベルト（株）
	山本　貴司	ニッタ（株）

まえがき

ベルト伝動技術懇話会は，事業の一環として，1996 年「ベルト伝動の実用設計」を発刊した．その 10 年後の 2006 年，新たに精密搬送ベルトを加え「ベルト伝動・精密搬送の実用設計」を新刊として発刊以来，10 年が経過した．この間，ベルトに関する基礎理論に新たな進展はないものの，ベルトは動力伝達，回転伝達，さらには精密搬送用として新たな利用事例が増加し，ベルト関連規格の改定も行われている．そこで，本書では，最新の情報もできるだけ取り入れながら，ベルトの利用事例を全面的に見直した．また，ベルト伝動をこれから学ぶ技術者にとってもさらに理解しやすい内容になることを心掛けるとともに，今後 10 年後でもベルト伝動技術者が参考にできるよう至る所を増補した．なお，国際化に対応するため専門用語には索引に英文を併記し，主な記号一覧を表記することで読者の便宜を図った．今回で第三次となる改訂増補版では，執筆者の半数近くが入れ替わり，新たな視点で世界でも類を見ないベルトに関する専門書にまとめ上げるという意気込みで執筆作業に取り組んだ．

各章の内容と改訂点は，次の通りである．

第 1 章　伝動ベルトの種類とその選定

ベルト関連規格の改定に基づき改訂し，最近のベルトについても解説した．また，ベルト使用時の注意事項を追加した．

第 2 章　摩擦ベルト伝動の実用設計

基礎理論については大きな変更はないが，実用的な式はより理解しやすい記述となるよう心掛けた．

第 3 章　歯付ベルト伝動の実用設計

回転むらを無負荷と負荷時に分類し，ベルト共振時の挙動を追加するとともに，ベルトの選定方法や使用上の注意点について全面的に見直した．

第 4 章　精密搬送ベルトの実用設計

ベルトを使用した搬送用途はさらに多様化しており，特に，高い位置決め精度や送り精度に使用される精密搬送用歯付ベルトを追加した．

執筆に当たっては，ベルトメーカーの多大なご協力を得た．また，出版に当たっては，（株）養賢堂 常務取締役 嶋田薫氏にいろいろとご尽力いただき，編集に関する実務では及川雅司氏の全面的なサポートを得ました．ここに，厚く御礼申し上げます．

2017 年 12 月

編集委員長　籠谷 正則

目次

第1章 伝動ベルトの種類とその選定

ベルトの種類とその分類の仕方には，いろいろな方法があるが，ここでは主として形状と構造の違いにより，ベルトの分類を行うこととした．このとき，ベルトに関する規格（ISO 規格，JIS，JASO，ANSI/RMA，DIN など）による呼称，断面寸法，長さなどの違いは分類から除き，各項のベルトの説明の中で紹介することにした．ベルトの選定については，より良い選択ができるように，特定の条件下でのベルトの選定に重点をおいて記載した．また，各項の詳細な説明の中に，各々のベルトの特徴を記述したので，各種の条件下でのベルト選定の際に参考にされたい．さらに，ベルトを使用する際の安全上の注意点についても述べた．

1.1 ベルトの種類

ベルトの種類は，動力伝達の形態から分類し，大きく摩擦伝動とかみ合い伝動の二つに分ける．摩擦伝動ベルトとして，平ベルト，V ベルト，V リブドベルトおよびその他のベルトを取り上げ，また，かみ合い伝動として歯付ベルトを取り上げた．

平ベルト，V ベルト，V リブドベルトおよび歯付ベルトについては，各項でさらに詳細に紹介するが，その他のベルトについては，ここでその形状を紹介するにとどめる．

表 1.1 に，ベルトの種類，構造および各部の名称を示す．また，ベルトに使用される主な材料（特性と用途）を**表 1.2** および**表 1.3** に示す．

1.1.1 平ベルト

(1) 種類

平ベルトの歴史は非常に古く，わが国では 1888 年に革ベルトが国産化され，

表 1.1　ベルトの種類

摩擦伝動	平ベルト 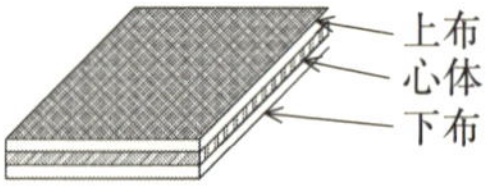 上布 心体 下布
	Vベルト 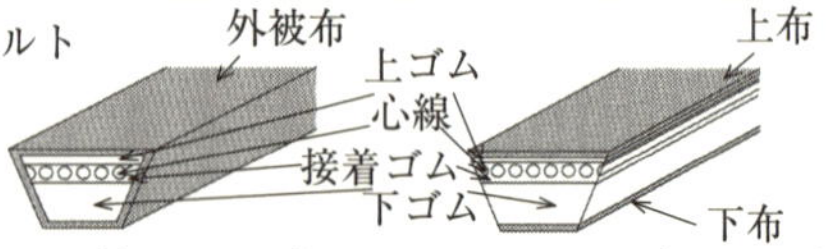 外被布 上ゴム 心線 接着ゴム 下ゴム 上布 下布 ラップドVベルト　ローエッジVベルト
	Vリブドベルト 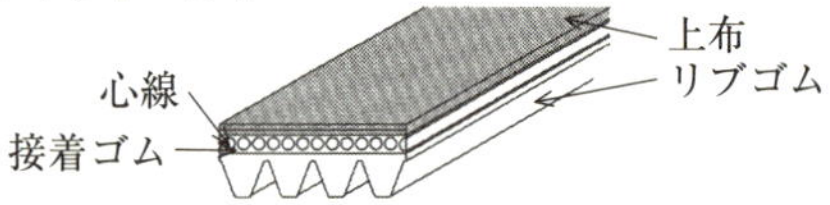 上布 リブゴム 心線 接着ゴム
	その他のベルト 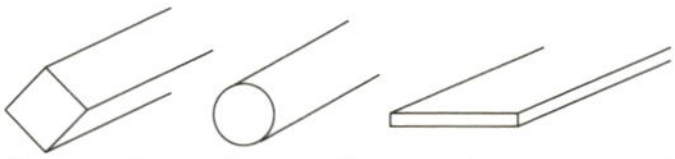 角ベルト　丸ベルト　スチールベルト
かみ合い伝動	歯付ベルト 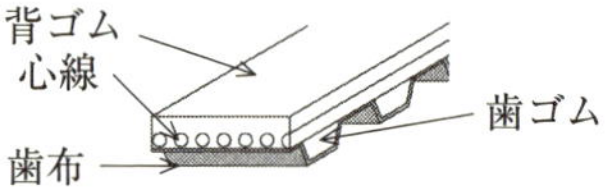 背ゴム 心線 歯ゴム 歯布

その後，平ゴムベルトなどへと変遷して今日に至っている．

現在，革ベルトや平ゴムベルトはほとんど姿を消し，代わりに延伸ポリアミドフィルムなどを心体にしたフィルムコア平ベルト，ポリエステルなどを心線にしたコード平ベルト，綿布やポリエステル織布などを心体にした積層式平ベルトおよび軽負荷伝動などで使用され単一材料で構成される単体式平ベルトなどが，代表的なベルトとなっている．これらのベルトについては，各々の標準幅，長さ，厚さ，基準伝動容量などがまだ規格化されておらず，メーカーのカタログ値に基づき使用されている状況である．**表 1.4** にその概要を示す．

(a) フィルムコア平ベルト

フィルムコア平ベルトは，心体として延伸ポリアミドフィルムなどを用いているため，伸びが小さく屈曲性にも優れているので，平ベルトの中では最も伝動容量が大きい．必要な長さに応じて接合し，接合部の加工（継ぎ手加工）は簡単で，接合強度も高く，機械のメンテナンスなどが行いやすいため，幅広く使用されている．

(b) コード平ベルト

コード平ベルトは，心線としてポリエステルなどを用い，円筒金型成形を行う．したがって，ベルト幅は自由に製作できるが，ベルト長さは金型によって決まるので，任意の長さのものはできない．しかしながら，ベルトが薄く，その質量も小さいことと，研磨加工によるピッチ線の安定などにより，高速伝動や精密伝動などの用途に適している．

(c) 積層式平ベルト

積層式平ベルトは，ポリエステルなどの比較的強度の高い心体と摩擦係数の高いカバー層を積層したベルトの総称で，前述のフィルムコア平ベルトもこの分類に入る．特に最近では，シームレス（継ぎ目無し）織布を心体とし，カバー層をウレタンゴムなどで用いた平ベルトが，複写機などのOA機器やATMなどに使用され，その用途も広まっている．

(d) 単体式平ベルト

同一の材料で構成されるベルトを単体式平ベルトという．一般にはウレタンゴムなどが使用され，その伸びやすい特性から，軸間距離が固定されているプーリにベルトを引っ張って取り付け，軽負荷伝動ならびに精密搬送として使用されている．

(2) 特徴

平ベルト伝動の特徴は，次のようになる．

① ベルトの単位質量が小さいので，遠心張力が小さく高速運転に適する．

② ベルト厚さが薄いので，小プーリ径で使用できる．

③ ベルト厚さが薄いので，屈曲損失が少なく伝動効率が高い．

④ 一般に，両面で動力伝達（多軸伝動）ができる．

⑤ Vベルトと比較すると，ベルトがプーリ溝に落ち込まないため，ピッチ

表 1.2　ベルト用ゴム

ゴムの種類	天然ゴム	スチレンブタジエンゴム	ブタジエンゴム	クロロプレンゴム	ニトリルブタジエンゴム
ASTM 分類	NR	SBR	BR	CR	NBR
引張強さ［kgf/cm^2］	30～350	25～300	25～200	50～250	50～250
破断伸び［%］	1000～100	800～100	800～100	1000～100	800～100
耐摩耗性	◎	◎	◎	○～◎	◎
屈曲亀裂性	◎	○	△	○	○
使用温度範囲*	−75～90	−60～100	−100～100	−60～120	−50～120
耐熱性	△	△	△	○	○
耐老化性	○	○	○	◎	◎
耐オゾン性	×	×	×	◎	×
耐油性	×	×	×	○	◎
耐酸性	△	△	△	○	○
耐アルカリ性	○	○	○	◎	○
主用途	大型自動車タイヤ，履物，ホース等，一般･工業用品	自動車タイヤ，履物，運動用品等，一般･工業用品	自動車タイヤ，防振ゴム，ホース等，工業用品	電線被覆，防振ゴム，窓枠ゴム，接着剤等，一般･工業用品	オイルシール，ロール，ガスケット，ホース等，耐油製品
ベルト用途	平ベルト V ベルト	V ベルト V リブドベルト 歯付ベルト	V ベルト V リブドベルト	平ベルト V ベルト V リブドベルト 歯付ベルト	平ベルト 歯付ベルト

◎：優れている　○：よい　△：あまりよくない　×悪い

＊使用温度範囲はゴム単体の範囲であり，ベルトの場合は構造･使用条件によりさらに狭くなることがある．

〔日本ゴム協会誌，**51**，8（1978）より一部抜粋〕

線の変化が少なく，張力低下が少ない．

⑥ 十字掛け（たすき掛け），クォーターターン掛けなどができる．（2.2 節参照）

⑦ フィルムコア平ベルトなどでは，ベルト幅，長さとも任意にできる．

⑧ 過大なスリップが生じると，ベルトがプーリから逸脱しやすい．

⑨ V ベルトや V リブドベルトなどのようなくさび効果はない．

材料の特性と用途

水素添加ニトリルブタジエンゴム	エチレンプロピレンゴム	クロロスルホン化ポリエチレンゴム	ウレタンゴム	シリコーンゴム	フッ素ゴム
H-NBR	EPM・EPDM	CSM・ACSM	U	Q	FKM
50～400	50～200	70～200	200～450	30～120	70～200
600～50	800～100	500～100	800～300	500～50	500～100
◎	○	◎	◎	×～△	◎
○	○	○	◎	×～○	○
−45～150	−60～150	−60～150	−60～80	−120～280	−50～300
◎	◎	◎	△	◎	◎
◎	◎	◎	◎	◎	◎
○～◎	◎	◎	◎	◎	◎
◎	×	△	◎	×～△	◎
△	○	◎	×	△	◎
◎	◎	◎	×	◎	△
耐熱ロール，シール，ガスケット等，耐熱耐油製品	電線被覆，窓枠，ウェザーストリップ等	耐候・耐食性塗料，パッキン等，耐熱耐食性ロール	工業用ロール，高圧パッキン等，強力な力が掛かる用途	パッキン，ガスケット，オイルシール，工業用ロール等，耐熱耐寒用途	化学工場用耐食パッキン，ガスケット等，耐熱・耐油・耐薬品用途
平ベルト V リブドベルト 歯付ベルト	平ベルト V リブドベルト 歯付ベルト	V リブドベルト	平ベルト V ベルト V リブドベルト 歯付ベルト	平ベルト	平ベルト 歯付ベルト

1.1.2 V ベルト

(1) 種類

V ベルトは，平ベルトや歯付ベルトなど他の種類のベルトに比べ，一般伝動用として多くの分野に使用され，構造や形状が細分化されている．**図 1.1** に，構造と形状によって分けられる主な V ベルトの種類を示す．

V ベルトの中には，自動車用や農業機械用など，特定の機械や使用条件に応じて改良されたものもあるが，図 1.1 のいずれかに属している．V ベルト

表 1.3　ベルト用繊維材料の特性と用途

	材料の種類	ナイロン	ポリエステル	ポリエチレンナフタレート	アラミド	綿
性質	密度［g/cm³］	1.14	1.38	1.38	1.37～1.38	1.54
	引張弾性率［GPa］	0.8～3.0	3.1～8.7	3.5～9.5	7.0～10	9.5～13
	引張強さ［cN/dtex］	4.0～6.6	4.2～5.7	5.0～6.5	4.0～4.9	2.6～4.3
	破断伸び［%］	25～60	20～50	10～25	30～50	3～7
ベルト用途	心線	平ベルト V ベルト 歯付ベルト	平ベルト V リブドベルト V ベルト	V リブドベルト	平ベルト V ベルト V リブドベルト 歯付ベルト	–
	上布 下布 （底布）	V ベルト V リブドベルト 歯付ベルト	平ベルト V ベルト V リブドベルト	–	平ベルト V ベルト V リブドベルト 歯付ベルト	平ベルト V ベルト V リブドベルト
	補強用短繊維*	○	△	–	○	○

	材料の種類	ガラス	スチール	高強度ガラス	炭素繊維
性質	密度［g/cm³］	2.54	8.03	2.52	2.02
	引張弾性率［GPa］	70	200	80～82	160
	引張強さ［cN/dtex］	1.38～3.45［GPa］	0.69～2.45［GPa］	3.5～3.6［GPa］	3.2［GPa］
	破断伸び［%］	2～4	2～11	4.3～4.5	2
ベルト用途	心線	平ベルト 歯付ベルト V リブドベルト	平ベルト 歯付ベルト	歯付ベルト	V ベルト 歯付ベルト
	上布 下布 （底布）	–	–	–	–
	補強用短繊維*	–	–	–	–

＊ゴムの中に各種の短繊維を練り込んで，耐摩耗・耐側圧性向上に用いられる．
〔日本化学繊維協会「化繊ハンドブック」，繊維便覧　原料編　(2016) より一部抜粋〕

表 1.4 平ベルトの種類

	構造	主な用途
(a)	フィルムコア平ベルト	繊維機械のスピンドル駆動
(b)	コード平ベルト	工作機の主軸駆動
(c)	積層式平ベルト	一般動力伝達 ATM などの紙幣搬送 自動改札機などの切符搬送 OA などの複写機
(d)	単体式平ベルト	オーディオなどの軽負荷伝動

の単体構造は，ラップドVベルトとローエッジVベルトに分けられる．ラップドVベルトは，一般用Vベルト，細幅Vベルトおよび薄形Vベルトがある．ローエッジVベルトは，さらにローエッジプレーンVベルト，ローエッジラミネーテッドVベルトおよびローエッジコグドVベルトに分けられる．

(a) 一般用Vベルト

一般用Vベルトは，JIS K 6323（一般用Vベルト）に規定されている．その形状は，M，A，B，C，Dの5種類があり，ラップドVベルトの構造が主流となっている．しかし，一部では高伝動用途として，ローエッジVベルトも使用されている．

Vベルトは，くさび効果によって摩擦伝動の中でも一般に高い伝動能力を有し，伝動能力以上の負荷に対しては，スリップを伴い機械を保護する働きも持っている．

ラップドVベルトは，外被布によって積層部材が覆われているため，初期

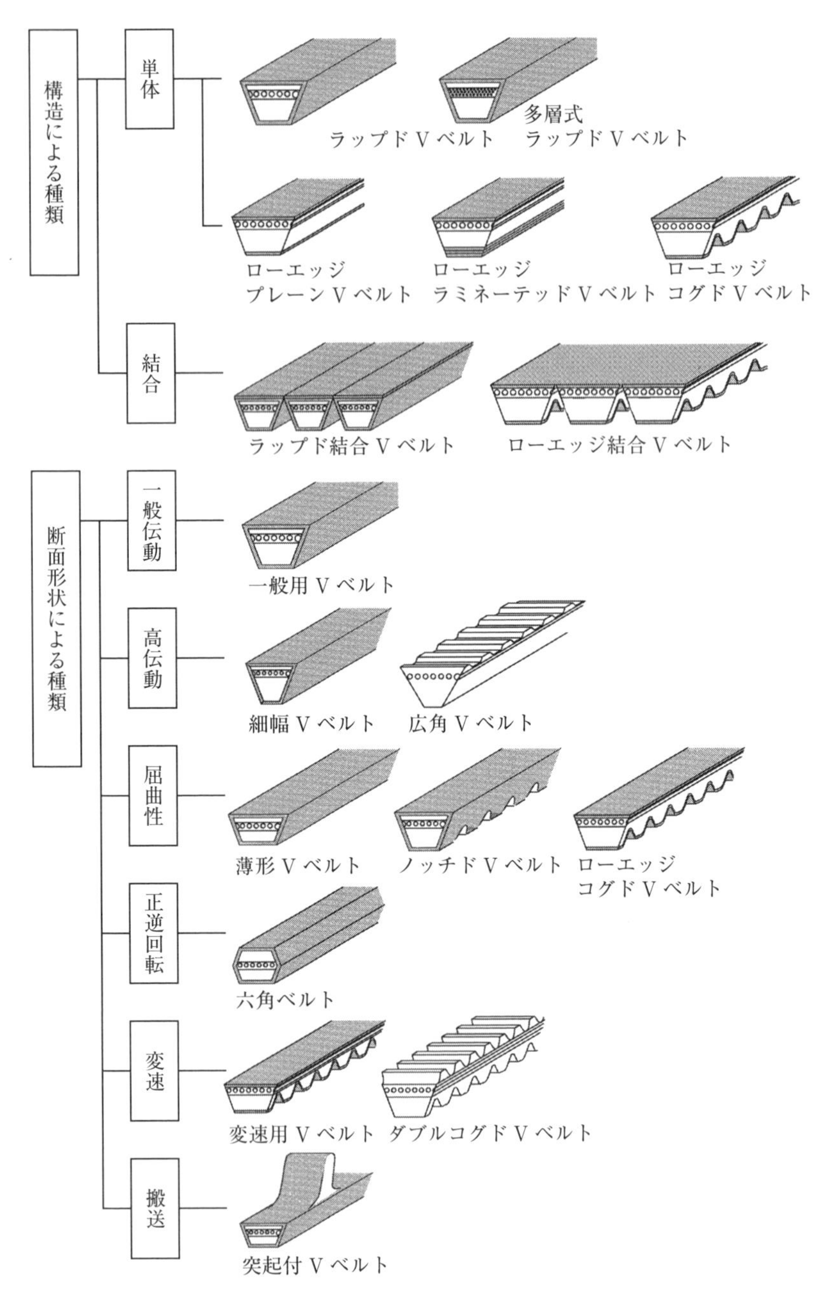

図 1.1　構造・断面形状によるＶベルトの種類の例

は安定した摩擦係数を得ることができ，側圧に対する曲げ剛性を保つこともできるが，ベルト長手方向の屈曲性に対しては不利になる．一方，ローエッジVベルトは，短繊維補強ゴムやその他の補強部材を積層するため，高い耐側圧性を持ち，高伝動能力を有している．

(b) 細幅Vベルト

細幅Vベルトは，JIS K 6368（細幅Vベルト）に規定されている．形状は，3V，5V，8Vの3種類があり，構造は，ラップドVベルトが広く用いられている．また，Xタイプと呼ばれる3VX，5VXといったローエッジコグドVベルトも使用されており，ラップドVベルトと比較すると屈曲性も向上している．

細幅Vベルトは，一般用Vベルトに比べ，上幅に対して厚さが厚いため，プーリから受ける側圧変形を小さくすることができる．そのため，形状変形によるプーリ溝への落ち込みが少なくなり，高伝動能力が得られる．

(c) 自動車補機駆動用Vベルト

自動車補機駆動用Vベルトは，自動車技術会規格JASO E 107に規定されている．主流となる構造は，ラップドVベルトからローエッジVベルトへ移行し，大型エンジン用にはコグドタイプが多く使用されている．形状は，自動車技術会規格に規定された，**表1.5**に示される2種類が多く使用されている．一般用Vベルトの上幅を基準としているが，耐熱，耐寒など自動車の持つ厳しい条件下で使用可能な材料を選択し，自動車の補機駆動用として開発されている．

(d) 結合Vベルト

Vベルトの結合は，細幅Vベルトの3V，5V，8V，一般用VベルトのA，B，C，D，ローエッジVベルト（Xタイプ）の背面を布で覆う構造がよく用

表1.5 自動車用補機駆動用Vベルト

種類	b_t（mm）	
	ラップド	ローエッジ
AV-10	10	10
AV-13	13	13

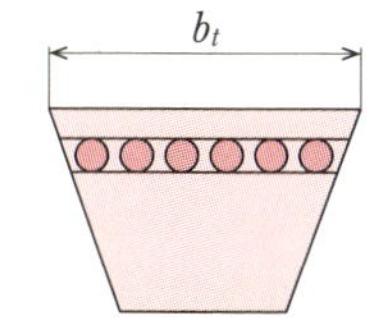

いられている．また，ウレタンゴムの広角Vベルトでは背面を結合させた構造のものもある．大型バス用のベルト振れおよびプーリ逸脱対策として，ローエッジコグドVベルトを結合したものが用いられる．

結合Vベルトは，Vベルトを2本以上の多本掛けを必要とする場合に，ベルトの振れを防止する目的で使用する．また，ベルトとプーリとが水平面内にある水平駆動（水平掛け）にも用いられる．

(e) 薄形Vベルト

主な用途は，農業機械用である．農業機械用薄形Vベルトの形状は，特に規格化されたものはなく，一般用VプーリのA，B，Cに適合する形状が用いられている．

薄形Vベルトは，一般用Vベルトに比べ，上幅に対する厚さを薄くして，ベルトの逆曲げによるひずみを小さくすることで，背面アイドラや背面駆動を可能にしている．

(f) 六角ベルト

六角ベルトの断面形状は，ISO 5289で4種類の形状が規定されているが，日本ではベルト形状はAA，BB，CCがあり，それぞれ一般用VプーリのA，B，Cに用いられている．

Vベルトの背面同士を合わせたように断面が六角形をしており，断面の中央に心線を配し，ベルトの周囲は布で覆われた構造である．布は逆曲げにも耐えられるように柔軟性のある特殊織りの布を使用する場合もある．両面を利用して駆動することができ，多軸伝動に用いられる．

(g) 広角Vベルト

広角Vベルトは，ベルトのV角度を40°系から60°系に広くしたもので，特に規格化されたものはなく，用途に応じて数種類が市販され，プーリもそれらに準じたV溝形状を使用している．

V角度を60度程度に広くすることにより，くさび効果を減少させてベルトの変形を抑制する効果と，ベルトが摩耗してプーリV溝内に落ち込むことによる張力低下を抑制する効果を得ている．その結果，摩擦係数の高いウレタンゴムを用いたベルトでは，高伝動能力を得ることができる．また，通常の合成ゴムを用いたベルトでは，ディーゼルエンジンなどの負荷変動の大きい駆動系でも，適度にスリップを生じさせることにより使用を可能にしている．

(h) 変速用 V ベルト

変速用 V ベルトの形状は，上幅が広く，厚さが薄く，V 角度が小さいことを特徴とし，構造は，ローエッジコグド V ベルトが一般的である．

① 一般変速用 V ベルト

ISO 1604 や ANSI/RMA IP-25 に規定されたものがあるが，わが国では特に規定されておらず，用途に応じて数種類が市販されている．

② 農業機械変速用 V ベルト

ISO 3410 に規定されたものがあるが，わが国では特に規定されておらず，用途に応じて数種類が市販されている．

③ 二輪車変速用 V ベルト（スクーター用 V ベルト）

排気量 50 cc から 80 cc クラスの自動二輪車に多く用いられ，さらに，500 cc クラスにも用いられている．特に規格化されたものはないが，動力に応じて上幅 15 mm から 30 mm 程度のものが使用されている．

④ バギー，スノーモービル変速用 V ベルト

特に規定されたものはなく，上幅 30 mm から 40 mm 程度のものが多く使用されている．

変速用 V ベルトを用いた変速システム（CVT）は，原動プーリおよび従動プーリの両方，またはいずれか一方のプーリ幅を変えることで，プーリのピッチ径を変化させて，回転速度を無段階にコントロールできる装置である．CVT の詳細については，2.11 節で述べる．

1.1.3 V リブドベルト

(1) 種類

V リブドベルトには PH，PJ，PK，PL，PM（H，J，K，L，M）形の 5 種類があり，PH 形から PM 形へと，順次ベルト断面は大きくなる．（P が表示されるものは周長がミリ表示となっている）

ベルトの形は JIS，ISO 規格，ANSI/RMA，JASO，SAE，DIN などで規格化されている．これらの規格では，各形のベルトの大きさ（断面寸法）については詳細な公差までは定めておらず，標準のリブピッチ，リブ角度程度が定め

られているだけである.

プーリには，その溝部に詳細な寸法および公差が設けられている.

わが国では，ISO 規格の標準に合わせ，2005 年に JIS B 1858 で初めて V リブドベルト伝動として規格化された. **表 1.6** に，各形の標準リブピッチとよく用いられるベルト厚さ，リブ角度を示す. なお，詳細な寸法については当事者間で取り決めて生産している場合が多い.

(2) 特徴

V リブドベルトは，接触面積の大きな平ベルトともいわれ，平ベルトの薄さと，V ベルトの接触面積の大きさ，くさび効果をあわせ持ったベルトである. この構造上の利点から多軸伝動でも使用でき，また使用できる最小プーリ径は，V ベルトよりも平ベルトに近く，ベルトの幅当たりの質量も V ベルトより小さいため，走行時に発生する遠心張力は小さくなる. **表 1.7** に，使用される最小プーリ径を示す.

ベルトの幅当たりの伝動容量は，摩擦伝動ベルトの中では高い部類に属する. プーリのリブ溝に，ベルトのリブ部が接触して動力の伝達を行うので，正確なアライメント調整が必要である. したがって，V リブドベルトは V ベルトよりプーリ径を小さくしたい，プーリ幅を狭くしてコンパクトな動力の伝達を行いたい，あるいはプーリの回転速度が大きくベルトを高速で走行させる必要がある，といった場合によく使用される.

表 1.6　V リブドベルトの断面寸法

形	PH	PJ	PK	PL	PM
ピッチ[mm]	1.60	2.34	3.56	4.70	9.40
角度[deg]	40	40	40	40	40
厚さ[mm]	2〜3	3〜4	4〜6	7〜10	13〜17

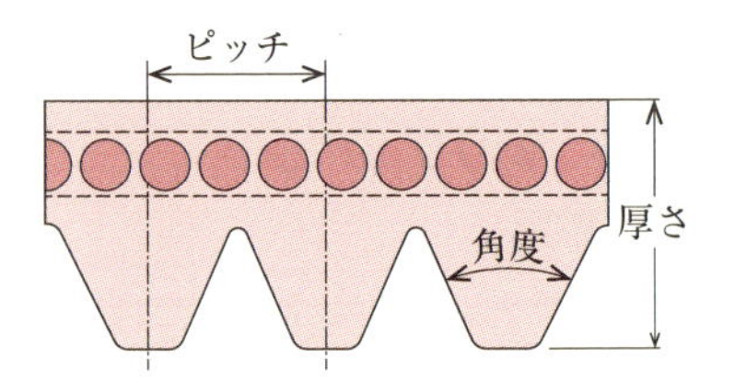

表 1.7　各形の最小プーリ径

形	PH	PJ	PK	PL	PM
最小プーリ径[mm]	13	20	45	75	180

表 1.8　V リブドベルトの構造と特徴

	長所	短所
シングル V リブドベルト	一般的な特徴を参照	一般的な特徴を参照
ダブル V リブドベルト	背面にもリブを持っているので，シングル V リブドベルトに比べて高負荷の背面駆動ができる．上布を用いないので材料構成が簡単である．	両面ともリブプーリに接するため，より精度の高いアライメントが必要になる．ベルトが厚くなるため，屈曲性が劣る．リブ溝部分の縦裂き抵抗が弱い．
ラップド V リブドベルト	リブゴムの表面を布が覆っているので，短繊維補強をされていないリブゴムを使用しても耐摩耗性が良い．	高負荷ではベルトの両端の布の端点からのはく離が生じやすい．リブ部の布があるため，屈曲性が劣る．
背面ゴム V リブドベルト	上布を用いていないので材料構成が簡単である．上布を用いたシングル V リブドベルトより屈曲性が良い背面のプーリが軟らかい樹脂であっても摩耗させない．	背面プーリにより背面のゴムが摩耗しやすい．縦裂き抵抗が弱い．
上コグ V リブドベルト	ポリウレタンを用いた注型製法による V リブドベルト特有の形状である．他のゴムを用いた V リブドベルトとは形状の違いにより材料および製法の違いの方が影響が大きく，一概に比較できない．	

この要求が高くなった自動車補機駆動用では，PK 形の V リブドベルトが非常によく使用されるようになり，最近では高弾性用途で心線にアラミドを用いたり，低弾性としてナイロン心線を用いたエラステック V リブドベルトなど，自動車メーカーの様々な要求品質に応じた多数の仕様が開発されている．**表 1.8** に，V リブドベルトの構造の違いによる特徴を示す．

1.1.4　歯付ベルト

(1)　種類

(a)　台形歯形

歯付ベルトは，1940 年代に内歯車をベースに米国で実用化された．歯ピッチは，3/8 インチ（9.525 mm）と 1/2 インチ（12.700 mm）の 2 種類が用いられた．最初の用途は，動力伝達ではなく，ミシンのボビンと針を同期させることであった．その後，用途が広がり，歯ピッチも 1/5 インチ（5.08 mm），7/8 インチ（22.225 mm），1/4 インチ（6.350 mm），1/12.5 インチ（2.032

表 1.9　歯付ベルトの歯形寸法

記号	種類						
	MXL	XXL	XL	L	H	XH	XXH
P [mm]	2.032	3.175	5.080	9.525	12.700	22.225	31.750
2β [°]	40	50	50	40	40	40	40
S [mm]	1.14	1.73	2.57	4.65	6.12	12.57	19.05
h_t [mm]	0.51	0.76	1.27	1.91	2.29	6.35	9.53
h_s [mm]	1.14	1.52	2.30	3.60	4.30	11.20	15.70
r_r [mm]	0.13	0.20	0.38	0.51	1.02	1.57	2.29
r_a [mm]	0.13	0.30	0.38	0.51	1.02	1.19	1.52

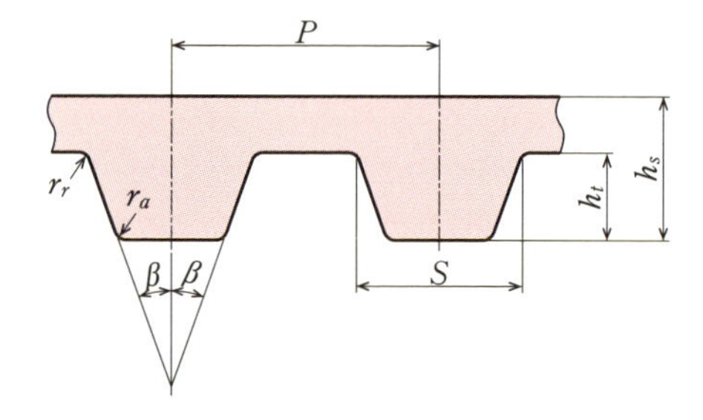

mm）と増え，今日に至っている．

現在，国内ではJIS K 6372および6373で規格化されており，ベルト歯形は，MXL，XXL，XL，L，H，XH，XXHの7種類がある．ベルト歯形はMXLからXXHへと順次大きくなる．

各ベルト歯形の寸法は，**表 1.9**に示すように，JISやISO規格により細部に至るまで基準寸法が標準化されている．

(b) 円弧歯形

歯付ベルトは，前述の台形歯形が最初であるが，用途はますます多様化し，よりコンパクトに，より静かに，より正確に，との要望から，円弧歯形（丸歯形，強力歯形）のベルトが考案され，JISとISO規格に制定されている．円弧歯形の特長は，次に示す通りである．

① 円弧歯形はミリピッチである．

② 歯を大きくすることにより，歯飛びトルクが大きくなる．

③ プーリとのかみ合いがスムーズになり，低騒音となる．

④ ベルト歯とプーリ歯溝間のバックラッシを小さく，正逆回転時の位置決め精度が向上する．

⑤ 多角形挙動を小さくすることができ，回転伝達精度が向上する．

⑥ プーリからの応力がベルト歯元に集中しないため，歯のせん断強さが大きくなる．

表 1.10 各種の円弧歯形歯付ベルトの形状と寸法

記号		種類	
		8 mm ピッチ	14 mm ピッチ
G歯形	h_s [mm]	5.20	9.10
	h_t [mm]	3.43	6.00
	a [mm]	0.80	1.40
H歯形	h_s [mm]	6.00	10.0
	h_t [mm]	3.38	6.02
	a [mm]	0.686	1.397
P歯形	h_s [mm]	5.50	9.10
	h_t [mm]	2.90	5.08
	a [mm]	0.686	1.397
S歯形	h_s [mm]	5.30	10.2
	h_t [mm]	3.05	5.30
	a [mm]	0.686	1.397

表 1.10 に，ISO 規格および G 歯形を除き JIS 化されている円弧歯形の形状と寸法を示す（規格については巻末参照）．

(c) 自動車エンジンのカム軸駆動用歯形

カム軸駆動用ベルトの歯形は，当初，米国で台形歯形の H タイプがそのまま用いられていた．しかし，高変動負荷，高速回転，狭い伝動スペースといった独特な環境下で使用されるため，これらの条件に適した専用歯形が開発された．したがって，類似した一般産業用歯付ベルトとの互換性はない．

カム軸駆動専用ベルト歯形には，L 歯形を基にした ZA 歯形と，ディーゼルエンジンなどの高負荷用であ

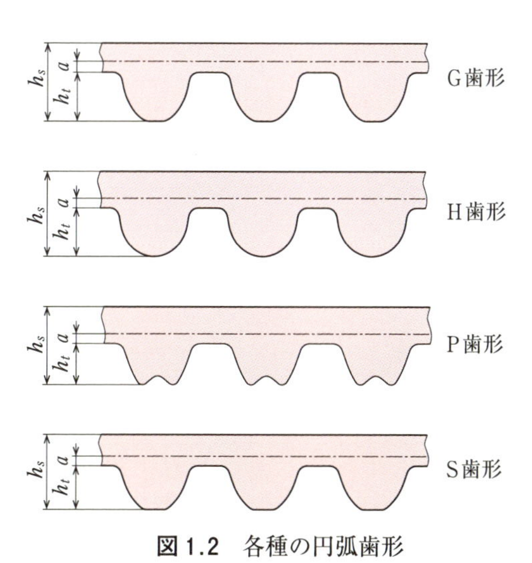

図 1.2 各種の円弧歯形

るH歯形を基にしたZB歯形の2種類から始まった．この2種類の歯形は，すでにISO 9010，9011，JASO E 105，106で規格化されている．

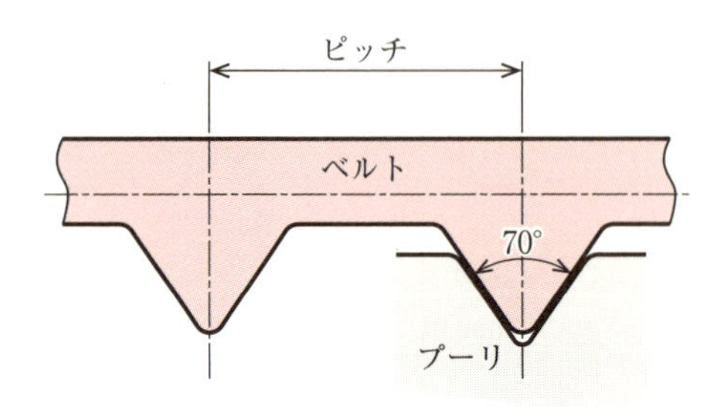

図1.3　三角歯形ベルト

その後，カム軸駆動用ベルトにおいても，市場の高強度化，低騒音化の要望を受け，一般産業用ベルトと同様に円弧歯形が実用化されている．この歯ピッチは9.525 mmと8.000 mmの2種類が用いられ，一部の歯形についてISO 9010，9011，JASO E 105，106で規格化されている．

表1.11　T型，AT型歯形の歯形寸法

記号		種類		
		5 mm ピッチ	10 mm ピッチ	20 mm ピッチ
T歯形	h_s [mm]	2.2	4.5	8.0
	h_t [mm]	1.2	2.5	5.0
	a [mm]	0.5	1.0	1.5
	W [mm]	1.8	3.5	6.5
AT歯形	h_s [mm]	2.7	4.5	8.0
	h_t [mm]	1.2	2.5	5.0
	a [mm]	0.615	0.85	1.2
	W [mm]	2.5	5.0	10.0

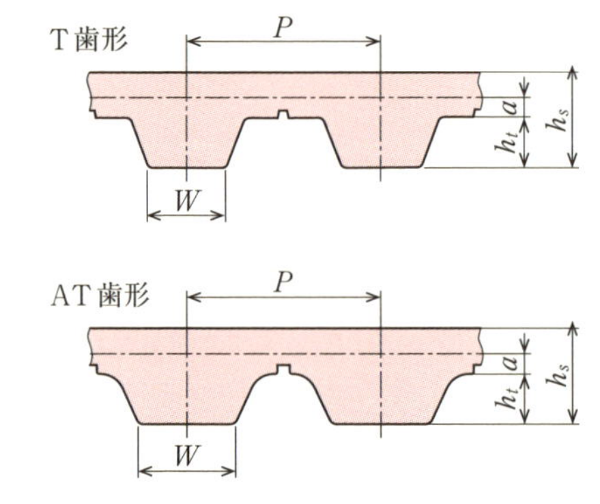

(d)　特殊歯形

上記以外にも特殊歯形として，プリンタのキャリッジ駆動などでは，歯形はJISの台形歯形や円弧歯形のままで，ベルトの歯ピッチを印字ヘッドの移動量に合わせた特殊ピッチ歯形，また，バックラッシのない三角歯形などがある．

さらに，多軸伝動あるいはギヤを配置することなくダイレクトに回転方向を逆回転させるといった用途に対応した両面歯付ベルトなども特殊歯付ベルトとして各ベルトメーカーで生産している．

図1.3に三角歯形ベルト

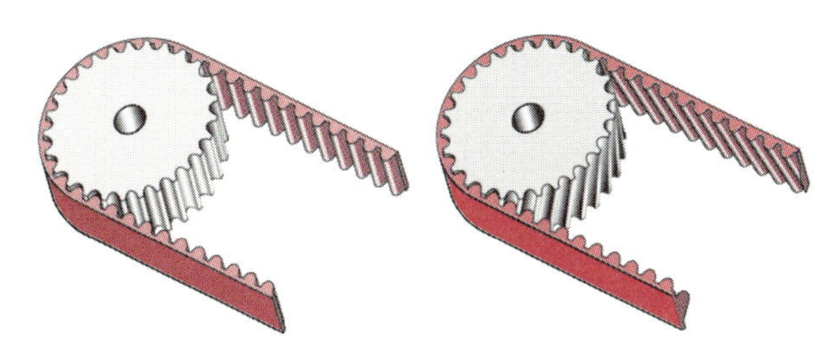

図 1.4　すぐば歯付ベルトとはすば歯付ベルト

とプーリかみ合い模式図，また，**表 1.11** に特殊台形歯の T 歯形と AT 歯形ベルトを示す．

(2) 歯すじ

一般的な歯付ベルトの歯すじとしては，ベルト長手方向に対して直角である「すぐば」形状であるが，騒音や回転むらの低減に効果のあるベルトとして，**図 1.4** に示すような「はすば」形状の歯付ベルトがメーカー独自の社内規格により製造されている．

はすば歯付ベルトは，歯が斜行しているため，ベルト走行時プーリにスラスト荷重が作用し，片寄りを生じるので，プーリフランジの強度などに注意が必要である．また，このスラスト力を相殺するため，やまば歯車と同様な歯すじを有する歯付ベルトもある．

1.2 ベルトの選定

1.2.1 動力からの選定

伝動用ベルトには，それぞれ伝えられる動力（伝動容量）が定められている．伝動容量は，平ベルトや歯付ベルトでは幅当たり，V ベルトでは 1 本当たり，V リブドベルトでは 1 リブ当たりで示す．

伝えたい動力とベルトの伝動容量に基づいて，ベルトの種類や形の大きさ，幅や本数，リブ数を設定して使用すれば，必要な寿命を満たし，安全に，効率良く，動力の伝達を行うことができる．

ベルトの伝動容量は，単にベルトの種類や形によってのみ定められているのではなく，同じベルトタイプであっても使用条件，すなわち，ベルト速度，プーリ径やベルトとプーリの接触角などによって異なる．したがって，ベルトの使用条件と伝動容量とが予め分かっていれば，設計者の要望を加味したベルトの選定ができる．この要求に応えられるように，JIS および ISO 規格，ANSI/RMA，DIN などの規格には，各ベルトのいろいろな条件での伝動容量が与えられている．

伝動容量によるベルトの選定は，摩擦伝動ベルトについては2.3節で，歯付ベルトについては3.2節で詳細に述べる．

1.2.2　特定条件下の選定

ベルトを用いて，ただ動力を伝えるだけであれば，1.1節「ベルトの種類」で紹介したどのベルトでも可能である．しかし，実際に動力の伝達を行う場合には，単に動力を伝えるだけではなく，より正確に回転を伝えたい，ベルトのメンテナンスを簡略にしたい，必要以上の負荷が作用したときにはベルトを滑らせたい，といったいろいろな要望も満たす必要がある．**表1.12**に，このような要望を取り入れた特定の条件下でのベルトの選定方法の例を示す．

1.3　ベルト使用時の注意事項

伝動ベルトを使用する際には，各メーカーのカタログ，設計資料に記載されている注意事項を遵守し，安全に努めなければならない．次に，ベルトの用途，保管，取付時などによる主な注意事項について述べる．

1.3.1　用途・使用目的

① ベルトの切断によって装置が空転，自走又は停止し，人身事故，重大事故につながると予想されるときは，必ず安全装置を設けること．

② ベルトを吊り具，牽引具として使用しないこと．

③ ベルト伝動装置で発生する静電気により，火災や制御機器の誤作動が予想される場合は，装置側に除電機構を取り付けること．

④ ベルトを絶縁体として使用しないこと．（絶縁性能については，各メー

表 1.12　ベルトの選定方法

	用途	使用事例	特徴	ベルト種類
a	同期伝動が必要	自動車のカム駆動 プリンタの印字部駆動	エンジンのピストンの動きに，燃料の吸気，燃焼ガスの排気を行うカムの動きを同期させるカム軸駆動が代表的な例である．また，ベルトの動きに合わせて移動する物体の移動量を正確に決めるための伝動用にも歯付ベルトが用いられる．	歯付ベルト
b	ベルトを滑らせたい	農機用クラッチテンショナ 二層式洗濯機	農業機械に用いられているクラッチテンション機構で，クラッチが外れるときは，ベルトがプーリ上を滑っているだけであるが，クラッチが入ると背面アイドラがベルトを押し付けることにより張力を生じベルトが走行する．この場合，クラッチがオフからオンに変わるとき，ベルトに大きな滑りが生じる．このように使用中に大きな滑りを必要とする場合には，確実に滑りを生じるように，あるいは滑るときの不快な音を避けるため，主にラップド V ベルトが使用される．	薄形 V ベルト ラップド V ベルト
c	ベルトが平面走行できない	クォーターターン掛け伝動 たすき掛け伝動	農業機械に時として用いられるクォーターターン掛けでは，原動プーリ軸に対して従動プーリ軸が平行でなく，直角か直角に近い角度で設置されている．また，たすき掛け伝動では，従動プーリの回転方向を変えるため，ベルトは 1 回ねじられてプーリに掛けられる． このような伝動では走行面が平面でないため，ベルトにとっては大きな変形や厳しい屈曲が要求される．このため，丸ベルトや，薄く屈曲性の良い平ベルトや，比較的伸びが大きく異音を発生しにくいラップド V ベルトが用いられる．	平ベルト 丸ベルト
d	ベルトを接合する	昇降機	穀物や茶葉の搬送に，バケットを取り付けた平ベルトが用いられる．昇降機と呼ばれるこの搬送機に使用される平ベルトは，長さが 10 m から 50 m にも及ぶ．したがって，長いベルトを作ってから必要な長さに切りとり，バケットを取り付けた上で，接合して使用する．バケットを取り付けるための穴や接合部の金具を取り付ける穴がベルトにあけられるため，心線層の強度低下の影響が少ない積層式の平ベルトが用いられる． 接合部を持つベルトはその接合部が弱い場合が多い．	平ベルト リンクベルト
e	プーリ幅を変更して変速する	二輪車変速用 無段変速機	ベルトによる無段変速機構として最もよく利用されている方法で，この機構で使用される V プーリは，プーリ幅を広げたり，狭めたりすることができるようになっている． V プーリ幅が広がるとプーリの中で，ベルトはプーリ径方向に深く沈み込み，小さいプーリ径として働き，このとき他方のプーリは幅が狭まり，ベルトが外周方向に押し上げられることにより，大きいプーリ径として働く．このような機構では，プーリの半径方向に移動が可能なローエッジ V ベルトかラップド V ベルトが使用される．	変速用 V ベルト

f	円錐プーリで変速する	製紙機械	原動，従動の両軸に円錐プーリ（コーンプーリ）をテーパ方向を逆にして取り付けてベルトを掛けると，プーリの回転軸方向にベルトを移動させることによってプーリの回転比を変えることができる．すなわち，ベルトがプーリの軸方向に移動すると，ベルトに巻き付いている部分のプーリ径は，一方が大きくなると他方は小さくなるためである．このような変速をするために軸方向への移動が可能な平ベルトが使用される．	平ベルト
g	多本掛けを避ける	大型バス補機駆動 水平駆動	大型バスなどは発電量が多く必要となり，原動プーリとの回転比を大きくとる必要があるので，発電機のプーリは比較的小さいものになる．この制約から，小さいベルトを複数本掛ける場合が多くなる．複数本のベルトを取り付けると，1本，1本のベルト張力が揃わないため，バスのように伝動系自身に振動がある場合，ベルトが横転したり，隣接するベルト同士が接触して損傷することがある．これを避けるため，ローエッジ結合Vベルトが用いられる．結合Vベルトは，多本掛けを実施しているレイアウトにそのまま掛けられるように，多本掛けプーリの溝ピッチにベルトのピッチを合わせて作られている．	結合Vベルト
h	Vベルト，平ベルト駆動が必要	衣類乾燥機	原動プーリと従動プーリの径の大きさが極端に異なる場合，一方の小さなプーリを駆動するには，伝動容量の大きなVベルトが必要で，他方の大きなプーリには正確なV溝を設けることが難しく，平プーリにする必要がある．このような場合，Vベルトの形状を持ちながらリブ面の先端は平ベルト状をしているVリブドベルトが用いられる． 衣類乾燥機の乾燥ドラムの駆動がこの例で，原動プーリの径は約15 mm，これに対して従動側の乾燥ドラムの径は550～600 mmもある．	Vリブドベルト
i	メンテナンスがしにくい	自動車用補機駆動	自動車の補機駆動では，使用中にベルトの張り調整などのメンテナンスを行おうとすると，スペースが狭くて作業がしにくい．1本のベルトの張り調整をするために，他のベルトやプーリまでを動かさなければならないといった不便さがある．このメンテナンスの煩わしさを低減するために，ローエッジVベルトに比べて，張り調整や故障による取換えなどの頻度が少ないVリブドベルトが使用される．	Vリブドベルト
j	軸荷重を小さくする	OA機器 AV機器	OA機器やAV機器では，コンパクトで軽量であることが求められ，ベルトを掛けるプーリの軸も細く，軽いものが使用される．このような場合，小ピッチの歯付ベルトを使用すれば，軸に掛かる負担を小さくすることができる．	歯付ベルト
k	速やかに起動する	自動ドア 組立ロボット	自動ドアは，前に人が立ったとき速やかにドアが開く必要があり，また，産業用ロボットでは，動くべきときに速やかに動き，止まるべきときに速やかに止まらなければ能率が上がらず，効果が激減してしまう． このように，速やかに起動させたい場合には，起動時の滑りがない歯付ベルトがよく使用される．	歯付ベルト

カーに問い合わせることが望ましい)

⑤ ベルトが直接食品に触れる場合は，食品衛生法に適合したベルトを使用すること．

⑥ 歯付ベルトの場合は，高速運転では騒音が大きくなることがあるので，防音カバーを設置すること．

1.3.2　保管・輸送

① 重量のあるベルトやプーリを取り扱うときは，重量に適した運搬器具，装置などを使用すること．

② ベルトを無理に折り曲げたり，重量物の下において輸送または保管しないこと（早期破損につながることがある）．

③ ベルトは温度が－10～40℃で湿度の低い場所で保管すること．また，直射日光には当たらないようにすること．

1.3.3　取付・稼働

① ベルト，プーリを含めた回転部分には必ず安全カバーをすること．

② ベルト保守点検，交換作業時は必ず機械のスイッチを切り，ベルト，プーリが完全に停止してから行うこと．また，ベルトを取り外すことにより機械が動き出す恐れのある場合は，予め機械を固定してから作業すること．さらに，作業中に不慮にスイッチが入らないようにすること．

③ ベルトは，各メーカーのカタログや設計資料などに記載されている適用および許容範囲内で使用し，記載されている適正な取付張力で使用すること．

第2章 摩擦ベルト伝動の実用設計

従来，摩擦伝動といえばベルト伝動を指すほど歴史的にも古く，産業界でも幅広く利用されている．平ベルトを対象とした古典的なEuler（オイラー）の摩擦伝動理論（Euler's theory of frictional transmission）は単純，明快であり，理解するのも容易である．しかし，単純であっても設計上有用な結論が導かれ，大学の機械設計法に関する教科書の一章を飾っている．今日，摩擦伝動ベルトは従来の平ベルトに加え，摩擦力の増大を図ったVベルト，さらにはVリブドベルトへと発展している．

本章では，はじめに摩擦伝動の基礎理論を詳細に解説し，基礎理論のVベルトへの拡張も示す．次に，この基礎理論を基に，幾つかの実例を使って摩擦伝動ベルト系の設計法を紹介する．その際，ベルト伝動系の動力伝達特性に関する有効なデータも示す．

2.1 摩擦ベルト伝動の一般的理論

2.1.1 Eulerの理論

ベルトに初張力 T_0（この状態では $T_t=T_s=T_0$）を与えて原動プーリ（プーリ1）と従動プーリ（プーリ2）に巻き付ける．**図2.1**に，無負荷伝動の状態を静止状態に模擬して示す．この状態でベルトを回転させても，軸受などでエネルギー損失がなければ，理論的には二つのプーリ間で動力は伝達されない．次に，原動プーリに動力を与えると，二つのプーリをつなぐベルト間に張力差を生じる．**図2.2**に，動力が伝えられている状態を模擬して示す．従動プーリに負荷が加わると張力のバラン

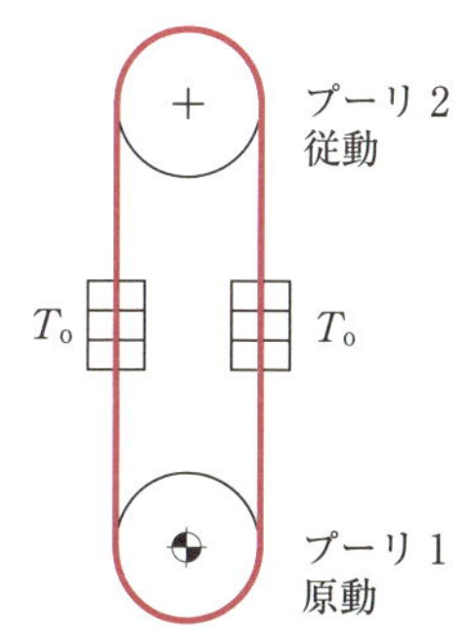

図2.1　無負荷時の張力状態

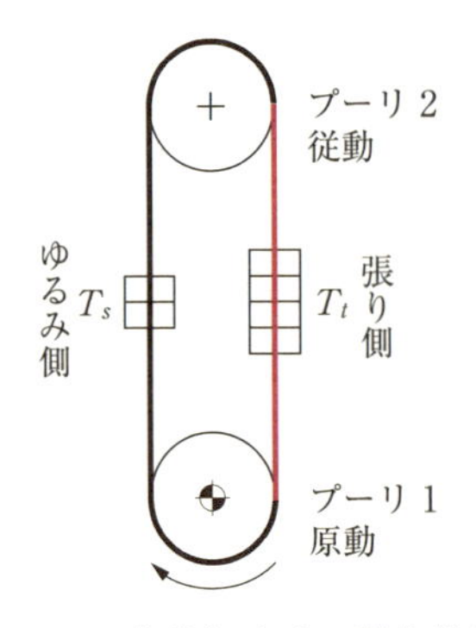

図 2.2　負荷伝達時の張力状態

スが崩れて $T_t>T_s$ となり，この張力差により原動プーリから従動プーリに動力が伝えられる．ここで，T_t を張り側張力，T_s をゆるみ側張力と呼ぶ．また，ベルトが取り付けられた状態での張力 T_0 を初張力または静止張力といい，T_t と T_s の張力差は有効張力 T_e と呼ばれ，式（2.1）で表される．

$$T_e=T_t-T_s \tag{2.1}$$

いま，プーリ上でのベルト張力の変化について考える．摩擦伝動ベルトの最も基本的な式として Euler の式（Euler's Equation）（Eiterwein の式とも呼ばれる）がある．この式は使用されるパラメータも少なく簡単であるため，平ベルト，V ベルト，V リブドベルトを問わず，現在でも摩擦伝動ベルトの設計計算を行う上で広く用いられている．この Euler の式は，ベルトとプーリ間の力の伝達を次のような仮定に基づいて導かれる．

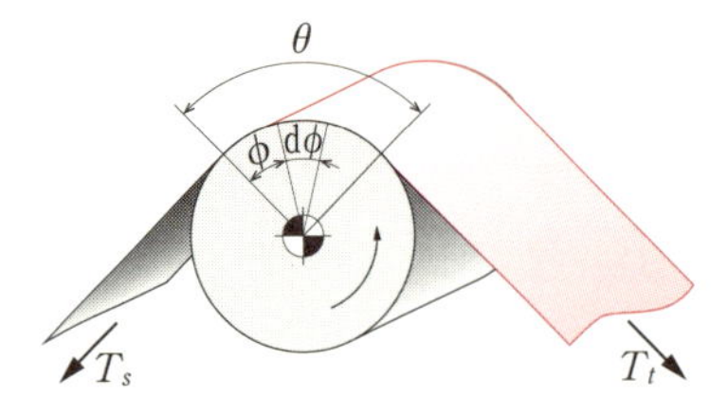

図 2.3　ベルトがプーリに巻き付いた状態

① ベルトとプーリ間の摩擦係数は一定である．
② ベルトはプーリ径に対して十分薄いものとする．すなわち，ベルトの曲げ変形による作用は考えない．

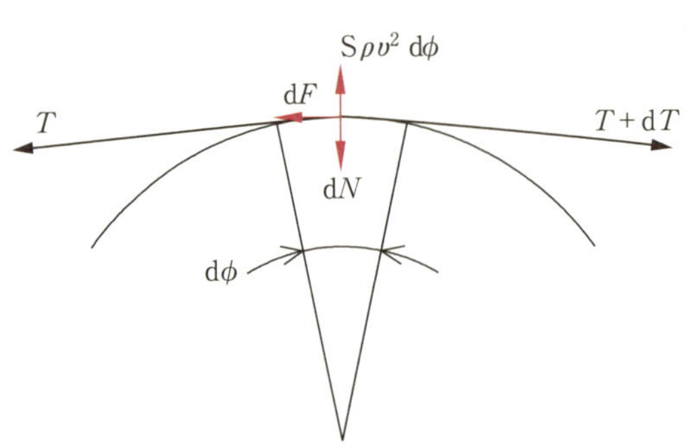

図 2.4　微小ベルト要素に働く力

図 2.3 に，回転するプーリに巻き付いたベルトを示す．ここで，接触角，すなわち，ベルトとプーリが接触している円弧に対する中心角（巻き付け角とも呼ばれる角度）を θ とする．ゆるみ側入口を角度 ϕ の原点とし，ϕ 離れた位

置で微小要素（角度 $d\phi$）を考える．ただし，後節で述べるように，ベルトのプーリ入口付近には，ベルトがプーリと連れ回る休止角の範囲がある．したがって，ϕ の原点は入口側ベルト張力が変化し始める位置とするのが正確である．

図 2.4 に示すように，その微小ベルト要素にはベルト張力 T，$T+dT$，摩擦力 dF，プーリからの反力 dN および遠心力（$S\rho r^2\omega^2 d\phi=S\rho v^2 d\phi=mv^2 d\phi$）が作用する．したがって，プーリ半径方向の力のつり合いより，反力 dN は，

$$\begin{aligned} dN &= T\sin(d\phi/2)+(T+dT)\sin(d\phi/2)-mv^2 d\phi \\ &= 2T\sin(d\phi/2)+dT\sin(d\phi/2)-mv^2 d\phi \end{aligned} \tag{2.2}$$

ここで，S，ρ，m，r および v は，それぞれベルトの断面積，密度，単位長さ当たりの質量，ベルトピッチ円半径およびベルト速度（周速）である．ベルト断面の形状が一様であれば，$m=\rho S$ である．また，$d\phi$ が微小であることから，$\sin(d\phi/2)=d\phi/2$ とおける．さらに，dT も微小であり，$dT\cdot d\phi/2\fallingdotseq 0$ とできることから，上式は次のようになる．

$$dN=(T-mv^2)\,d\phi \tag{2.3}$$

ベルトとプーリ間の設計摩擦係数（またはクリープ摩擦を想定した場合の動摩擦係数）を μ とすれば，生じる摩擦力 dF は次式で与えられる．

$$dF=\mu dN \tag{2.4}$$

図 2.4 において，プーリ円周方向の力のつり合いを考えると，

$$\{(T+dT)-T\}\cos(d\phi/2)-dF=0 \tag{2.5}$$

が得られる．式（2.3）および式（2.4）を式（2.5）に代入すると，

$$dT\cos(d\phi/2)=\mu(T-mv^2)d\phi \tag{2.6}$$

となる．考えている範囲 $d\phi$ が微小であることから，$\cos(d\phi/2)\fallingdotseq 1$ とおける．したがって，上式は次のようになる．

$$dT=\mu(T-mv^2)d\phi \tag{2.7}$$

すなわち，

$$\mu\,d\phi=\frac{dT}{T-mv^2} \tag{2.8}$$

これを積分して，

$$\phi=\left(\frac{1}{\mu}\right)\ln(T-mv^2)+C \tag{2.9}$$

となる．ここで，C は積分定数である．境界条件 $\phi=0$ のとき $T=T_s$ より，

$$T=T_s e^{\mu\phi}+(1-e^{\mu\phi})mv^2 \tag{2.10}$$

となる，また，$\phi=\theta_0$ のとき $T=T_t$ より，次式が得られる．

$$e^{\mu\theta_0}=\frac{T_t-mv^2}{T_s-mv^2} \tag{2.11}$$

θ_0 はベルトとプーリの接触角のうち，ベルトとプーリ間で動力の授受が行われている領域を示し，アクティブ角またはクリープ角と呼ばれる．$\theta_0<\theta_1$（小径プーリでのベルトの接触角）であり，（$\theta_1-\theta_0$）の範囲では動力の伝達は行われず，この範囲は休止角と呼ばれる．このことについては，2.1.5 項で詳しく述べる．

いま，有効張力を T_e とすると，式（2.1）および式（2.11）から次式が与えられる．

張り側張力

$$T_t=T_e\frac{e^{\mu\theta_0}}{e^{\mu\theta_0}-1}+mv^2=T_e\frac{e^{\mu\theta_0}}{e^{\mu\theta_0}-1}+T_c \tag{2.12}$$

ゆるみ側張力

$$T_s=T_e\frac{1}{e^{\mu\theta_0}-1}+mv^2=T_e\frac{1}{e^{\mu\theta_0}-1}+T_c \tag{2.13}$$

上式で，$T_c\,(=mv^2)$ は遠心張力と呼ばれ，プーリ上で放射線状に働く遠心力の水平分力である．

2.1.2　有効張力と伝達動力の関係

仕事のされる時間的割合を動力という．すなわち，動力は単位時間になされる仕事の量である．**図 2.5** において，有効張力 T_e は式（2.1）で定義される．

このベルト系で伝達される動力を P (kW)，ベルト速度を v (m/s) とすれば，$P=T_e v$ となる．一方，動力の単位としては，1 kW=1000 N·m/s であるから，T_e (N) は次式で与えられる．

$$T_e=\frac{1000\,P}{v} \tag{2.14}$$

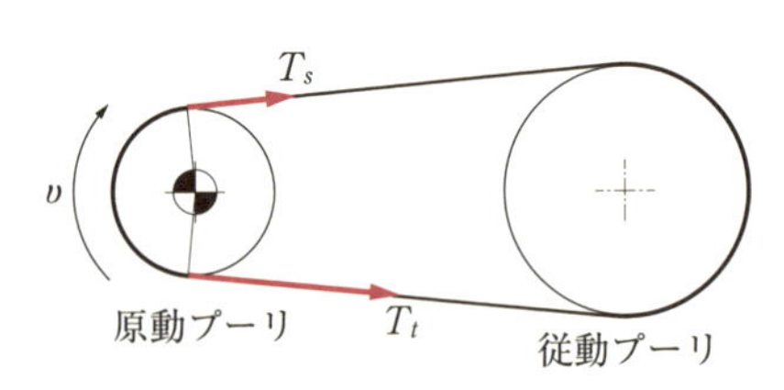

図 2.5　2 軸伝動系

2.1.3　理論初張力の求め方

運転中のベルトがプーリ上で移動滑り（後述）を起こすことなく，所定の動力を伝達するために必要な最小限の静止時の理論張力を理論初張力 T_0 という．2 軸伝動系の理論初張力 T_0 は，

$$T_0 = \frac{T_t + T_s}{2} \tag{2.15}$$

で与えられる．遠心張力が小さいときには，式（2.12），式（2.13）の $T_c=0$ として，T_0 は次式のようになる．

$$T_0 = \frac{T_e}{2} \cdot \frac{e^{\mu\theta}+1}{e^{\mu\theta}-1} \tag{2.16}$$

なお，ベルトの剛性が比較的大きい場合，この理論初張力を求めるに当たっては，さらにベルトを「はり」と見なし，ベルトがプーリに巻き付くことにより生じる曲げモーメントによる張力（ベルトの曲げ剛性によりスパン部でもある程度湾曲したままとなるベルトの曲げ変形により生じる張力）を考慮することも行われる．これについては，Gerbert による詳細な研究において，**図 2.6** に示すように，曲げ剛性 EI（式（2.71）参照）を有するベルトが一つのプーリに巻き付くために必要な張力（式（2.16）で求める理論張力に加算すべき張力）T_b は次式で求められることが示されている．

$$\sin \theta_c/2 = \{F^{*(-1/2)}\}/2 \tag{2.17}$$

$$\theta_c = F^{*(-1/2)} + \{F^{*(-3/2)}\}/24 \tag{2.18}$$

θ_c はベルトがプーリと接触する点でのベルトのスパン部から見た傾斜角であり，R はプーリの半径を示す．F^* は無次元張力と言われ，

$$F^* = T_b R^2/EI \tag{2.19}$$

で定義される．ただし，これらの式は未知数に対して簡単に解けず，解を求めるには数値計算が必要となる．また，θ_c と T_b の二つが未知数となる．例えば，ベルト幅 $b=25$ mm，ベルト厚み $t=2$ mm，曲げ変形に対する縦弾性係数 $E=3$MPa，プーリ半径 $R=100$ mm

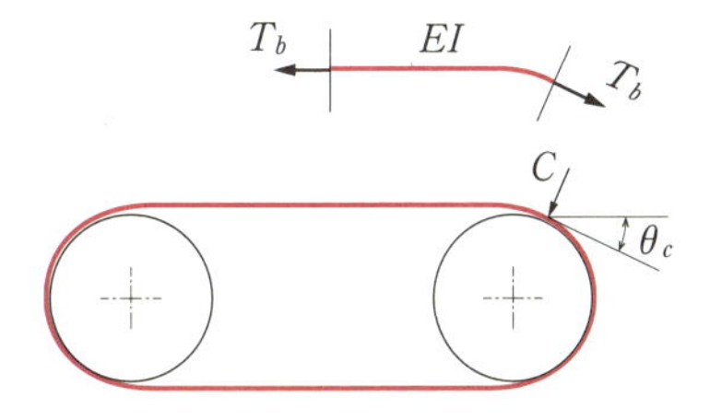

図 2.6　ベルトの曲げ剛性を考慮した初張力の厳密モデル

の場合，$\theta_c \leqq 2°$ とするには，6.8 N の T_b が必要となるような計算結果を示す．なお EI が十分小さければ，どのような条件でも，T_b および θ_c は 0 に収束する．

2.1.4　トラクション係数

$\lambda = T_e/(2T_0)$，すなわち，有効張力と設定した軸間力（軸荷重）の割合で定義される λ は，トラクション係数と呼ばれ，伝動装置としての構造上の設計効率の指標である．両方のプーリでの接触角が異なる場合，θ を小さい方の接触角とすると，

$$\lambda = \frac{T_e}{2T_0} = \frac{e^{\mu\theta}-1}{e^{\mu\theta}+1} = \tanh\left(\frac{\mu\theta}{2}\right) \tag{2.20}$$

となり，装置の伝動能力を評価するのに用いられることがある．例えば，$\theta = \pi$（180°），$\mu = 0.3$ であれば $\lambda = 0.44$ となり，軸間力（軸荷重）の約 44％までの値の有効張力を発生できる伝動装置であることを意味する．なお，この θ を用いた関係は限界時の特性を表す関係であり，限界状態以下の安定伝動中での状態を表す際には，λ は θ ではなく前述のアクティブ角（θ_0）を用いた状態量として計算される．

2.1.5　ベルト伝動における滑り

(1)　滑り時の張力

張り側張力 T_t，ゆるみ側張力 T_s，遠心張力 T_c およびベルトとプーリの見かけの接触角 θ_1 の間には次の関係がある．

$$\frac{T_t - T_c}{T_s - T_c} = e^{\mu\theta_1} \tag{2.21}$$

ただし，上式は，ベルトとプーリの間に滑りが起こり始めようとするときの最大動力伝達時の状態を表しているので，

$$\left(\frac{T_t - T_c}{T_s - T_c}\right)_{\max} = e^{\mu\theta_1} \tag{2.22}$$

が厳密的には正しい表記である．動力授受を行っている範囲の角度を示す接触角（アクティブ角）θ_0 は式（2.22）から逆算することができるので，次式と

なる．

$$\frac{T_t - T_c}{T_s - T_c} = e^{\mu\theta_0} \qquad (\theta_0 < \theta_1) \tag{2.23}$$

いま，動力授受を行っている原動プーリ，従動プーリについて考えてみると，プーリ上における張力の分布は，**図 2.7** のようになる．図において，張力が変化している部分は，角度 θ_0（アクティブ角，クリープ角）の部分，すなわち，原動プーリ上では BC の部分，従動プーリの部分では EF の部分であり，AB の部分では張力は張り側張力と同一になり，DE の部分では張力はゆるみ側張力と同一になる．言い換えると，原動プーリの BC 部と，従動プーリの EF 部で動力の授受が行われ，BC 部ではベルトがプーリに対して遅れなが

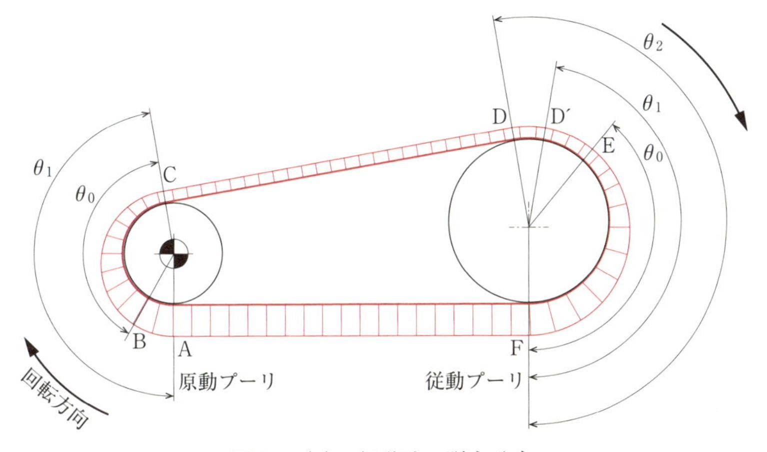

図 2.7（a） 伝動時の張力分布

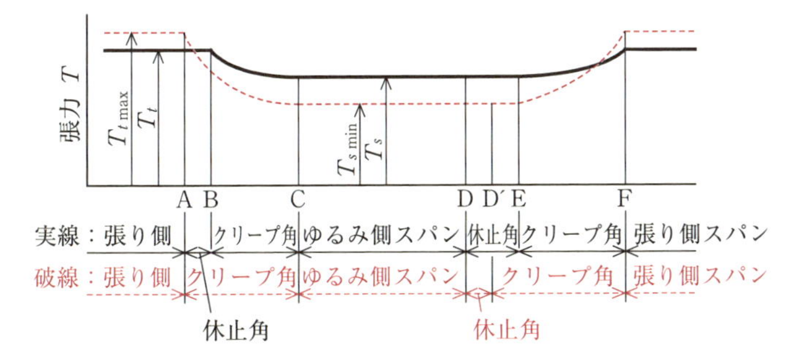

図 2.7（b） 各ベルト位置と張力との関係

ら，EF 部ではプーリがベルトに対して遅れながら滑って走行している．また，AB 部および DE 部（$\theta_1-\theta_0$ または $\theta_2-\theta_0$；休止角）は，ベルトとプーリが同速で走行していることになる．したがって，伝達動力が大きくなると，この AB 部，DE 部が小さくなり，θ_0 は θ_1 に達し，ベルトは全体的に滑る．このような過負荷状態での滑りを移動滑り（スライディングスリップ）と呼ぶ．したがって，$\theta_0=\theta_1$ となるような状態が伝達力の限界点になる．また，$\theta_0<\theta_1$ のときの滑りを弾性滑り（エラスティックスリップ，またはクリープスリップ）と呼んで区別している．以下，これについて述べる．

(2) 弾性滑りとベルト速度差

前項で記述したように，摩擦伝動ベルトが動力を伝えるときは，ベルトの弾性伸びから必然的な弾性滑りが生じる．いま，ベルトの断面内の物質は均質であり，かつ作用力はベルトの長手方向力のみであると仮定すると，ベルトが動力を伝達しているとき，そのベルトの断面積 S および変形したベルトの密度 ρ は，それぞれ式（2.24）および式（2.25）となる．

$$S=S_0(1-\varepsilon\nu)^2 \tag{2.24}$$

$$\rho=\frac{\rho_0}{(1+\varepsilon)(1-\varepsilon\nu)^2} \tag{2.25}$$

ここで，ρ：ベルトの伝動時の密度，S：ベルトの伝動時の断面積，ε：ベルトのひずみ，ν：ベルトのポアソン比，ρ_0：ベルトに張力が掛かっていない状態での密度，S_0：ベルトに張力が掛かっていない状態での断面積である．また，走行中のベルトの各点においては，考えている区間での質量の時間変化はないので，v をベルト速度とすると，ρvS は一定と置くことができる．式（2.24）と式（2.25）より，

$$\begin{aligned}\rho vS&=\frac{\rho_0}{(1+\varepsilon)(1-\varepsilon\nu)^2}\,v\,S_0(1-\varepsilon\nu)^2\\&=\frac{v}{1+\varepsilon}\,\rho_0 S_0=\text{一定}\end{aligned} \tag{2.26}$$

となり，$v/(1+\varepsilon)$ も一定となる．すなわち，張力によりベルトの伸びひずみが増加すると，その位置ではベルトの速度も増加することをこの式は意味する．例えば，$\varepsilon=2\%$ でのときのベルト速度は，$\varepsilon=1\%$ でのときのベルト速度に比べ

て，1.02/1.01=1.0099 倍大きいことを示す．

いま，張り側でベルトが原動プーリに巻き付いた直後の位置において，**図 2.8** に示すように，ベルト断面の中立軸から z だけ離れた点を考える．ベルトの張り側およびゆるみ側のベルトの断面積はほぼ同じであるとし，ベルト張り側の中立軸上の速度を v_t，同じ位置の中立軸から z だけ離れた点でのベルト速度を v_z とすると，

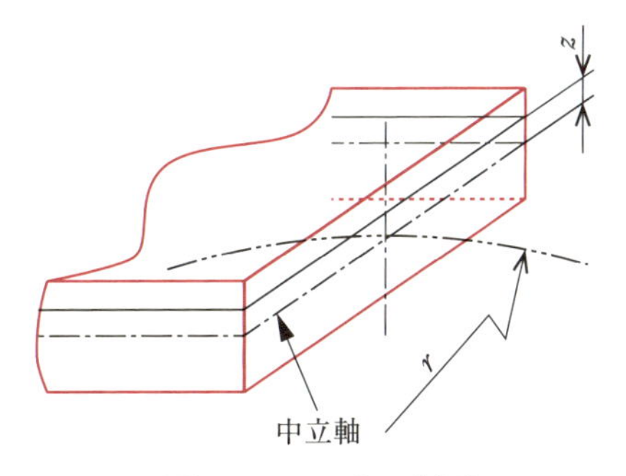

図 2.8　ベルトの断面

$$\frac{v_t}{1+(T_t/ES)}=\frac{v_z}{1+(T_t/ES)+z/r} \tag{2.27}$$

である．したがって，

$$\frac{v_z}{v_t}=\frac{1+(T_t/ES)+z/r}{1+(T_t/ES)} \tag{2.28}$$

ここで，E はベルトの縦弾性係数である．r はプーリに巻き付いたベルトの中立軸の曲率半径である（z/r については後述の式（2.68）を参照）．

いま，考えている位置は張り側で，原動プーリに巻き込まれて休止角をすぎた直後の位置であるから，その位置でのベルト張力 T_t と考えにくく，同一プーリ上でその位置よりさらに進んだ位置では，もはや T_t ではない．その値を T_x とし，その T_x の位置において，中立軸から z だけ離れた断面上の位置におけるベルト速度を v_{xz} とすると，式（2.28）より，

$$\frac{v_{xz}}{v_t}=\frac{1+(T_x/ES)+z/r}{1+(T_t/ES)} \tag{2.29}$$

となる．(v_z-v_{xz}) は，両点間の速度差であり，これらの式より，次式となる．

$$v_z-v_{xz}=\frac{T_t-T_x}{ES+T_t}\,v_t \tag{2.30}$$

上式より，この速度差は断面の位置 z に無関係であることがわかる．一つのプーリ上でのベルトの速度変化に着目すると，この速度差の最大値は，ベルトがプーリに接し始める点からプーリを離れる点までの間の速度差であり，この値を v_{s1} とすれば，

$$v_{s1}=\frac{T_t-T_s}{ES+T_t}v_t \tag{2.31}$$

となる．また，従動プーリ側においても同様に考え，滑り速度をv_{s2}とすると，

$$v_{s2}=\frac{T_t-T_s}{ES+T_s}v_s \tag{2.32}$$

となる．ここで，v_sはゆるみ側のベルト中立軸上のベルト速度である．$T_t \ll ES$，$T_s \ll ES$と仮定できるならば，両者はT_eに比例する．

なお，2.1.5項（1）で述べたように，休止角の範囲（図2.7のAB間およびDE間）ではベルトとプーリは完全固着（同速のいわゆる連れ回り）をしており，かつ休止角の範囲内で張力変化はないと仮定し，v_tを張り側のベルトの中立軸上でのベルト速度，v_sをゆるみ側のベルトの中立軸上でのベルト速度とし，$v_t/(1+\varepsilon_t)=v_s/(1+\varepsilon_t)=$一定，の関係を用いると，駆動プーリの回転数と従動プーリの回転数の比n_{p1}/n_{p2}（2プーリ間の見かけの滑り率に1を加えた値）は，

$$n_{p1}/n_{p2}=(ES+T_t)/(ES+T_s) \tag{2.33}$$

で計算できる．ベルトの引張剛性を大きくすると$T_t \ll ES$，$T_s \ll ES$となり，2プーリ間の回転数比は1に近づく（プーリ間の見かけの滑り率が0に近づく）こともこの式より理解できる．

2.1.6　曲げ応力

ベルトをプーリに巻き付けると，ベルトには張力による応力に加えて曲げ変形に応じた応力が生じる．これを曲げ応力と呼ぶ．いま，ベルト内部に生じる応力を次の四つの仮定を基に考える．

① 定常運転中のベルトの変形は，完全な線形変形である．

② ベルトは均一材料とし，ベルトの曲げに対する縦弾性係数Eは等しい．

③ ベルトの断面は，変形後も平面を保つ．特に，プーリにより曲げられた部分は変形後も平面を保ち，かつ，曲がった軸線に直交する．

④ 実際にはベルトはプーリへの巻き付け時に大変形をするが，いわゆる材料力学の「はり」の線形曲げ変形の公式が適用できると考える．

図2.9において，プーリの半径をR，ベルト厚さをtとすると，ベルトの曲

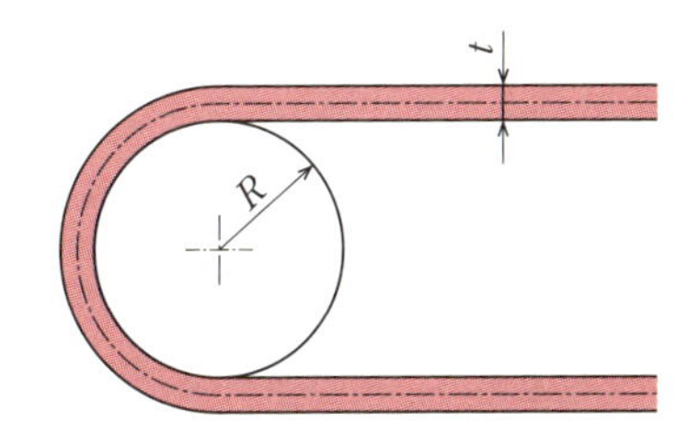

図 2.9　平ベルトの曲げ

げに対する中立軸（面）はベルトの厚みの中央にあるので，ベルト表面に生じる最大ひずみ ε_b は，

$$\varepsilon_b \fallingdotseq \frac{t/2}{R+t/2} \tag{2.34}$$

となる．ここで E はベルトの曲げに関する縦弾性係数であり，簡便的に式（2.27）で定義した E と同値とされる場合もあるが，個別に選定される場合もある．ベルトの最外部に生じる曲げ応力 σ_b は，次式で表される．

$$\sigma_b = E\varepsilon_b = E\,\frac{t/2}{R+t/2} \tag{2.35}$$

一般に，ベルト厚さがプーリ径に比較して無視できる場合は，$t \ll R$ となり，式（2.35）は次式で表される．

$$\sigma_b = E\,\frac{t}{2R} = E\,\frac{t}{D} \tag{2.36}$$

上式より，ベルトの曲げ応力の大きさはプーリ径 D に反比例することがわかる．ベルトがプーリに巻き付いて動力を伝達すると，走行中のベルトの最外層の応力は**図 2.10** に示す状態となる．なお，後述の V ベルトの場合には，式（2.35），式（2.36）の $t/2$ の値をベルト心線位置を基準に計算する方が望ましい．

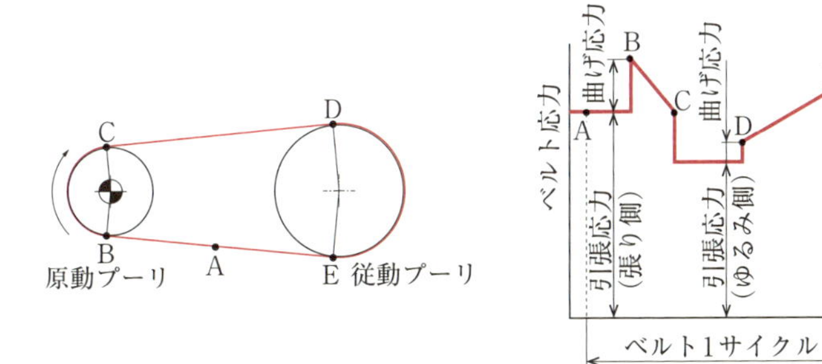

図 2.10　走行中のベルト応力状態（外側）

2.1.7. Vベルトのくさび効果

摩擦伝動ベルトにおいて，その断面が左右対称の台形で，かつ，プーリ溝部をV形にすることによって，ベルトとプーリとの接触力をより高める働きがある．これをくさび効果と呼ぶ．このくさび効果によってより大きな伝達力を発生することができる．くさび効果によるベルトに働く力の関係は，**図2.11**に示す三つの場合に分けられる．

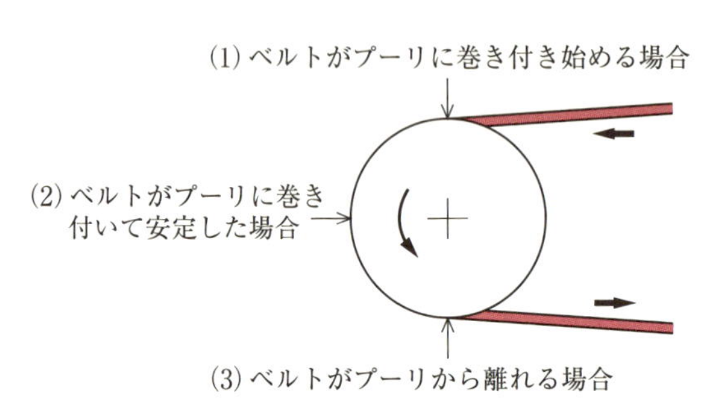

図2.11　プーリへのベルト出入り

(1) Vベルトがプーリに巻き付き始める場合（半径方向の入り込み変位がある場合）

Vベルトがプーリに巻き付き始めるときには，Vプーリに対してVベルトのくさびを打ち込み始めるような状態になる．そのときのベルトとプーリの力の関係は，**図2.12**のようになる．図2.12において，ベルトを押し込む力Fをxとyとに分解すると，次式となる．

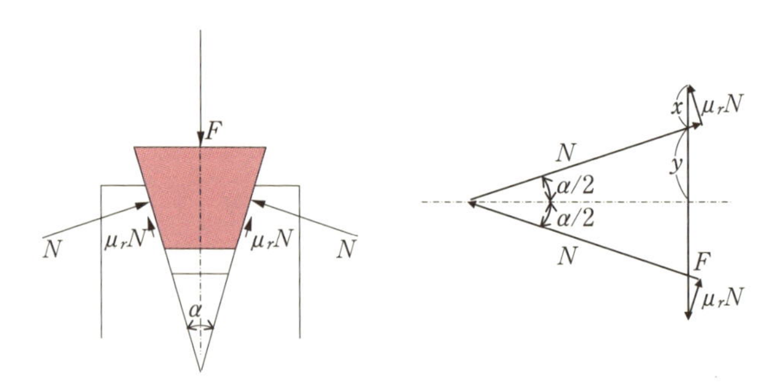

図2.12　Vベルトがプーリに巻き付き始める場合

$$x=\frac{\mu_r N}{\cos(\alpha/2)} \tag{2.37}$$

$$y=\sin(\alpha/2)\left\{N-\mu_r N\frac{\sin(\alpha/2)}{\cos(\alpha/2)}\right\} \tag{2.38}$$

$$x+y=\frac{F}{2} \tag{2.39}$$

上式を用いて，

$$\frac{F}{2}=\frac{\mu_r N}{\cos(\alpha/2)}+\sin(\alpha/2)\left\{N-\mu_r N\frac{\sin(\alpha/2)}{\cos(\alpha/2)}\right\} \tag{2.40}$$

となる．したがって，図 2.12 でのベルトがプーリを押す力 N と F の関係は，

$$N=\frac{F}{2\{\sin(\alpha/2)+\mu_r\cos(\alpha/2)\}} \tag{2.41}$$

となる．ここで，μ_r：半径方向の摩擦係数，α：V 溝角度である．

(2) V ベルトがプーリに巻き付いて安定した場合

V ベルトがプーリに巻き付き，ベルトを押し込む力とベルトがプーリを押す力とがつり合った状態になると，ベルトは半径方向には滑らないので式（2.41）での半径方向の摩擦係数 μ_r を 0 とし，**図 2.13** より，

$$N=\frac{F}{2\sin(\alpha/2)} \tag{2.42}$$

となる．

平ベルトでは，N と F は等しいが，V ベルトではプーリを押す力は，平ベルトに対し $1/\{2\sin(\alpha/2)\}$ 倍となる．さらに，V ベルトはプーリとの接触面が 2 箇所であるため，ベルト 1 本でのプーリを押す力は $2N$ となる．したがって，

$$2N=\frac{F}{\sin(\alpha/2)} \tag{2.43}$$

となる．これは，くさび効果によりプーリを押す力が増えたことを表す．

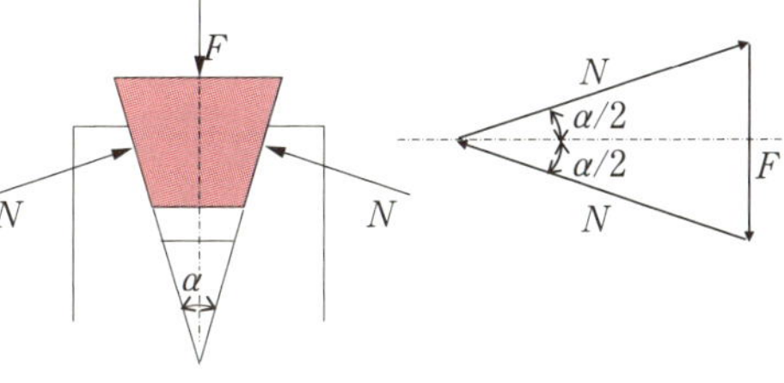

図 2.13　V ベルトがプーリに巻き付いて安定した場合

(3) Vベルトがプーリから離れる場合

Vベルトがプーリから離れる場合には，**図2.14**に示すように，くさびを引き抜くような力F'が働き，次の関係が得られる．

$$x=\mu_r N\cos(\alpha/2) \tag{2.44}$$

$$y=\frac{F'}{2} \tag{2.45}$$

$$x+y=N\sin(\alpha/2) \tag{2.46}$$

したがって，

$$N=\frac{F'}{2\{\sin(\alpha/2)-\mu_r\cos(\alpha/2)\}} \tag{2.47}$$

となる．

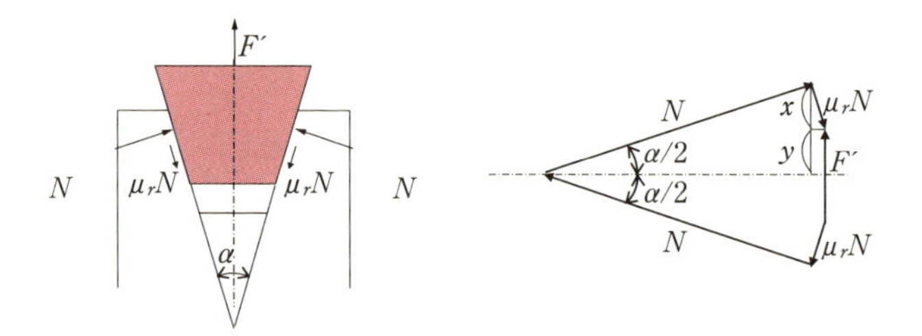

図2.14　Vベルトがプーリから離れる場合

(4) くさび効果による見かけの摩擦係数

Vベルトのプーリ溝に半径方向の滑り変位がなく安定して巻き付いていると見なせる場合でも，実際にはいくらかは滑る場合もあり，設計上では最も安全な条件を想定すると，半径方向に生じる摩擦力を半径方向外向きの$\mu_r N$とおける．ここで，円周方向に作用する有効張力T_eはVベルトの左右の摺動面から円周方向に作用する摩擦力であるので，μ_θを円周方向の動摩擦係数とすると，

$$\begin{aligned} T_e&=2\,\mu_\theta N \\ &=\frac{2\,\mu_\theta F}{2\{\sin(\alpha/2)+\mu_r\cos(\alpha/2)\}} \\ &=\mu' F \end{aligned} \tag{2.48}$$

であり，μ'は見かけの摩擦係数と呼ばれ，

$$\mu' = \frac{2\,\mu_\theta}{2\,\{\sin(\alpha/2) + \mu_r \cos(\alpha/2)\}} \tag{2.49}$$

となる．この式中の符号により，次の場合に相当する．

(a) 分母の第 2 項の符号が ＋ の場合は，V ベルトがプーリに巻き付き始める場合に相当

(b) 分母の第 2 項を 0 とする場合は，V ベルトがプーリに巻き付いて安定した場合に相当

(c) 分母の第 2 項の符号を － とする場合は，V ベルトがプーリから離れる場合に相当

また，一般的に $\mu_\theta = \mu_r$ と置く場合が多い．$\alpha = 180°$ とすると，平ベルトの摩擦係数に一致する．ここで例えば，プーリ V 溝角度 α を 40° とし，$\mu_\theta = \mu_r = 0.3$ とおくと，見かけの摩擦係数 μ' は，μ_θ の約 1.6 倍となり，取付張力が同じ場合は，くさび効果がない平ベルトに対して V ベルト伝動は，より大きな伝達力を発生することができる．ただし，これは V ベルトが理想的に，かつ，安定的にプーリへ巻き付いた状態を想定しており，実際にはベルトの使用材料および構造が異なると，その比率が変化する．

(5) V ベルトの角度限界

V ベルトは，くさび効果を用いてプーリを押す力を高めることができるが，その際，プーリへのベルトの出入りがスムーズに行われることが必要となる．そのため，V ベルトの角度と摩擦係数との関係には次の条件が必要である．

V 溝角度 α が $0 < \alpha \leqq \pi$ の範囲において，

$$N \geqq \frac{F}{2} \tag{2.50}$$

（等号は $\alpha/2 = \pi/2$ すなわち平ベルトの場合）

であるため，式（2.47）は上式より，

$$\sin(\alpha/2) + \mu_r \cos(\alpha/2) \leqq 1 \tag{2.51}$$

となる．上式を変形すると，

$$1 - \sin(\alpha/2) \geqq \mu_r \cos(\alpha/2) \tag{2.52}$$

となる．さらに，プーリの出口付近ではベルトが浮き上がる力を F' とすると，

$$F' < F \tag{2.53}$$

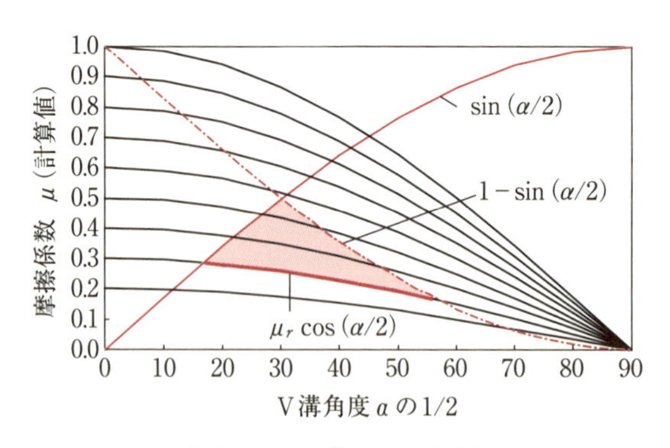

図 2.15　V 溝の角度限界

になれば，ベルトはプーリ溝より抜けなくなり，巻き付いたままの状態となる．したがって，

$$F' \geqq F \tag{2.54}$$

になることが不可欠となり，式（2.47）より，

$$F' \geqq F = 2N\{\sin(\alpha/2) - \mu_r \cos(\alpha/2)\} \geqq 0 \tag{2.55}$$

の関係が成り立つ必要がある．このため，式（2.55）より，

$$\sin(\alpha/2) - \mu_r \cos(\alpha/2) \geqq 0$$

$$\sin(\alpha/2) \geqq \mu_r \cos(\alpha/2)$$

または，

$$\tan(\alpha/2) \geqq \mu_r, \quad \text{または} \quad \alpha/2 \geqq \tan^{-1}(\mu_r) \tag{2.56}$$

となる．$\tan^{-1}(\mu_r)$ は摩擦角とも言われ，V 溝角度 α の半分値は摩擦角よりも大きくなくてはいけないことをこの式は示す．言い換えると，式（2.56）の関係が成立しない場合，ベルトを押し込む力 F がなくなっても，ベルトはプーリ溝中から抜け出ないことになる．

このＶベルトの角度と摩擦係数との関係より，くさび効果を有効に発揮するためには，**図 2.15** に示される線図 $1-\sin(\alpha/2)$，$\mu_r \cos(\alpha/2)$，$\sin(\alpha/2)$ に囲まれた領域で α の 1/2 を設定することが必要となる．図中の太い赤線は $\mu_r=0.3$ の領域を示し，$18° \leqq (\alpha/2) \leqq 57°$ の角度範囲となる．

2.1.8 ベルト張力による軸荷重

摩擦伝動では，ベルトが駆動されると張り側張力 T_t とゆるみ側張力 T_s およびプーリ上では遠心張力 T_c が発生し，これらの合成によってそのプーリ中心上の軸に作用する軸荷重 F_c が求められる（**図 2.16**）．軸にベアリングを設ける場合にはこれがベアリングの設計荷重となる．軸受の選定に際しては，この軸荷重を考慮して行う．また，軸の設計ではこの軸荷重と伝動トルクの両者の同時負荷を考慮して行う．

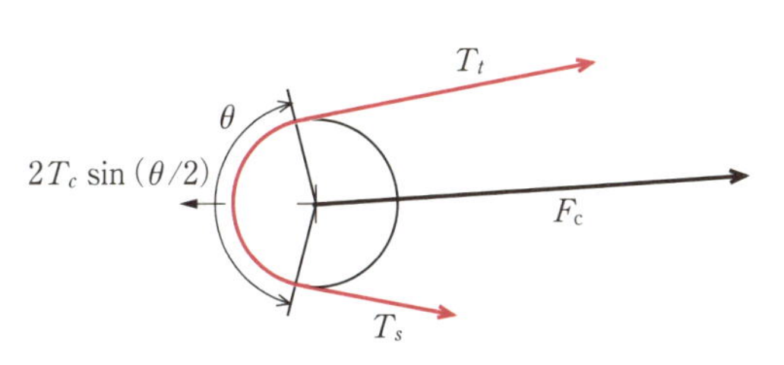

図 2.16 ベルト張力と軸荷重

(1) 静止時の軸荷重

ベルトの静止張力（初張力）を T_0 とすると，$T_t=T_s=T_0$ となり，

$$F_c=2T_0 \sin(\theta/2) \tag{2.57}$$

となる．

(2) 伝動時の軸荷重

ベルトが走行すると，プーリ上では遠心張力が作用し，ベルトはプーリから離れようとするため，その分だけ軸荷重は減少する．したがって，

$$F_c \fallingdotseq 2(T_0-T_c)\sin(\theta/2) \tag{2.58}$$

となる．

2.1.9 遠心張力による使用限界速度

式（2.12），式（2.13），式（2.16）および式（2.20）より，

$$2(T_0-T_c)= T_e \frac{e^{\mu\theta}+1}{e^{\mu\theta}-1}=\frac{T_e}{\lambda} \tag{2.59}$$

が成立する．ここで，ベルトが滑る直前を考え，$\theta_1=\theta$（小径プーリの接触角）とする．上式の左辺は遠心張力 $T_c=S\rho v^2$（$S\rho=m$ でもある）であるので，押付け力を維持するためのベルト速度の限界は，

$$T_0 - S\rho v^2 > \frac{T_e}{2} \cdot \frac{e^{\mu\theta}+1}{e^{\mu\theta}-1}$$
$$> \frac{Te}{2\lambda} \qquad (2.60)$$
$$\therefore v < \sqrt{\left(T_0 - \frac{T_e}{2\lambda}\right) \Big/ S\rho}$$

となる．

2.1.10　ベルト伝動による各種損失

伝動ベルトは，プーリとベルトとの摩擦力によって原動プーリから動力を受け，従動プーリに伝える仕事を行うが，そこには各種の動力損失が存在する．ここではそれらの損失のうち，主なものについて以下に紹介する．

(1) ベルトの滑りによる摩擦損失

原動プーリ上での任意の点におけるベルトの滑り速度 v_{sx} は，式（2.30）から考えると，

$$v_{sx}(=v-v_x) = \frac{T_t - T}{ES + T_t} v_t \qquad (2.61)$$

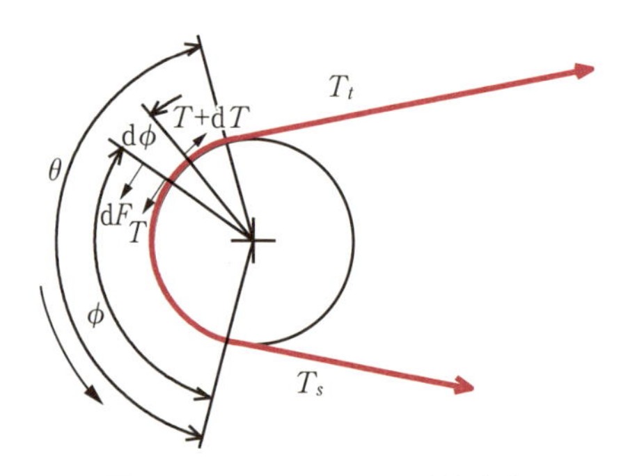

図 2.17　プーリ上での張力状態

となる．ただしここでは，プーリ上でのベルトの伸びが滑りに一致すると仮定しており，滑らない位置ではベルトは伸びない，との仮定を内包してしまうが，簡略化してこの式を用いると，**図 2.17** に示す $\mathrm{d}\phi$ の部分がプーリを垂直に押し付けることにより生じるプーリとベルトの摩擦力は，

$$\mathrm{d}F = \mu\{(T+\mathrm{d}T)+T\}\sin(\mathrm{d}\phi/2)$$
$$= \mu T\,\mathrm{d}\phi \qquad (2.62)$$

となる．したがって，アクティブ角を θ_0 とすれば，原動プーリにおける滑り摩擦による損失動力は，

$$\Delta P_{s1} = \int_0^{\theta_0} v_{sx}\,\mathrm{d}F = \int_0^{\theta_0} \frac{T_t - T}{ES+T_t} v_t \mu T\,\mathrm{d}\phi = \int_0^{\theta_0} \frac{\mu v_t}{ES+T_t}(T_t - T)\,T\,\mathrm{d}\phi$$

(2.63)

となる．ここで，$T=T_s e^{\mu\phi}$ を上式に代入して $\phi=0\sim\theta_0$ まで積分した式に，$T_t=T_s e^{\mu\theta_0}$ を代入して，

$$\Delta P_{S1}=\frac{\upsilon_t}{2(ES+T_t)}(T_t-T)^2 \tag{2.64}$$

を得る．$T_t \ll ES$ とすれば $T_t-T_s=T_e$ より，

$$\Delta P_{s1}=\frac{{T_e}^2}{2ES}\upsilon_t \tag{2.65}$$

となる．同様に，従動プーリでは，

$$\Delta P_{s2}=\frac{{T_e}^2}{2ES}\upsilon_s \tag{2.66}$$

となる．したがって，両プーリでの損失は，$\upsilon_t \fallingdotseq \upsilon_s \fallingdotseq \upsilon$ とすると，

$$\Delta P_s=\Delta P_{s1}+\Delta P_{s2}=\frac{{T_e}^2}{2ES}(\upsilon_t+\upsilon_s)=\frac{(2T_0\times\tanh(\mu\theta_0/2))^2}{ES}\upsilon \tag{2.67}$$

となる．式（2.67）より，縦弾性係数の高いベルトの方がベルトの滑りによる摩擦損失動力は小さいことがわかる．

(2) ベルトがプーリに巻き付くことによる変形に伴う損失

(a) 曲げ変形による全損失

いま，均質的な平ベルトの理想モデルを考える．**図 2.18** において，ベルトの中立軸より z だけ離れた層の張力について，その層より微小距離 $\mathrm{d}z$ 離れた層の張力変化量を考える．中立軸から見て z だけ離れると，そのひずみ量 ε_z は，中立軸の曲率半径を r とすると，

$$\varepsilon_z=\frac{(r+z)\theta-r\theta}{r\theta}=\frac{z}{r} \tag{2.68}$$

となる．ただしここでは微小変形および材料の線形弾性が仮定されている．また，ベルトは完全にプーリ外径に沿って変形し，曲げ変形を生じていない弦部からプーリ面に接触した瞬時に（時間を要

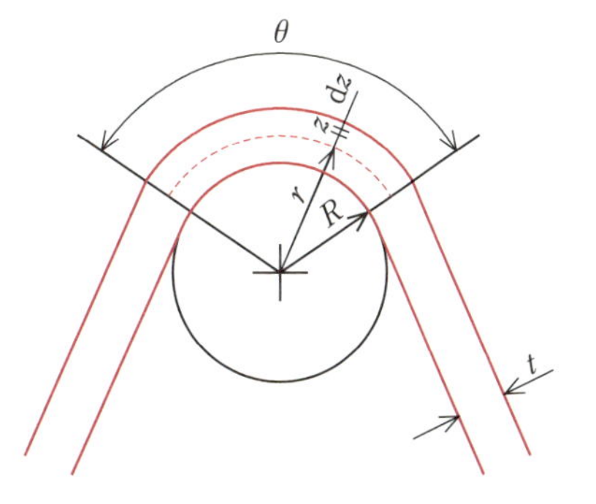

図 2.18 ベルト厚さを考慮した巻き付け状態

せず）前式の曲げ変形が生じるような理想条件が仮定されている．次にベルト幅を b とすると，その断面積 $\mathrm{d}S$ は，

$$\mathrm{d}S = b\mathrm{d}z \tag{2.69}$$

である．ベルトを曲げるために必要なベルトの単位長さあたりの仕事 W_b（スカラー値）は，単位体積当たりのエネルギーである弾性ひずみエネルギー（発生応力×$\varepsilon_z/2 = E\varepsilon_z^2$）をベルト断面にわたり積分し，

$$\begin{aligned} W_b &= (1/2)\int E(\varepsilon_z)^2 \mathrm{d}S \\ &= (1/2)\int bE(z/r)^2 \mathrm{d}S \end{aligned} \tag{2.70}$$

となる．ただしここで，ベルト厚みは薄く $r \fallingdotseq R$ と仮定している．ベルトの断面形状が幅 b，厚み t である場合には，$z = -t/2 \sim +t/2$ まで積分すると，

$$W_b = (1/2)\, EI/R^2 \tag{2.71}$$

ここで，I はベルトの曲げに関する断面２次モーメントであり（$I = \int z^2 \mathrm{d}S$，$\mathrm{d}S$：ベルトの断面内に定義する微小面積要素），次式で与えられる．

$$I = bt^3/12 \tag{2.72}$$

一つのプーリにはベルト速度 v に一致する長さのベルトが単位時間当たりに接触することになるので，vW_b の動力が単位時間あたりにベルトを曲げるために必要な仕事（すなわち動力）となる．ただしここでは，この動力の計算にいわゆる「力 × 速度」の関係ではなく，スカラー値の弾性ひずみエネルギに単位時間当たりに影響を受ける体積を乗じるような計算がなされている．

次に巻き付け時の損失については，未だ不明な点が多く複雑な現象を伴っているが，ここではその最悪の条件を想定し，その曲げ変形に要した仕事が全て損失されると仮定する．ただし，この仮定は厳密には決して正しくなく，ひずみエネルギーは基本的にいくらかは保存されるものであるが（次項（b）を参照），ここではこの仮定を利用する．プーリの回転数を $n\,(\mathrm{min}^{-1})$ とすると，一つのプーリで損失する動力 ΔP_{b1} は，１回（１サイクル）の曲げ変形に要する単位時間あたりの仕事となり，

$$\Delta P_{b1} = \frac{EI}{2R^2}\,v = \frac{EI}{2R^2} \cdot \frac{2\pi Rn}{60} = \frac{EI\pi n}{60R} \tag{2.73}$$

となる．なおこの曲げ損失はプーリだけではなく，ベルトに曲げ変形を与える機構（スピンドルや後述のアイドラプーリでの曲げ変形）でも生じることになる．もしベルト伝動がプーリ半径 R_1，および R_2 の二つのプーリによって行われる場合には，系全体で損失する動力 ΔP_{b2} は，

$$\Delta P_{b2} = EI\pi \left(n_1/R_1 + n_2/R_2\right)/60 \tag{2.74}$$

となる．

(b) 損失正接 tan δ を考慮した曲げ変形損失

ここではひずみエネルギーがいくらかの割合で保存される場合のベルトの損失を考える．いま，ベルトの時間的変形挙動は正弦波では表せないが，ここでは単純化のために**図 2.19** に示すような繰返し変形を受けるフォークト（Voigt）モデルに従うような粘弾性材料の変形挙動を考える．一般に知られているように，粘弾性力学では動的変形を考え，

$$\varepsilon(\theta) = \varepsilon_0 \sin\theta \tag{2.75}$$

$$\sigma(\theta) = \sigma_0 \sin(\theta + \delta) \tag{2.76}$$

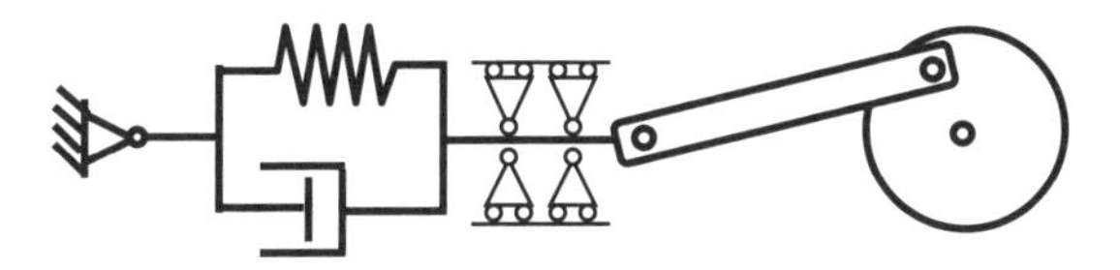

図 2.19 クランクによる繰返し変形が作用する場合のフォークト（Voigt）モデル

で記述されるような引張／圧縮の両振りの繰返し変形が考えられている．ここで，ε_0：ひずみ変動の繰返し振幅，σ_0：応力変動の繰返し振幅，であり，δ は粘弾性的性質に伴う反力または発生応力の位相遅れ角を示す．その際，応力-ひずみ線図は**図 2.20** に示すようなループ（リサージュ図形とも呼ばれる）を描き，その1回（1サイクル）の繰返し変形により損失（散逸）される単位体積当たりの仕事 U は，次式を $\theta=0\sim2\pi$ までの1周回分を積分することにより計算され，

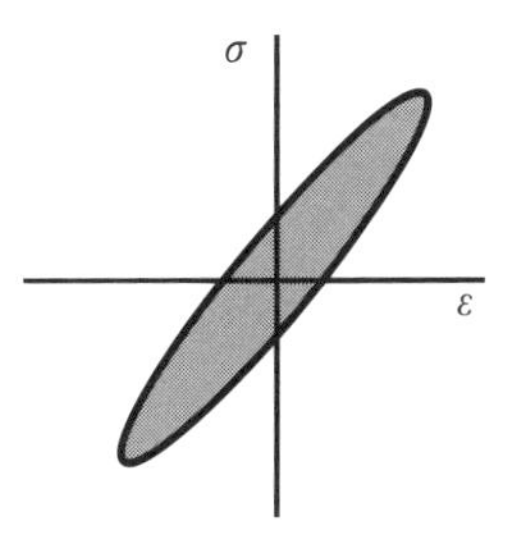

図 2.20 応力-ひずみ線図

$$U=\int\sigma(\theta)\,\mathrm{d}\varepsilon=\int\sigma(\theta)\,(\mathrm{d}\varepsilon/\mathrm{d}\theta)\,\mathrm{d}\theta$$
$$=\pi\,\sigma_0\varepsilon_0\sin\delta\fallingdotseq\pi\,\sigma_0\varepsilon_0\tan\delta \quad (2.77)$$

となる．Uはヒステリシス損失とも言われる．ただし，ここでは$\tan\delta$は比較的小さい値であることが仮定されている．$\tan\delta$は損失正接とも呼ばれ，

$$\tan\delta=E''/E' \quad (2.78)$$

となる．ここで，E'：貯蔵弾性率，E''：損失弾性率を用いて記述することもでき，上記の変形様式では，

$$E'=(\sigma_0/\varepsilon_0)\cos\delta,$$
$$E''=(\sigma_0/\varepsilon_0)\sin\delta \quad (2.79)$$

とも一致する．

なお粘弾性を仮定したので，本来はσ_0はひずみに正比例するだけでなく，ひずみ速度に依存するような粘性の項にも左右されるはずであるが，ここではδが小さく，$E'=E$（縦弾性係数）と見なし，$\sigma_0\fallingdotseq E\varepsilon_0$と簡略的に書くと，ひずみエネルギは次式で表される．

$$U\fallingdotseq\pi E\varepsilon_0{}^2\tan\delta \quad (2.80)$$

いまベルトの曲げ変形では，ベルト中の任意の場所が受ける変形は引張／圧縮の両振り変形ではなく，引張または圧縮の片振り繰返し曲げ変形であるので，ひずみの繰返し振幅ε_0は，ベルトの各部に生じるいわゆる曲げひずみの半分となり，

$$\varepsilon_0=\varepsilon_z/2=z/2r\fallingdotseq z/2R \quad (2.81)$$

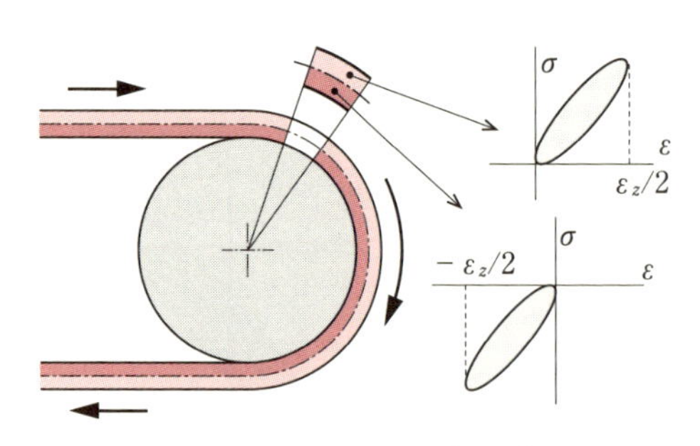

図 2.21　ベルト上の1点が受ける応力-ひずみ履歴

に相当する（**図 2.21**）．したがって，引張変形と圧縮変形の対象性を考えると，ベルトの1回（1サイクル）の曲げ変形あたり，すなわち一つのプーリ当たりの動力損失ΔP_{b1}は，式(2.70)のW_bの計算方法と同様に，Uを断面積全域で積分し，それに単位時間当たりにベ

ルトが接触する長さである υ を乗じた値であるので，

$$\begin{aligned}\Delta P_{b1}&=\upsilon\int U\,\mathrm{d}S=\upsilon\int \pi E\varepsilon_0{}^2 \tan\delta\,\mathrm{d}S\\&=\upsilon\int \pi E(z/2R)^2 \tan\delta\,\mathrm{d}S\end{aligned} \tag{2.82}$$

である．したがって，

$$\Delta P_{b1}=\frac{\pi EI}{4R^2}\tan\delta\upsilon=\frac{\pi EI}{4R^2}\tan\delta\cdot\frac{2\pi Rn}{60}=\frac{\pi EI\pi n\tan\delta}{120R} \tag{2.83}$$

となる．例えばベルトの曲げ変形に伴う $\tan\delta$ が 0.3 ならば，全損失を想定した式（2.73）の 15%の損失となる．もしベルト伝動が二つ以上のプーリによって行われる場合には，式（2.74）での考え方と同様に個々のプーリで生じる損失を和算する．

ここで示された動力損失の式は，ベルトの曲げ変形に伴うヒステリシス損失が材料の $\tan\delta$ に比例することを示す適当な公式であるが，公式自体は $\sin\delta \fallingdotseq \tan\delta$ と見なさせる程度に δ が小さいと仮定したヒステリシス損失モデルである．実際のベルトではこの値よりも大きな損失が生じている場合が多く，個々のベルトの仕様に応じた検討が必要である．

2.2 各種掛け方とベルト長さ，接触角の計算方法

2.2.1 2 軸レイアウト

(1) 単純な 2 軸レイアウト

図 2.22 に，径の等しい，または異なる二つのプーリにベルトを掛けて，二つのプーリを同方向に回転させる最も基本的な場合を示す．そのときのベルト長さ，接触角の計算方法は次のとおりである．

まず，ベルト長さを計算する場合，二つのプーリの径と軸間距離が与えられているものとする．二つのプーリの座標が与えられる場合もあ

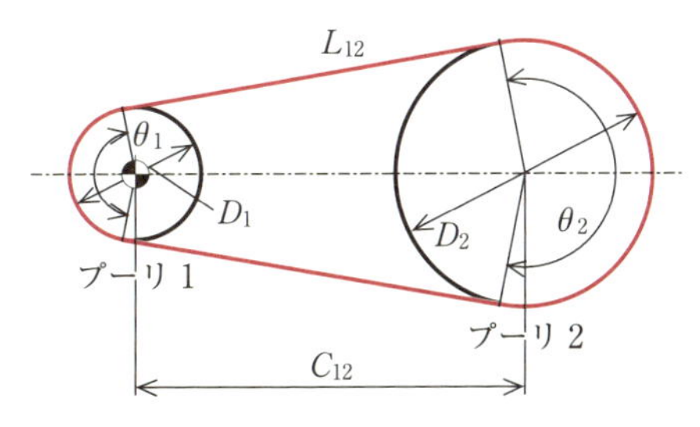

図 2.22　単純な 2 軸レイアウト

るが，その場合，軸間距離は簡単に求められるので，軸間距離が与えられているものとする．

$$l_{12}=\sqrt{C_{12}^2-(D_2-D_1)^2/4} \tag{2.84}$$

$$\theta_1=2\sin^{-1}\left(\frac{l_{12}}{C_{12}}\right) \tag{2.85}$$

$$\theta_2=2\pi-\theta_1 \tag{2.86}$$

$$L=2l_{12}+(D_2\theta_2+D_1\theta_1)\cdot\frac{1}{2} \tag{2.87}$$

ここで，l_{12}：スパン長さ（二つのプーリの共通接線の接点間の距離），C_{12}：軸間距離（二つのプーリが取り付けられている両軸の中心間距離），D：プーリの直径，θ：接触角，L：ベルト長さである．

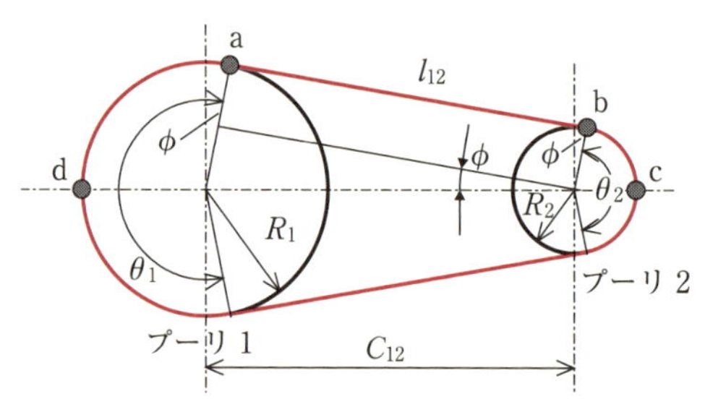

図 2.23　単純な2軸レイアウトでのスパン長さ

2軸の場合には，**図 2.23** に従ってベルト長さの近似計算ができる．

$$L=2\left(\widehat{da}+\overline{ab}+\widehat{bc}\right) \tag{2.88}$$

$$\widehat{da}=R_1\left(\frac{\pi}{2}+\phi\right) \tag{2.89}$$

$$\widehat{bc}=R_2\left(\frac{\pi}{2}-\phi\right) \tag{2.90}$$

$$\overline{ab}=C_{12}\cos\phi \tag{2.91}$$

であるから，

$$\begin{aligned}L&=2R_1\left(\frac{\pi}{2}+\phi\right)+2R_2\left(\frac{\pi}{2}-\phi\right)+2C_{12}\cos\phi\\&=\pi(R_1+R_2)+2\phi(R_1-R_2)+2C_{12}\cos\phi\end{aligned} \tag{2.92}$$

となる．ここで，R：プーリの半径，ϕ：スパン $\overline{ab}$ がプーリ中心を結ぶ線 $\overline{cd}$ となす角（ラジアン）である．

一般に ϕ は小さいから

$$\sin\phi = \phi = \frac{(R_1 - R_2)}{C_{12}} \tag{2.93}$$

$$\cos\phi = \sqrt{1-\sin\phi} = \sqrt{1-(R_1-R_2)^2/C_{12}{}^2} \fallingdotseq 1 - \frac{(R_1-R_2)^2}{2C_{12}{}^2} \tag{2.94}$$

とすることができる．これにより式（2.92）は，

$$L = 2C_{12} + \frac{\pi(D_1+D_2)}{2} + \frac{(D_1-D_2)^2}{4C_{12}} \tag{2.95}$$

となる．また，接触角は次のとおり求められる．

$$\theta_1 = \pi + 2\sin^{-1}\left(\frac{D_1-D_2}{2C_{12}}\right) \tag{2.96}$$

$$\theta_2 = \pi - 2\sin^{-1}\left(\frac{D_1-D_2}{2C_{12}}\right) \tag{2.97}$$

C_{12} は次式で求められる．

$$C_{12} = \frac{B + \sqrt{B^2 - 8(D_1-D_2)^2}}{8} \tag{2.98}$$

ここで，$B = 2L - \pi(D_1+D_2)$ である．

(2) プーリ間にひねりがあるときのスパン長さ

図 2.24 に示すように，一方のプーリがプーリ中心線を軸として ϕ_t だけひねられているときは，ベルトとプーリの接触点は変わらずスパン長さだけが長くなるとして計算できる．

$$\overline{bd} = \frac{D_2}{2}\sin\left(\frac{\theta_1}{2}\right),\quad \overline{bc} = 2\,\overline{bd}\sin\left(\frac{\phi_t}{2}\right) \tag{2.99}$$

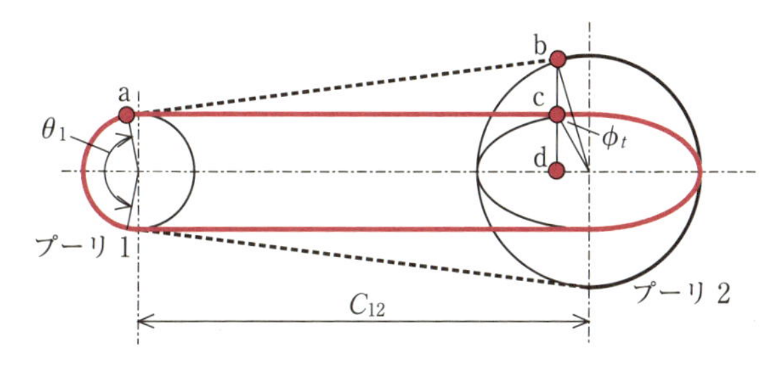

図 2.24　プーリにひねりがあるときのスパン長さ

$$l_{12}^2 = l_{ac}^2 = l_{ab}^2 + \left\{ D_2 \sin\left(\frac{\theta_1}{2}\right) \cdot \sin\frac{\phi_t}{2} \right\}^2 \tag{2.100}$$

$$l_{12} = \sqrt{L_{ab}^2 + \left\{ D_2 \sin\left(\frac{\theta_1}{2}\right) \cdot \sin\left(\frac{\phi_t}{2}\right) \right\}^2} \tag{2.101}$$

ここで，θ_1：プーリ1の接触角，ϕ_t：プーリ2のひねり角である．

(3) ひねり角が90°のとき（クォーターターン）

図2.25に示すように，ϕ_tが90°のとき，ベルト長さは図2.23と同様に近似計算ができる．

$$L = 2C_{12} + \frac{\pi}{2}(D_1 + D_2) + \frac{D_1^2 + D_2^2}{2C_{12}} \tag{2.102}$$

図2.25より，ベルトはプーリ1からプーリ2の中心面に入っていく必要があるので，プーリ1の回転方向は時計回りでなければならない．反時計回りに回転させるとベルトは外れる．

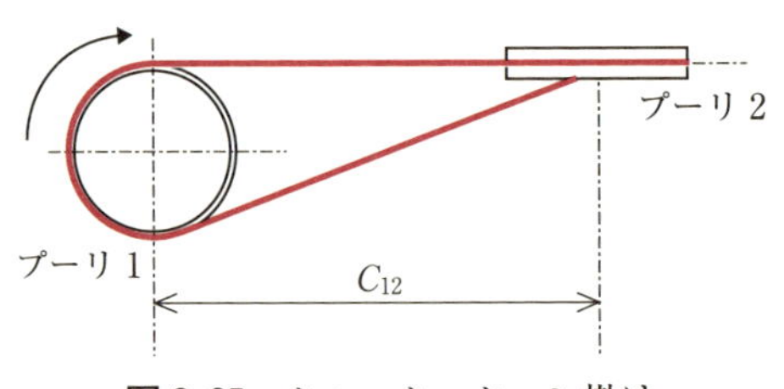

図2.25　クォーターターン掛け

(4) ひねり角が180°のとき（十字掛け，たすき掛け）

図2.26に示すように，ϕ_tが180°のときも図2.23と同様にベルト長さは近似計算ができる．

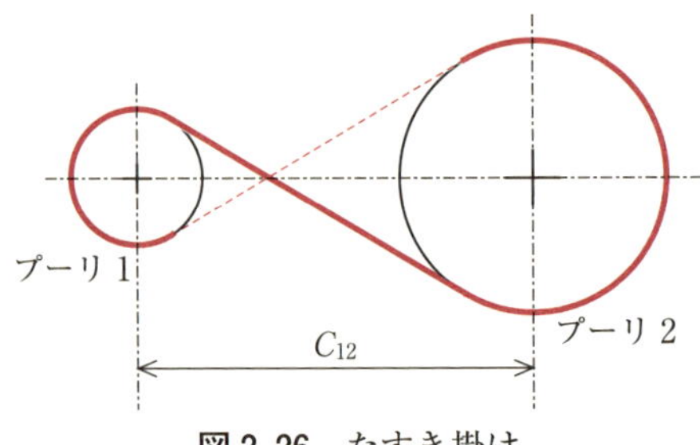

図2.26　たすき掛け

$$L=2C_{12}+\frac{\pi}{2}(D_1+D_2)+\frac{(D_1+D_2)^2}{4C_{12}} \tag{2.103}$$

2.2.2　3軸または4軸以上のレイアウト

(1)　単純な3軸レイアウト

3軸レイアウトの場合は，2軸レイアウトに比べるとかなり複雑にはなるが，**図2.27**に従って3個のプーリ径と中心座標，または三つの軸間距離が与えられていると，ベルト長さと各プーリでの接触角を求めることができる．

$$l_{12}=\sqrt{{C_{12}}^2-(D_1-D_2)^2/4} \tag{2.104}$$

$$l_{23}=\sqrt{{C_{23}}^2-(D_2-D_3)^2/4} \tag{2.105}$$

$$l_{31}=\sqrt{{C_{31}}^2-(D_3-D_1)^2/4} \tag{2.106}$$

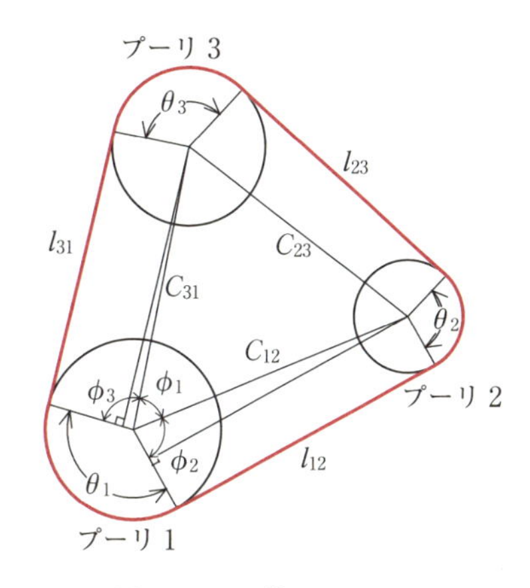

図2.27　3軸レイアウト

プーリ1上では，

$$\phi_1=\cos^{-1}\left(\frac{{C_{12}}^2+{C_{31}}^2-{C_{23}}^2}{C_{12}C_{31}}\right) \tag{2.107}$$

$$\phi_2=\sin^{-1}\left(\frac{l_{12}}{C_{12}}\right) \tag{2.108}$$

$$\phi_3=\sin^{-1}\left(\frac{l_{31}}{C_{31}}\right) \tag{2.109}$$

$$\theta_1=2\pi-(\phi_1+\phi_2+\phi_3) \tag{2.110}$$

プーリ2，3上で同様にθ_2，θ_3を求めて，

$$L=l_{12}+l_{23}+l_{31}+\frac{(D_1\theta_1+D_2\theta_2+D_3D_3)}{2} \tag{2.111}$$

(2)　背面プーリ上でのスパン長さ，接触角の計算

3軸以上のレイアウトでは，プーリのうちのいくつかをベルトを逆曲げにする背面プーリとすることができる．

背面プーリ上でのスパン長さと接触角は，**図2.28**から次のように求められる．

$$l_{12}=\sqrt{C_{12}{}^2-(D_2+D_1)^2/4}=\sqrt{C_{12}{}^2-\{D_2-(-D_1)\}^2/4} \tag{2.112}$$

$$l_{31}=\sqrt{C_{31}{}^2-(D_3+D_1)^2/4}=\sqrt{C_{31}{}^2-\{D_3-(-D_1)\}^2/4} \tag{2.113}$$

$$\phi_1=\cos^{-1}\left(\frac{C_{12}{}^2+C_{31}{}^2-C_{23}{}^2}{2C_{12}C_{31}}\right) \tag{2.114}$$

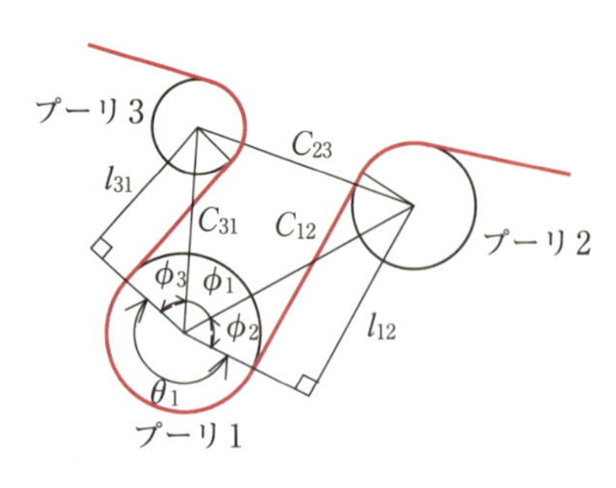

図2.28　背面プーリでのスパン長さ，接触角の計算

$$\phi_2=\sin^{-1}\left(\frac{l_{12}}{C_{12}}\right) \tag{2.115}$$

$$\phi_3=\sin^{-1}\left(\frac{l_{31}}{C_{31}}\right) \tag{2.116}$$

$$\theta_1=2\pi-(\phi_1+\phi_2+\phi_3) \tag{2.117}$$

ここで，θ_1：プーリ1での接触角，ϕ_1：C_{31}とC_{12}がなす角，ϕ_2：プーリ1の中心点からl_{12}に下ろした垂線とC_{12}がなす角，ϕ_3：プーリ1の中心点からl_{31}に下ろした垂線とC_{31}がなす角である．

2.3　軸間固定での実用設計

2.3.1　VベルトおよびVリブドベルト

(1)　2軸レイアウト

動力を伝える伝動系を設定するには，どのようなレイアウトであっても各プーリの径，回転数，軸の位置（座標）および負荷が決められていなければならない．ここでは，上記の数値が与えられている最も単純な2軸レイアウトにおいて伝動系を設定し，動力伝達に必要なベルトの大きさ（形，本数またはリブ数）を決める．

図2.22のレイアウトのように，原動プーリの方が小径であるとすると，まず，ベルト速度v (m/s)は，

$$v=\frac{\pi D_1}{1\,000}\cdot\frac{n}{60} \tag{2.118}$$

となる．また，有効張力T_eは再記すると，

$$T_e=\frac{1\,000P}{v} \tag{2.14}$$

で求められる．ここで，D_1：原動プーリ径（mm），n：原動プーリ回転数（min^{-1}），P：伝達動力（kW）である．

さらに，ベルト張力を再記すると，

$$T_t=T_e\cdot\frac{e^{\mu'\theta}}{e^{\mu'\theta}-1}+T_c \tag{2.12}$$

$$T_s=T_e\cdot\frac{1}{e^{\mu'\theta}-1}+T_c \tag{2.13}$$

$$2\,(T_0-T_c)=T_e\,\frac{e^{\mu'\theta}+1}{e^{\mu'\theta}-1} \tag{2.59}$$

ここで，ベルトはプーリに対して全スリップを起こさないことを前提としているので，式（2.12），式（2.13）の θ は θ_0 として，二つのプーリのうち，小さい方の接触角 θ を用いる．後節においても同様である．

また，遠心張力 T_c は小さいので無視される場合が多いが，ベルトが重いときや速度が速いときは無視できなくなるので，$T_c=mv^2$ より求めなければならない．なお，μ' はベルトとプーリ間の見かけの摩擦係数である〔式（2.49）参照〕．

ここで，ベルトを使用する側で決められない数値は，ベルトとプーリ間の摩擦係数とベルトの単位長さ当たりの質量である．摩擦係数は，2.9.3 項で詳細に述べているので，その項を参照されたい．

ベルトの単位長さ当たりの質量は，当然のことながらベルトの種類と形によって大きく異なるので，ベルトカタログなどから求める必要がある．遠心張力を加えた張り側張力を最大張力 T_{max} と呼ぶことがある．この最大張力はベルトの使用条件の厳しさを示す値として用いられ，ベルトの種類によっては限界値を設けている場合がある．

ベルトの取付張力は，使用中のベルトのなじみ，ゴムの摩耗などによって生じる張力低下を見越して，あらかじめ高くする必要がある．この値はベルトの種類やグレード，使用目的によって変わるので，詳細はベルトカタログの推奨値に従うのがよい．

ところで，動力伝動に必要なベルトの大きさ（形，本数，リブ数）を決める場合，ベルトの伝動容量はベルトに与えられる張力によってほぼ決まるので，前述の張力設定で求めた張力をベルトに与えればよい．このとき，与えられた張力がベルトにとって過大にならないようにする．そのため，ベルトには伝動容量が定められている．

式（2.14）から明らかなように，同じ張力であっても，2.1.9 項で述べた式（2.60）の使用限界速度内であれば，速度が速いほど大きな動力を伝達できる．

ベルトの基準伝動容量（1 本当たりの伝動容量．V リブドベルトでは 1 リブ当たりの伝動容量）は，小さい方のプーリ径とその回転数から容易に求められるように，JIS，ISO 規格，RMA 規格などやベルトのカタログなどに一覧表が記載されている．ベルトの伝動容量は，その種類やグレードによって異なるので，使用するベルトに適した伝動容量表に従って決定する．使用条件でのベルトの伝動容量が求められると，伝達動力をこれで除し，必要なベルトの本数またはリブ数を求める．

なお，ベルトの実用設計においては，伝達動力を使用条件の厳しさ（正逆転，頻繁な起動停止，水，油，粉じん，熱など）に応じて大きく見積もるための負荷補正係数を乗じて設計動力としたのち，ベルトの基準伝動容量で除し，次のように，ベルトの必要本数を求める場合がある．

設計動力 = 負荷補正係数 × 伝達動力

必要本数 = 設計動力／基準伝動容量

2 軸レイアウトの場合には，必ず小さい方のプーリ径から伝動容量を求める．それは原動，従動どちらのプーリに掛かる負荷も等しく，プーリ径の小さい方がベルトの接触角は必ず小さいので，径の小さい方が滑らないように設計すれば，大きい方は滑ることがないからである．このベルトの滑りの目安になる値としてのスリップ率 $SLIP$（%）は，以下の式により求めることができ，スリップ率が大きいほど，ベルトにとって厳しい使い方といえる．

$$SLIP=\frac{I_0-I_t}{I_0}\times 100 \tag{2.119}$$

$$I_0=\frac{n_{N_0}}{n_{R_0}} \tag{2.120}$$

$$I_t=\frac{n_{N_t}}{n_{R_t}} \tag{2.121}$$

ここで，n_{R_0}：原動プーリ無負荷時の回転数（min^{-1}），n_{N_0}：従動プーリ無負荷時の回転数（min^{-1}），n_{R_t}：原動プーリ負荷時の回転数（min^{-1}），n_{N_t}：従動プーリ負荷時の回転数（min^{-1}）である．

(2) 2軸レイアウトでの設計例

以下に，設計計算過程の一例を示す．Vリブドベルトを用いることを前提としているが，Vベルトについても同様に適用できる．この場合，リブ数を本数と読み替える．ただし，Vベルトの最小プーリ径はVリブドベルトのそれよりも大きいので，この点注意が必要である．

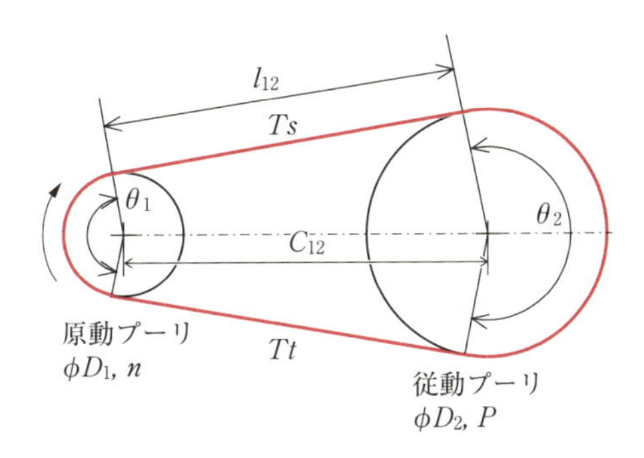

図2.29 2軸での動力伝達

① **図2.29**に具体的な数値を当てはめて，実際に必要なベルトの諸元を求める．

原動プーリ径 D_1=40 mm	従動プーリ径 D_2=90 mm
原動プーリ回転数 n=3 600 min^{-1}	軸間距離 C_{12}=130 mm
見かけの摩擦係数 μ'=0.512	設計動力 P=1.1 kW
従動側伝動動力 =1 kW	負荷補正係数 =1.1

以上よりベルト長さ L，接触角 θ を求めると，

$$l_{12}=\sqrt{130^2-\frac{(90-40)^2}{4}}=128\ \mathrm{mm}$$

$$\theta_1=2\sin^{-1}\left(\frac{128°}{130°}\right)=160°,\quad \theta_2=360°-160°=200°$$

$$L=2\times128+(90\times200°+40\times160°)\frac{\pi}{360°}=469\ \mathrm{mm}$$

となる．次いで，遠心張力 T_c を無視して，張力関係の値は次のように求まる．

$$v=\frac{40\pi}{1\,000}\cdot\frac{3\,600}{60}=7.54\ \mathrm{m/s}$$

$$T_e=\frac{1\,000\times1.1}{7.54}=146\ \mathrm{N}$$

$$e^{\mu'\theta}=e^{0.512\times3.14\times(160/180)}=4.17$$

$$T_t=\frac{146\times4.17}{3.17}=192\ \mathrm{N},\quad T_s=\frac{146}{3.17}=46\ \mathrm{N}$$

$$T_0=\frac{192+46}{2}=119\ \mathrm{N}$$

以上より，この動力伝達に使用するベルトの初張力は最低119 N必要であることがわかる．ベルトのプーリへのなじみ摩耗などによる張力の低下を見越して，取付張力をその1.5倍とすると，

取付張力 $=1.5\times119=179\ \mathrm{N}$

この張力でベルトを取り付けたときの軸荷重 F_c は，

$$F_c=2\times179\times\sin\left(\frac{160^\circ}{2}\right)=353\ \mathrm{N}$$

となる．

② 原動プーリ径が40 mmと小さいので，使用するベルトをVリブドベルトJ形とする．その1リブ当たりの伝動容量は，小プーリ径 =40 mm，回転数 =3 600 $\mathrm{min^{-1}}$ であるので，RMA規格の**表2.1**からこの条件でのJ形の基準伝動容量を求めると，0.22 kWとなる．

この伝動容量は，等径のプーリを用いた場合の値である．この実施例のように他方のプーリ径が大きい場合は，ベルトの屈曲疲労の面で等径の場合より有利であるから，等径の場合と同じ寿命を期待するときには，余分に負荷を掛けることができる．これを回転比による付加伝動容量といい，プーリ径の比（回転比）の大きさによりその値が決められている．

実施例の回転比は2.25であるので，回転比による付加伝動容量は表2.1より，0.03 kWとなる．したがって，このプーリ径，回転数での基準伝動容量は0.22+0.03=0.25 kW/リブとなる．

③ さらに，基準伝動容量は，ベルト長さによっても補正される．プーリ径が同じであっても軸間距離が長いレイアウトであれば，使用されるベルトの長さは長くなる．ベルトが長いとき，同じ時間使用した場合のプーリによる屈曲回数が少なくなる．これもベルトの屈曲疲労が低減され寿命が長くなる要因と

表 2.1　RMA 規格 J 形伝動容量（一部）

プーリ回転数 min^{-1}	基準伝動容量，kW					回転比付伝動容量，kW			
	30 mm	35 mm	40 mm	45 mm	50 mm	1.25～1.34	1.35～1.51	1.52～1.99	2.00 & OVER
2000	0.08	0.11	0.14	0.17	0.20	0.01	0.01	0.01	0.02
2200	0.08	0.12	0.15	0.18	0.21	0.01	0.01	0.02	0.02
2400	0.09	0.12	0.16	0.19	0.23	0.01	0.01	0.02	0.02
2600	0.09	0.13	0.17	0.21	0.24	0.01	0.02	0.02	0.02
2800	0.10	0.14	0.18	0.22	0.26	0.01	0.02	0.02	0.02
3000	0.10	0.15	0.19	0.23	0.27	0.02	0.02	0.02	0.02
3200	0.11	0.16	0.20	0.25	0.29	0.02	0.02	0.02	0.02
3400	0.11	0.16	0.21	0.26	0.30	0.02	0.02	0.02	0.03
3600	0.12	0.17	0.22	0.27	0.32	0.02	0.02	0.02	0.03
3800	0.12	0.18	0.23	0.28	0.33	0.02	0.02	0.02	0.03

ベルト基準長さ，mm	長さ補正係数 K_L			$\frac{(D_2-D_1)}{C_{12}}$	ベルト接触角，°	接触角補正係数 K_θ
	J	L	M			
455	0.83	—	—	0.00	180	1.00
510	0.85	—	—	0.10	174	0.98
610	0.89	—	—	0.20	169	0.97
710	0.92	—	—	0.30	163	0.95
815	0.95	—	—	0.40	157	0.94
915	0.98	—	—	0.50	151	0.92
1015	1.00	—	—	0.60	145	0.90
1120	1.02	—	—	0.70	139	0.88
1270	1.05	0.89	—	0.80	133	0.85
1400	1.07	0.91	—	0.90	127	0.83

なるので，同じ寿命を期待する場合は余分に負荷を掛けることができる．

逆に，軸間距離が短いレイアウトで，ベルト長さが短いときは伝動容量を減ずる必要がある．この補正を行うのがベルト長さ補正係数であり，プーリ径，回転数による基準伝動容量に乗じることにより補正が実行される．

表 2.1 より，J 形はベルト長さ 1 015 mm のとき 1 になっている．したがって，ベルト長さ 1 015 mm を境にして長い方では伝動容量は大きくなり，短い方では伝動容量は小さくなる．この設計例ではベルト長さは 469 mm なので，0.85 と 0.83 の間を読んで 0.84 を用いる．これにより，ベルト長さを考慮した基準伝動容量は 0.25×0.84＝0.21 kW/リブとなる．

④ また，基準伝動容量は，小さい方のプーリでのベルトの接触角によって

も補正される．ベルトは，プーリに入ってから出るまでの間に張力変化を生じる．その張力変化の大きさは，有効張力 T_e に等しく，プーリに作用する負荷とベルト速度によって決まる．

ベルトが受ける張力変化の大きさが同じでも，接触角が小さいときベルトとプーリが接触している長さは短くなり，単位長さ当たりの張力変化は大きくなる．これはベルトの寿命を短くする要因となるので，同じ寿命を期待する場合は伝動する負荷を小さくする必要がある．小さい方のプーリでの接触角は，等径のときが最大で180°であるから，このときを基準の1として各接触角での係数を決めている．これが接触角補正係数である．この係数を基準伝動容量に乗じることにより補正が実施される．

この設計例では，小さい方のプーリ（原動プーリ）の接触角は160°であるので，0.94と0.95の間を読んで0.945を用い，0.21×0.945＝0.20 kW/リブとなる．

⑤ この伝動容量をまとめると次のようになる．

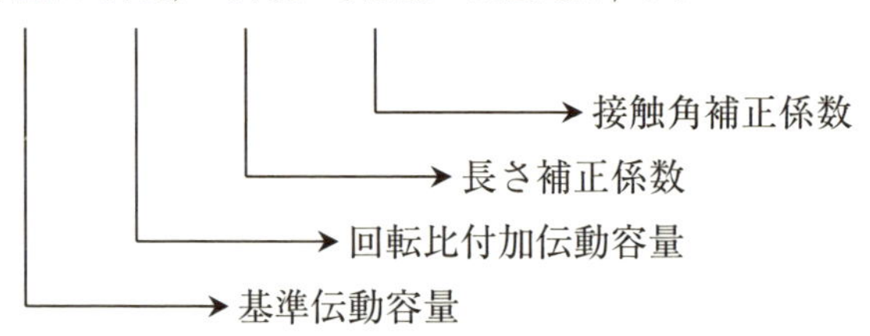

⑥ 計算された伝動容量から必要なVリブドベルトのリブ数（Vベルトの場合は本数）を求めると，

$$\frac{1.1\,\mathrm{kW}}{0.20\,\mathrm{kW/リブ}}=5.5\,\text{リブ}\rightarrow 6\,\text{リブ}$$

となる．

Vリブドベルト（Vベルト）は，任意の幅で裁断できる平ベルトや歯付ベルトとは異なり，端数で使用することはできないので，端数はすべて切り上げて1リブ（1本）としなければならない．

このとき，ベルトの取付張力は，179 N/6＝30 N/リブとなる．

⑦ 以上の計算で，必要なベルトはJ形Vリブドベルト，6リブ，469 mm

であることがわかった．また，J形Vリブドベルト6リブのベルトは特に珍しいものではなく，比較的容易に入手することができる．しかし，ベルト長さを1 mm刻みで生産し，在庫しておくことは困難であるため，計算された長さのベルトがあるとは限らない．

計算された長さのベルトがない場合は，量産されているサイズのベルトで最も近い長さのベルトを選び，長さの違う分は軸間距離を調節して取り付けるようにする必要がある．したがって，それを可能にするだけのプーリの移動代を考慮しておかなければならない．

(3) 3軸以上のレイアウト

動力を伝える伝動系の設計方法は，基本的には2軸レイアウトのときと同じであるが，3軸になると張力設定やベルトの諸元を決定するためには手間がかかる．

図2.30に示す3軸レイアウトでのベルトの張力設定は，2軸レイアウトの場合と異なり，原動プーリの回転方向が計算結果を大きく左右するので注意を要する．

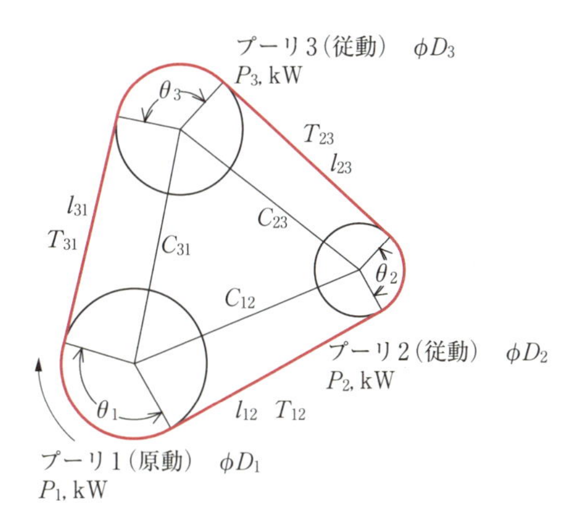

図2.30　3軸での動力伝達

いま，プーリが時計回りであるとすると，まず，ベルト速度 v (m/s) は，再記すると

$$v=\frac{\pi D_1}{1\,000}\cdot\frac{n_1}{60} \tag{2.118}$$

有効張力 T_e (N) は，各Vプーリによって異なり，

$$T_{e1}=\frac{1\,000\,P_1}{v},\ T_{e2}=\frac{1\,000\,P_2}{v},\ T_{e3}=\frac{1\,000\,P_3}{v} \tag{2.122}$$

で求められる（ただし，$P_1=P_2+P_3$）．

ここで，D_1, D_2, D_3：各プーリの径（mm），n_1：原動プーリ回転数（min^{-1}），

P_1, P_2, P_3：各プーリの伝達動力（kW）である.

原動プーリは二つの従動プーリの伝達動力をあわせ持つので，張力が不足すると最もスリップしやすいと仮定して，原動プーリを中心に計算を進める.
各張力の関係は，図 2.30 より，

$$\frac{T_{12}-T_c}{T_{31}-T_c}=e^{\mu'\theta_1}, \quad T_{12}-T_{31}=T_{e1} \tag{2.123}$$

となる．上式を解くと，次式が得られる.

$$T_{12}=T_{e1}\frac{e^{\mu'\theta_1}}{e^{\mu'\theta_1}-1}+T_c \tag{2.124}$$

プーリに入ってから出ていく間のベルトの張力変化はそのプーリでの有効張力 T_eに等しいから，

$$T_{23}=T_{12}-T_{e2}, \quad T_{31}=T_{23}-T_{e3} \tag{2.125}$$

となる．理論初張力 T_0 は三つのスパン張力を平均すればよいが，3 軸レイアウトの場合，各スパン長さが等しいとは限らないので，各スパンの伸びと張力の関係から式（2.126）となる .

$$T_0=\frac{T_{12}l_{12}+T_{23}l_{23}+T_{31}l_{31}}{l_{12}+l_{23}+l_{31}} \tag{2.126}$$

ここで，T_{12}, T_{23}, T_{31}：各スパンの張力（N），l_{12}, l_{23}, l_{31}：各スパンの長さである.

これが，仮の張力設定となる．しかし，3 軸レイアウトでは従動プーリの一つが原動プーリの伝達能力とほぼ等しい伝達動力を必要とし，かつ，ベルトとプーリの接触角が非常に小さい場合もあり得る．このような場合の従動プーリは原動プーリよりスリップしやすいので，従動プーリについて次の確認を行わなければならない.

$$\frac{T_{12}}{T_{23}}\leq e^{\mu'\theta_2} \tag{2.127}$$

$$\frac{T_{23}}{T_{31}}\leq e^{\mu'\theta_3} \tag{2.128}$$

この両式が成立すれば張力設定には問題がないことになるが，仮に一方の式（2.128）が成り立たない場合には，

$$\frac{T_{12}-T_c}{T_{23}-T_c}\leq e^{\mu'\theta_2}, \quad T_{23}=T_{12}-T_{e2}, \quad T_{31}=T_{23}-T_{e3} \tag{2.129}$$

に従って計算をやり直す必要がある．以上により，必要な張力はすべて設定される．

動力の伝達に必要なベルトの諸元（形，本数，リブ数）の決定については，極端にいびつな三角形のレイアウトでない限り，二つの従動プーリの負荷をあわせ持つ原動プーリの基準伝動容量と接触角補正係数を用いて，2 軸レイアウトの場合と同様に必要なベルトの大きさを決めればよい．ただし，3 軸での伝動容量については，国際的にも国内においても，一般的な規格による取決めがなく，次の点で問題がある．

(a) 原動プーリが最も小さい径であるとは限らず，また，2 個の従動プーリに対する回転比が異なる場合の回転比による付加伝動容量の取扱いが決められていない．

(b) プーリによるベルトの屈曲回数が 2 軸の場合より増加するが，これに対するベルト長さ補正係数が取り決められていない．

(c) 従動プーリでも，負荷と接触角の関係によっては原動プーリよりもスリップしやすい場合がある．

3 軸以上のレイアウトでのベルトの大きさの決定については，その計算の煩雑さもあるため使用者側で行うことは少なく，ベルトメーカーが推奨する伝動容量と設計方法によって行われる場合がほとんどである．

(4) 回転数や負荷が変化する場合

ベルトで動力を伝達する場合，原動プーリの回転数が一定でなく，低速から高速まで変化する使用例も決して珍しくない．原動プーリの回転数が変化する場合は，従動側の負荷も変化する．原動機がインバータによって回転数を変えられるモータやエンジンである場合がこの例に相当する．

このような場合，ベルトに対する使用条件が無数に存在すると考えると，ベルトの実用設計はできなくなる．したがって，原動プーリの回転数が連続して変化する場合，実用設計は，原動プーリの回転数を 6～8 の段階に分けて，各段階で張力や必要なベルトの大きさを求めて，最も高いベルト張力や最も大きなベルトを必要とする条件で常に使用されているものとして設計される．

表 2.2 は，2 軸レイアウトでの実施例（図 2.29）の項の条件をそのまま利用し，原動プーリの回転数と，それに伴う従動側の負荷を変量としてベルトの張

表2.2　原動プーリの回転速度が変化する場合の計算例

回転数 min^{-1}	設計動力, kW	有効張力, N	初張力, N	遠心張力, N	伝動容量, kW/リブ	必要リブ数
800	0.60	358	295	0.29	0.056	11
1000	0.70	334	275	0.45	0.071	10
2000	0.74	177	145	1.79	0.127	6
3000	1.00	159	131	4.04	0.167	6
3600	1.10	146	119	5.82	0.198	6
4000	1.20	143	118	7.18	0.214	6
5000	1.40	133	110	11.22	0.254	6

1)　この計算はコンピュータで連続して実施されているので，手計算で実施した場合とは端数処理の関係で末尾の数値が異なる場合がある．しかし，必要リブ数の算出には影響はない
2)　初張力の計算では遠心張力を無視している
3)　遠心張力はJ形リブドベルト1リブの単位長さ当たりの質量を9.3 g/mとして算出した

力とリブ数を算出した例である．

表2.2の結果から，原動プーリの回転数800 min^{-1}のとき，最も大きいリブ数11が必要で，そのときの初張力は295 Nである．すべての条件で安全にベルトを使用するには11リブのJ形ベルトが必要であり，取付張力は，

$$\frac{295\ \mathrm{N}\times 1.5}{11\ \text{リブ}}=40\ \mathrm{N}/\text{リブ}$$

となる．

このとき，各回転数でのベルトの使用頻度によっては，ほとんど使用することのない条件800 min^{-1}のために，非常に大きな11リブのベルトを使うのは無駄が多いという考え方もある．これを合理的に解決するために，ベルトメーカーでは使用頻度を考慮した独自の計算方法を用いることもある．具体的な計算方法については，ベルトメーカーに相談することが望ましい．

基準伝動容量によらないベルトの大きさ，必要本数の決め方でベルトメーカーでよく用いられる方法として

$$\text{各プーリにおける有効張力と接触角の比}=\frac{\text{有効張力}}{\text{接触角}}$$

または，

$$\text{各プーリにおける有効張力と接触長さの比}=\frac{\text{有効張力}}{\text{接触長さ}}$$

を一定に保つ方法が用いられている（**図2.31**）．すなわち，あらかじめベルト

1本当たり，または1リブ当たりの許容値を決めておき，レイアウトと使用条件から算出される各プーリにおける有効張力と接触角または接触長さの比の値が，許容値以下となる最小のベルト本数またはリブ数を決める方法である．

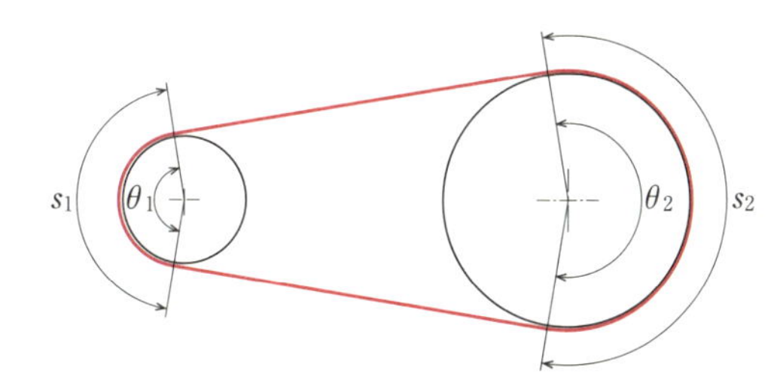

（θ_1, θ_2：接触角、s_1, s_2：接触長さ）

図 2.31　接触長さと接触角

有効張力は，プーリに作用する負荷とベルト速度により決まることはすでに述べたとおりであり，ベルトがプーリに入ってから出るまでに受ける張力変化に等しい．ベルトは張力により変形するので，有効張力が大きくなるにつれて大きな変形を生じ，動力伝達が困難になっていく．

接触角または接触長さは，ベルトがプーリに入ってから出るまでに変形を受けるベルトの長さを示しており，有効張力によって生じるベルトの変形が同じであっても，接触角または接触長さが大きくなるにつれて，ベルトはより広い範囲で一定の変形を生じることになり，動力伝達が容易になる．したがって，前述の方法は有効張力と接触角または接触長さの比を一定に保つことによって，動力伝達の困難さ（容易さ）を一定に保とうという考えに基づいている．

2.3.2　平ベルト

平ベルトの設計においても，基本的には前項のVベルトおよびVリブドベルトと同様の考え方が適用できる．しかし，平ベルトはベルト幅，長さともに任意に選定できるため，ベルト長さが決まっているVベルトなどと比較して，設計自由度が大きいといえる．ただし，これらのほとんどのタイプについては，未だ寸法や伝動容量などが規格化されておらず，ベルトメーカー各社の設計内容についても若干の違いがあるのが実状である．

図2.29のレイアウトにおいて，具体的数値を当てはめて実際に必要なベルトのタイプ，寸法を求める．

原動プーリ径 $D_1 = 120$ mm　　　従動プーリ径 $D_2 = 145$ mm

原動プーリ幅 $b_{p1} = 38$ mm　　　従動プーリ幅 $b_{p2} = 38$ mm

原動プーリ回転数 $n_1=1\,750\ \mathrm{min}^{-1}$　　軸間距離 $C_{12}=(2\,200+50)\ \mathrm{mm}$

この例では，ベルトの取付，張力調整代として50 mmを使用したが，ベルトの種類（心体違い）と設計計算で算出される選定伸長率，ベルトの長さ公差によって張力調整代は異なる．

実用上の摩擦係数 $\mu=0.2$　　設計動力 $P=4.8\ \mathrm{kW}$

従動側伝動動力 $=3.7\ \mathrm{kW}$　　負荷補正係数 $=1.3$

以上より，ベルト長さ L，接触角 θ を求めると，

$$l_{12}=\sqrt{2\,200^2-\frac{(145-120)^2}{4}}=2\,199.96\ \mathrm{mm}$$

$$\theta_1=2\sin^{-1}(2\,199.96/2\,200)=179^\circ$$

$$\theta_2=360^\circ-179^\circ=181^\circ$$

$$L=2\times2\,199.96+(145\times181+120\times179)\times\frac{\pi}{360^\circ}=4\,816\ \mathrm{mm}$$

（ただし，ベルト内周長）

次に，速度と張力の値を求めてみる．

$$v=\frac{\pi\times120}{1\,000}\times\frac{1\,750}{60}=11\ \mathrm{m/s}$$

$$T_e=\frac{1\,000\times4.8}{11}=436\ \mathrm{N}$$

プーリ幅38 mmより，使用可能な最適ベルト幅を25 mmとして単位幅当たりの有効張力を計算すると，

$$T_{e1}=\frac{436}{25}=17.5\ \mathrm{N/mm}$$

この単位幅当たりの有効張力と最小プーリ径をベルトカタログから読み取り，ベルトタイプを選定する T_t および T_s は式（2.12），式（2.13）より，

$$e^{\mu\theta}=e^{0.2\times3.14\times179/180}=1.87$$

$$T_t=436\times\frac{1.87}{0.87}+T_c=(937+T_c)\ \mathrm{N}$$

$$T_s=436/0.87+T_c=(501+T_c)\ \mathrm{N}$$

$$T_0=\frac{937+501}{2}+T_c=(719+T_c)\ \mathrm{N}$$

表 2.3　各ベルトの選定結果

項目＼タイプ	A			B			C		
ベルト寸法，mm	幅	長さ	厚さ	幅	長さ	厚さ	幅	長さ	厚さ
	25	4810	2.5	25	4810	1.7	25	4810	2.0
取付伸張率，%	3.0			2.1			2.2		

となる．

以上より，この動力伝達に使用するベルトの初張力は，遠心張力 T_c を考慮して，最低 $(719+T_c)$ N 必要である．

また，平ベルトの場合，伸張率はベルトに生じる張力に対応するので，伸張率を目安にしてベルトを取り付けるのが一般的である．そのために予めベルト表面に標線を付けているのが一般的である．この方法を用いれば，ベルト張力計などを用いずに概略の張力管理が可能になる．

上記の条件で各ベルトを選定すると，**表 2.3** のような結果になる．

2.4　張力付与方式が異なる場合の実用設計

2.4.1　スパン間に一定張力を付与する場合

(1)　張力のつり合い

いままでに述べてきた初張力の与え方は，ベルトを掛けた後，1 個のプーリ軸をベルトの張る方向に移動させて，ベルトに張力を与え，目的の張力に達したときに移動を止めて，その位置でプーリ軸を固定する方法であった．これを軸間セット方式と呼ぶ．これに対して，この項ではベルトが走行中でも移動可能なプーリ軸によって，ベルトに一定の張力を与える方式について述べる．

スパン間に張力を付与する機能を持つ装置は，オートテンショナ〔(オートマチックテンショナ）(A/T)〕と呼ばれ広く使用されている．A/T は伸ばされたばね，縮められたばね，あるいはねじられたばねが元に戻ろうとする動きを利用して，プーリをベルトに押し付け，ばねが元に戻ろうとする力に応じて，ベルトに一定の張力を与える装置である．この装置は，単に伸ばされたコイルばねが元に戻ろうとする力だけを利用した単純なものから，ばねによる張

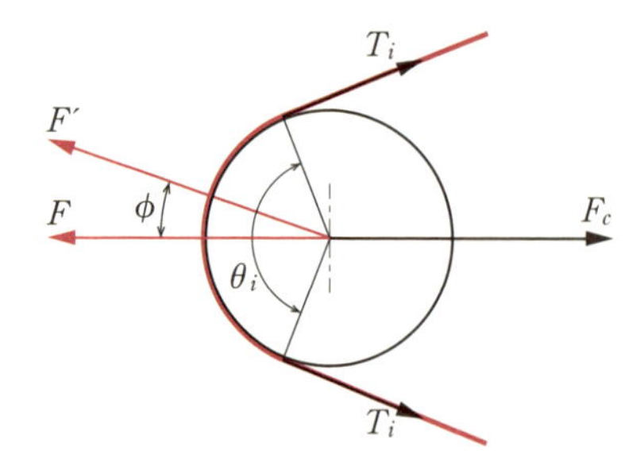

図 2.32　AT とスパン張力のつり合い

力の付与のみならず，ベルトを押すプーリがベルトの張力変動により，絶えず位置を変えようとする動き（テンションプーリの振動）を制御するための摩擦抵抗や油圧ダンパによる抵抗を備えた複雑なものもある．

どのような A/T であっても，ベルトに張力を与えることに関する理論は同じである．以下に，V リブドベルトを主体に述べるが，V ベルトや平ベルトにも同様に適用することができる．

図 2.32 に，二つのプーリ間のスパン間に A/T のテンションプーリがあるときの力のつり合いを示す．A/T は無負荷であるから，テンションプーリの両側のスパン張力は T_i である．スパン張力による軸荷重 F_c と，テンションプーリがベルトを同軸方向に押す力 F とがつり合うから，式（2.57）と図 2.32 より，

$$F=F_c=2T_i\sin\frac{\theta_i}{2} \tag{2.130}$$

また，A/T の押す方向が F の作用する方向に対して ϕ だけ傾いているときは，

$$F'=\frac{F}{\cos\phi}=\frac{2T_i\sin(\theta_i/2)}{\cos\phi} \tag{2.131}$$

である．さらに，遠心張力が無視できないときは

$$F'=\frac{F}{\cos\phi}=\frac{2(T_i+T_c)\sin(\theta_i/2)}{\cos\phi} \tag{2.132}$$

となる．ここで，F'：A/T がベルトを押す力，F：A/T がベルトを同軸方向に押す力，F_c：T_i による軸荷重，T_i：スパン張力，θ_i：ベルトの接触角，ϕ：F と F' のなす角である．

この関係は，A/T がベルトの背面を押すときも，底面（V リブドベルトの場合はリブ面）を押すときも成り立つ．

(2)　オートテンショナがベルトを押す方向

A/T は，ベルトの背面を押す方向にも，ベルトの底面を押す方向にも用いられる．ベルトを背面から押す場合は，A/T の前後にある負荷の作用したプーリでのベルトの接触角を増大させ動力伝達に有利になるが，ベルトを逆方向に曲げるのでベルトの寿命を短くする欠点がある．逆に，ベルトの底面から押す場合は，ベルトの寿命を短くすることはないが，A/T 前後の負荷の作用しているプーリでのベルト接触角を減少させ，伝動能力を低下させる欠点がある．

A/T のテンションプーリは，接するベルトの形状に合わせた形状，すなわち，平ベルト状の背面と接する場合には平プーリ，また，V リブドベルトのリブ面と接する場合は V リブドプーリにすることを推奨する．

(3)　オートテンショナを装着するスパン

A/T は理論上どのスパンにも装着できるが，スパン張力とのつり合いを考えると，A/T 自身に作用する軸荷重が最も小さくて済むゆるみ側のスパンに装着される場合が多く，背面を押すテンショナの場合は原動プーリに近い位置で用いられることが多い．ゆるみ側に A/T を装着した場合には，単に A/T の軸荷重が小さいということのみならず，ベルトの伝動能力を高めることもできる．

ベルトがスリップしないためには，

$$\frac{T_t}{T_s} \leqq e^{\mu'\theta} \tag{2.133}$$

でなければならない．また，軸間セット方式では，遠心張力を無視すると，

$$T_t + T_s = 2T_0, \quad T_t - T_s = T_e \tag{2.134}$$

が成り立っており，**図 2.33** に示すように，有効張力 T_e が大きくなると張り側張力 T_t は増加し，ゆるみ側張力 T_s は減少する．その結果，T_t/T_s の比は急激に増加し，式 (2.133) は成り立たなくなる．

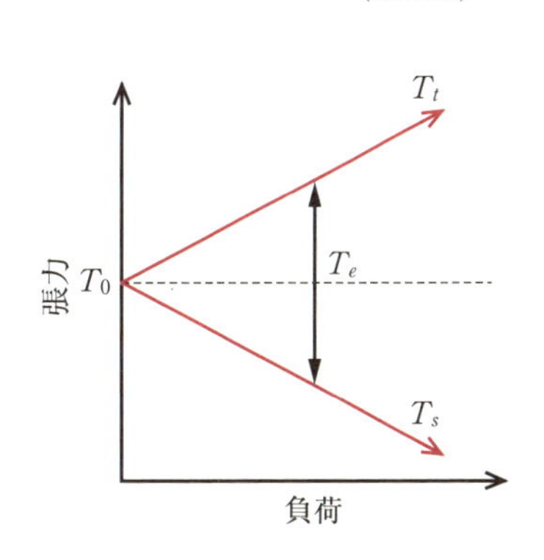

図 2.33　軸間セット方式

表 2.4　張力付与方式と T_t/T_s の比

張力固定方式					ゆるみ側 A/T 方式			
T_0	T_e	T_s	T_t	T_t/T_s	T_s	T_e	T_t	T_t/T_s
138	66	105	171	1.63	69	66	135	1.96
	132	72	204	2.83		132	201	2.91
	198	39	237	6.08		198	267	3.87

T_t/T_s を除いて単位は N

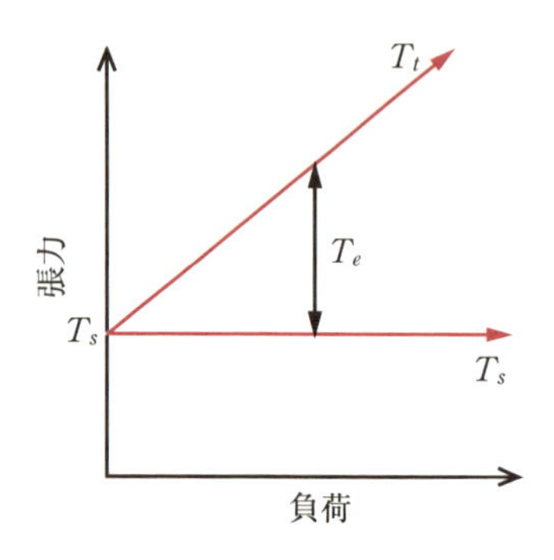

図 2.34　ゆるみ側張力一定方式

これに対して，ゆるみ側張力 T_s を一定とした場合は，**図 2.34** に示すように，有効張力 T_e の増加につれて T_t のみが増加するので，T_t/T_s の比の値の上昇は遅く，ベルトは軸間セット方式に比べてスリップしにくくなる．一般に，ゆるみ側 A/T 方式では軸間セット方式に比べると，ベルトの伝動能力は経験上 1.5 倍以上になるとされている．

表 2.4 に，軸間セット方式とゆるみ側 A/T 方式について模擬的に作成した T_t/T_s の値を示す．表 2.4 より，ゆるみ側 A/T 方式の場合は，停止時の張力を軸間セット方式の場合の 1/2 に設定しても，T_e が大きいときには T_t/T_s の比は軸間セット方式よりも小さくなる．

図 2.35 に，PK 形の V リブドベルトを用いて測定した軸間セット方式と，ゆるみ側張力一定方式での負荷とスリップ率との関係の一例を示す．なお，A/T 方式の曲線は，図中では急激に立ち上がっていないが，負荷が過大になると軸間セット方式と同様な傾向を示す．図 2.35 より，ゆるみ側張力を一定とした方がスリップしにくいことを示している．例えば，スリップ率 1.5% のところでは，軸間セット方式で伝達できる負荷は 6 kW であるのに対して，A/T 方式では 8.5 kW を伝達することができる．さらに，ゆるみ側張力の低下がないので，低下を見越した係数を掛けた大きな取付張力を必要としないというもう一つの大きな利点もある．

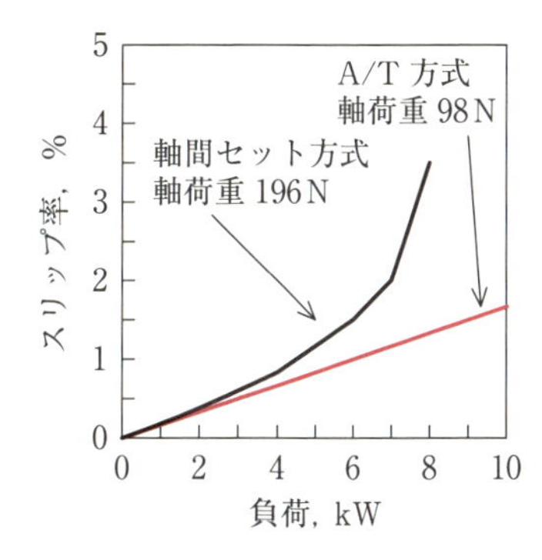

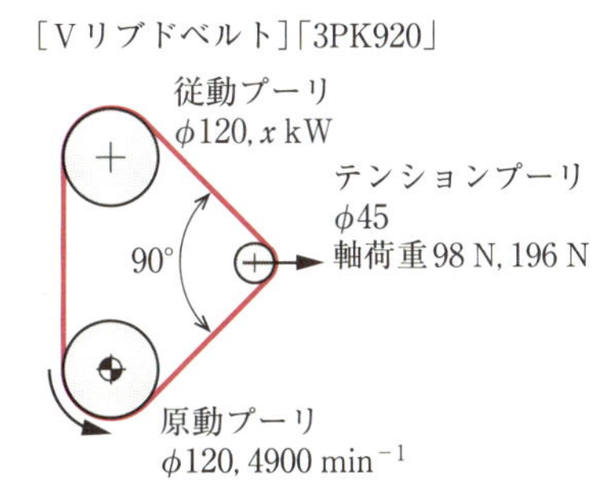

図 2.35　張力付与方法によるスリップ率曲線の違い

2.4.2　一定の軸荷重を付与する場合

一定の軸荷重を付与する方法として，従動部を一定方向に自在に移動できるスライドベース上に乗せ，この従動部に一定のつり合いおもり（デッドウェイト）をワイヤなどで与える方法が一般的である．

張力のつり合いについては 2.1.8 項の説明がそのまま適用できる．すなわち，式（2.57）の F_c で示される軸荷重に等しい荷重を従動側に与えればよい．

ベルトの張力が走行後も低下しないため，初張力にベルトの張力低下を見越した係数を乗じる必要がなく，取付張力が小さく設定できる利点がある．しかし，装置が複雑で大きくなるために，実験以外ではこの方法は余り多用されない．

2.5　設計時に考慮すべきその他の要因

2.5.1　慣性モーメントによる負荷

一般に静止しているベルトを起動させようとすると，ベルトは従動側の慣性モーメントによる負荷に相当するトルクも伝動する必要がある．この負荷は従動側の慣性が大きいほど，また，回転数の変化が急激なほど大きくなる．慣性モーメントによる負荷の大きさは，フライホイール効果によるトルクから決められる．

$$T_{q2} = I\dot{\omega} \tag{2.135}$$

ここで，T_{q2}：従動側のフライホイール効果によるトルク（N·m），I：従動側慣性モーメント（kg·m^2），$\dot{\omega}$：従動側角加速度（rad/s^2）である．

回転数が時間 t 内に，n_{min} から n_{max} まで直線的に変化するとき，フライホイール効果によるトルクは次のようになる．

$$T_{q2}=I\times\frac{2\pi(n_{max}-n_{min})}{60\,t} \tag{2.136}$$

ここで，t：回転数の変化を生じる時間（s），n_{min}：時間 t 内における従動側の最小回転数（min^{-1}），n_{max}：時間 t 内における従動側の最大回転数（min^{-1}）である．なお，従動プーリを停止させるときにも上記を考慮する必要がある．

平ベルトでは慣性モーメントによる負荷でスリップが発生すると，プーリのクラウン効果〔2.6.3（4）の（e）項を参照〕が失われ，ベルトが逸脱する場合がある．また，慣性モーメントによるスリップがベルトに損傷を与えることは否定できない．したがって，慣性モーメントが余りに大きい場合は，それが常時従動側に作用しているものとして，ベルトの本数やリブ数を設定する，あるいは急発進・急停止や起動・停止の多い使用条件として負荷補正係数を大きくとるといった対策が行われる．しかし，一般にはベルトの実用設計においては，慣性モーメントを考慮しない場合が少なくない．

慣性モーメントのベルトへの影響は，起動，停止時のみならず定常伝動時でも発生する．それは，原動プーリが1回転する間に角速度の変化が周期的に発生する場合で，プーリ1回転という短い時間に加速，減速が生じるために一定の速度で走行するベルトに従動プーリ側慣性モーメントが作用する．原動機がエンジンで従動機が発電機の場合にこの影響が顕著に現われ，ベルトに摩耗，発熱，騒音，振動など多大な不具合を生じる場合がある．

4気筒エンジンにおいて，クランク1回転当たり2回の回転変動に伴う補機プーリの角速度と角加速度の変動は，次式で与えられる．

$$\omega=\omega_0\{1+A\sin(2\omega_0 t)\} \tag{2.137}$$

$$\dot{\omega}=2A\omega_0^2\cos(2\omega_0 t) \tag{2.138}$$

式（2.138）の右辺の最大値は $\cos(2\omega_0 t)=1$ のときであるので，負荷トルク最大値 $T_{q\,max}$ は次式となる．

$$T_{q\,max}=2IA\omega_0^2 \tag{2.139}$$

ここで，ω：対象補機の角速度（rad/s），$\dot{\omega}$：対象補機の角加速度（rad/s^2），ω_0：対象補機の平均角速度（rad/s），A：エンジンの片振幅回転変動率，t：回転数の変化を生じる時間（s），$T_{q\max}$：補機のトルク変動の片振幅の最大値（N·m），I：補機の慣性モーメント（kg·m^2）である．このような用途に使用する場合はトルク変動を考慮して，ベルトの掛け本数，リブ数またはベルト幅を決める必要がある．

2.6　設計時の注意事項

摩擦伝動ベルトを実際に設計し実用する場合，ベルトの特性や耐久性に影響を与える設計項目が多数あり，それらの項目について十分に配慮し設計する必要がある．なお，当該章では，主にVベルト・Vリブドベルトを対象に記載しているが，平ベルトでも多くの共有部分がある．

2.6.1　最小プーリ径

ベルトは，それ自身に厚さを持っており，張力を与えない状態でもプーリに巻き付けるだけでベルト自体に曲げひずみが発生する．そのひずみの大きさは，プーリ径が小さいほど大きくなる（2.1.6節参照）．

ベルトをプーリに巻き付けると，**図2.36**に示すように，ベルト上部は長手方向に引張られ，幅方向に圧縮される．また，下部については逆に，長手方向に圧縮され幅方向に膨らむことになる．

ベルトは，ほとんどの場合，縦弾性係数の異なる部材（布・心線・ゴムなど）で構成されており，プーリに巻き付きひずみが大きくなると，各部材で引裂き力が大きくなり，心線部ではく離（セパレーション）や，心線の飛出し（ポップアウト）現象が発生し，ベルト早期破損の要因となる．また，ベルトが変形することにより伝動能力も低下する．そのた

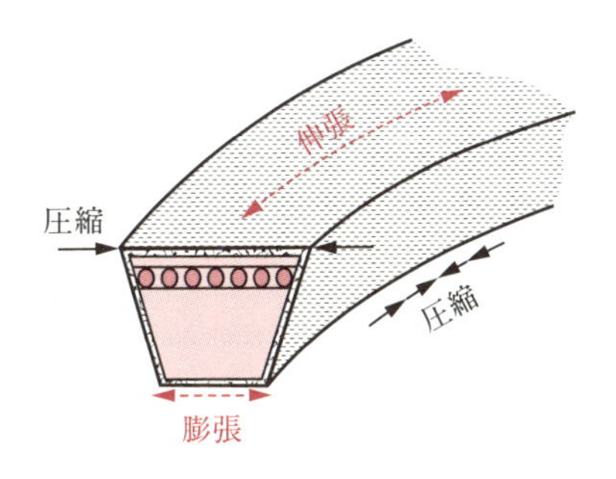

図2.36　ベルト曲げ時に発生する応力状態

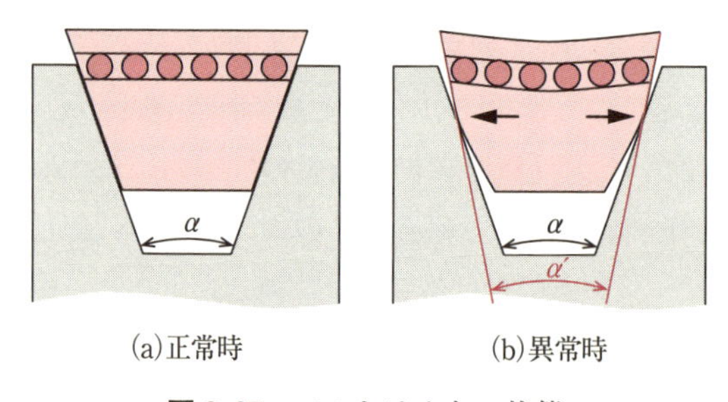

図 2.37　ベルトはめあい状態

め，それぞれのベルトには使用上許容される最小プーリ径が設定されており，設計・実使用の際には最小プーリ径以上のプーリ径を選定する必要がある．

最小プーリ径以下で使用すると，ベルト変形が大きくなり，プーリ溝角度αに対してベルト角度は小さくなり，プーリとのはめあい状態が悪化する．図 2.37 に示すこのような現象は，背面変形や反り返り現象とも言われる（図 2.63）．

2.6.2　ミスアライメント

伝動ベルトにおいて，隣り合うプーリの回転面が同一でない場合，プーリのミスアライメントが発生する．プーリ上のベルト出入りでの実際のミスアライメントの測定は困難なため，ミスアライメント計算はプーリ間（スパン間）で行っても実用上問題はない．

図 2.38 に，「プーリずれ」および「プーリ倒れ」についてプーリ溝側から見た状態を示す．このようなミスアライメントが生じた場合，ベルトとプーリの

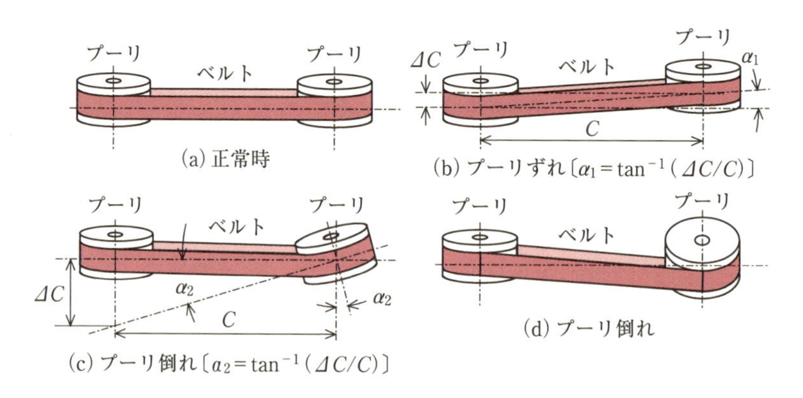

図 2.38　ミスアライメント量

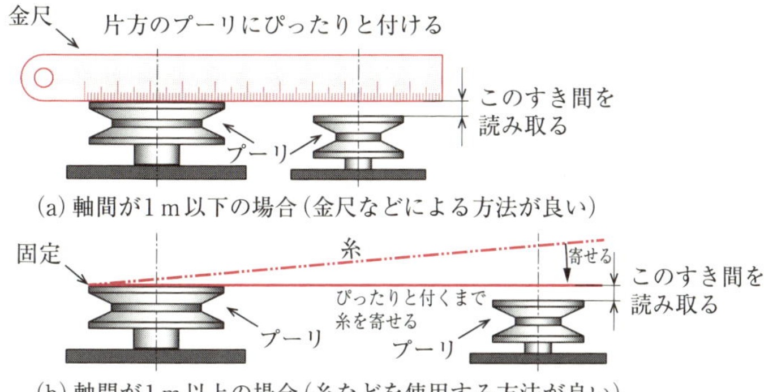

(a) 軸間が1m以下の場合（金尺などによる方法が良い）

(b) 軸間が1m以上の場合（糸などを使用する方法が良い）

図 2.39　ミスアライメントの測定方式

接触面が適正に保たれず，ベルト側面に異常摩耗を生じることがある．また，さらに心線層のはく離，振動，異音などを誘発させ，早期寿命に至ることもある．したがって，ベルトをプーリに装着する際，ミスアライメントがないように調整する必要がある．一般に，摩擦伝動ベルトのミスアライメント量は0.5° 以内とすることが望ましい．

図 2.39 に，ミスアライメント測定方法の一例を示す．図に示すように，プーリ傾きの確認は，それぞれのプーリを基準に行う．すき間が異なっていればミスアライメントが生じている．いずれもベルトをプーリに掛け，所定の軸荷重を与えた状態で測定する．

2.6.3　プーリへの留意点

摩擦伝動ベルトを使用する際には，スムーズな伝動・回転を可能とするプーリの設計についても考慮する必要がある．特に，プーリ精度についてはベルトに求められる精度以上のものが要求される．

(1)　プーリ材質

プーリ材質には，主に炭素鋼（S15C～S55C），圧延鋼（SS330～SS400），ステンレス鋼（SUS304），ねずみ鋳鉄（FC150～FC300），ダイカスト（Al，Zn）がある．近年，軽量化・加工性から樹脂プーリも一部採用されているが，プーリ摩耗やそれに伴って発生する形状不良によりベルトに早期破損や異音などが発生する可能性がある．

(2)　プーリ表面粗さ

プーリ表面粗さについても，材質同様にベルト性能に大きく影響を及ぼす要因となる．また，エンジンなどの塗装とともにプーリも塗装されることがあるが，その際も塗装むらや塗装痕には十分注意する必要がある（**図2.67**）．

(3)　プーリさび

プーリのさびは，ベルトとプーリとの間で研磨材の働きをする場合があり，ベルトの異常摩耗，はく離などの発生原因となる．さびが発生する要因は，主に水（塩水），湿度，温度，ダスト，薬品などの環境因子の影響や，プーリ材質，コーティング材質などがある．また，野外や海岸近くでの使用および船による長距離輸送時でもさびが発生することがあるので注意が必要である．

(4)　プーリ形状

摩擦伝動ベルトと同様にプーリにもJISやJASO規格などがあり，それらに準ずる形状であることが望ましい．

(a)　V溝角度

2.1.7項で記述したように，ベルトとプーリをV形にすることで，くさび効果によってより高い摩擦力を発生させることが可能となるが，これにはベルトがプーリへ入り込み巻き付いた際，ベルト角度とプーリV溝角とがほぼ一致していることが望ましい．ベルト角度に対しプーリV溝角が狭角または広角となる場合，ベルトとプーリとのはめあい状態が悪くなり，ベルト性能に影響を及ぼす．2.6.1項で記載したように，Vベルト自身は曲げられることにより変形し，その結果ベルト角度が曲げ半径とともに変化する．そのため，プーリ径ごとにプーリV溝角を変えることが望ましい．

図2.40に，ベルトとV溝角度のはめあい状態を示す．図2.40（b）のようにプーリV溝角度が狭角の場合，ベルトとプーリの接触部分はベルト心線層で強くなり，はく離現象を生じることがある．さらに，ベルトはプーリ溝部へ沈み込みやすくなり，ベルト変形も大きくなる．

図2.40（c）のようにプーリV溝角度が広角の場合，狭角時と逆に，ベルト底ゴム層での接触が強くなり，底ゴムの摩耗およびクラック（き裂）を生じることがある．また，ベルトはプーリより浮き上がることとなり，ベルト振動時

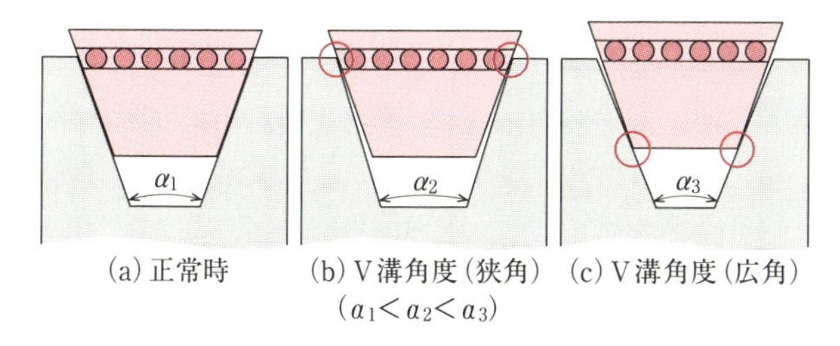

(a) 正常時　(b) V 溝角度（狭角）　(c) V 溝角度（広角）
（$\alpha_1 < \alpha_2 < \alpha_3$）

図 2.40　V 溝角度によるベルトはめあい状態（有効幅は同一とする）

に横転ならびに外れることがあるので注意が必要である.

(b) 有効溝幅

図 2.41 のように，プーリ有効溝幅が適正でない場合，想定以上にベルトがプーリに沈み込み，ベルト伝動能力が低下し，ベルトのスリップが大きくなりやすい．その結果として，摩耗・クラック（き裂）などの発生が懸念される．逆に，ベルトがプーリより浮き上がった状態でプーリに出入りすると，高速回転時にベルトの振動またはミスアライメントの誘発により横転ならびにプーリ

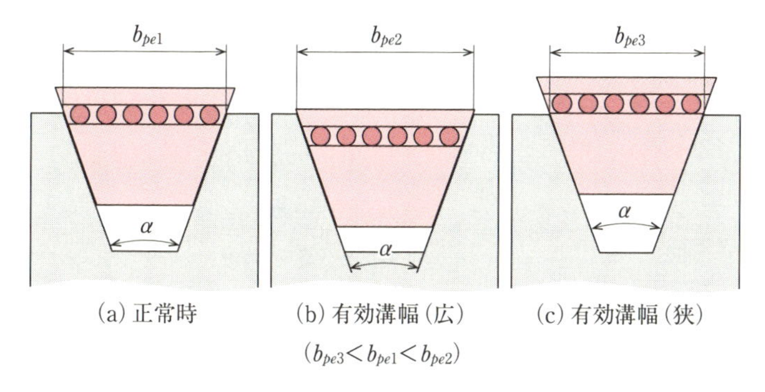

(a) 正常時　(b) 有効溝幅（広）　(c) 有効溝幅（狭）
（$b_{pe3} < b_{pe1} < b_{pe2}$）

図 2.41　プーリ有効溝幅とベルトはめあい状態（プーリ V 角度 α は同一とする）

から外れることがある.

(c) 有効溝深さ

図 2.42 のように，有効溝深さが不足している場合，ベルト底部がプーリ溝底部と接触することがある．これにより，V ベルト底ゴム層での異常摩耗，異音またはクラックが発生する．同時に，V ベルト特有のくさび効果が発揮

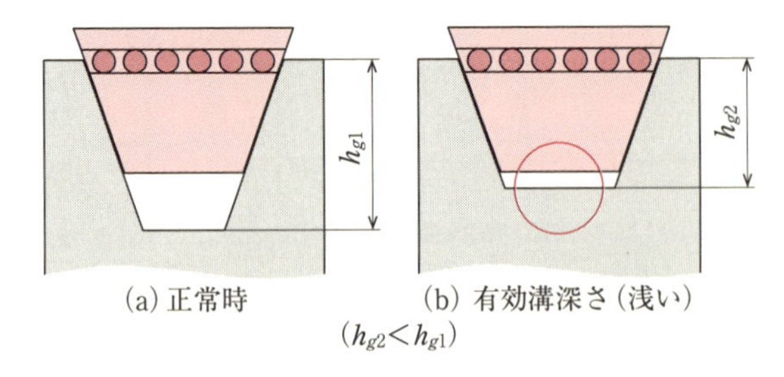

図 2.42　プーリ有効溝深さとベルトはめあい状態（$h_{g2}<h_{g1}$）

されず，ベルト伝動能力の低下によるベルト滑り現象も生じるため，十分な注意が必要である．

(d) リブ山先端形状（V リブドベルトの場合）

図 2.43 に示す V リブドプーリのリブ山先端形状に留意する必要がある．例えば，**図 2.44** のように，リブ山先端 r_t が大きい場合，V リブドベルトとのはめあいにおいてベルトとプーリの接触が少なくなり，高速回転時でのベルト横転現象またはプーリと接触するリブゴムの摩耗現象が懸念される．一方，リブ山先端形状が小さい場合，プーリ溝先端部とベルトリブ底部が強く接触することにより，リブゴムの摩耗が顕著になることがあるため十分な注意が必要である．

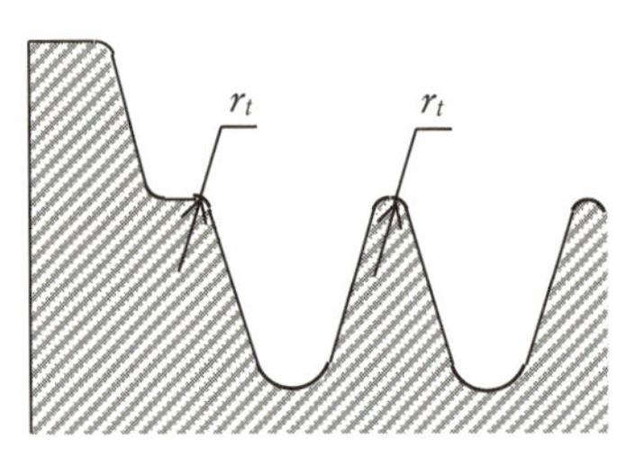

図 2.43　V リブドプーリ形状（正常時）

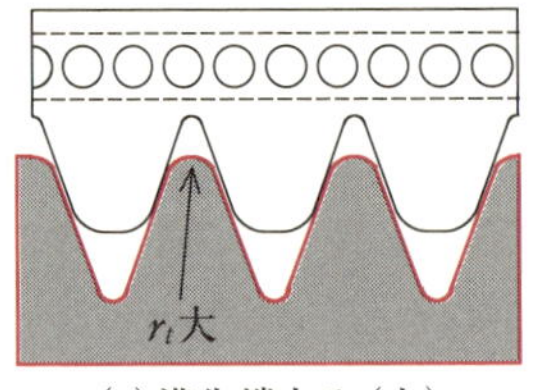

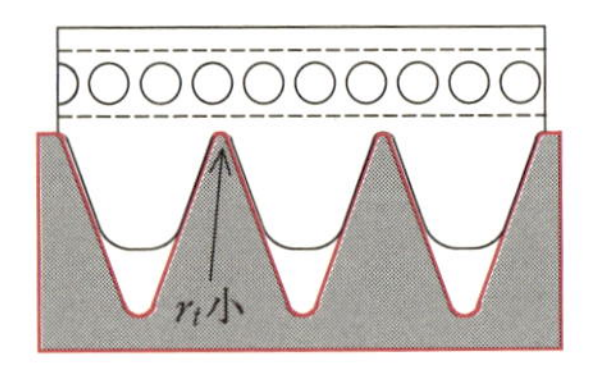

図 2.44　V リブドプーリ先端丸みによるベルトはめあい状態

(e) クラウンプーリ

平ベルトは，V ベルトなどと異なりプーリ表面と接触して走行するため，ベルト幅方向には，その動きを抑制するものがない．したがって，一般の平プーリにはプーリ中央の直径を両サイドより大きくするクラウンと呼ばれる加工を，**図 2.45** のように施すのが一般的である．

図 2.46 に示すように，ベルトの中心線がプーリの回転軸の直交方向に対して角度（進入角，リード角）を持つと，ベルトは進入角の方向（図 2.46 の u 方向）に片寄る．このとき，片寄り率 S_t は次式で与えられる．

$$S_t = \frac{u}{v} \cong \alpha_s \tag{2.140}$$

ここで，u：片寄り速度，v：速度，α_s：進入角である．

クラウン加工を施したプーリについても，ベルトの面内せん断剛性により，

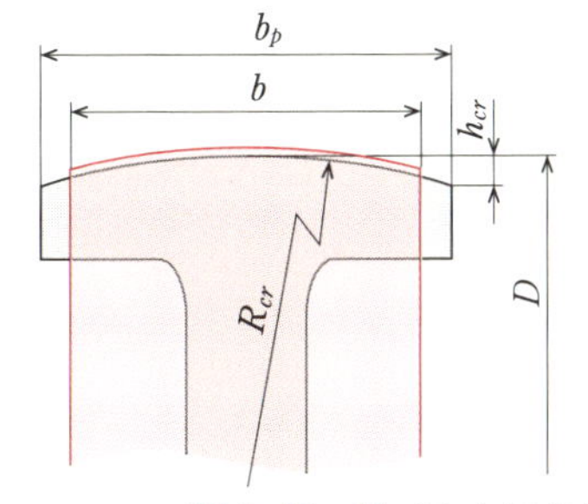

図 2.45　平ベルトにおけるクラウン加工

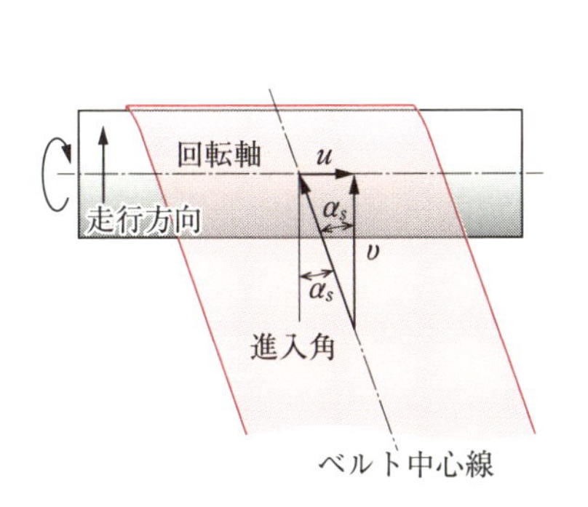

図 2.46　ベルト進入角方向

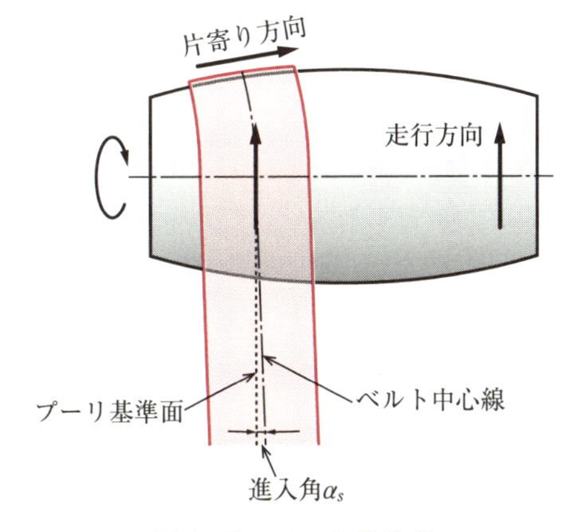

図 2.47　ベルト進入角

表2.5　クラウン高さ（mm）

（a）プーリ径：40≦D≦710

プーリ径 D	クラウン h_{cr}
40≦D≦112	0.3
125≦D≦140	0.4
160≦D≦180	0.5
200≦D≦224	0.6
250≦D≦280	0.8
315≦D≦355	1
400≦D≦500	1
560≦D≦710	1.2

（b）プーリ径：800≦D≦2000

プーリ径 D	プーリ幅	
	b_p≦250	b_p≧280
	クラウン h_{cr}	
800≦D≦1000	1.2	1.5
1120≦D≦1400	1.5	2
1600≦D≦2000	1.8	2.5

図2.47に示すような進入角 α_s が生じると，ベルトは径の大きい方向に片寄る．この作用をクラウン効果と呼ぶ．移動滑りが大きくなると，この効果は低下する．なお，この進入角については，クラウン量，ベルトの剛性，張力，ベルト幅などによって異なることが知られている．

プーリのクラウンは，表面を円弧状に加工するのが一般的であり，その曲率半径も小さいほど走行が安定するのはよく知られているが，曲率半径が小さいと幅方向の応力が大きくなり，ベルトの寿命が短くなる傾向にある．平ベルトは，その構成材料の種類も多く，特性も各タイプにより異なるので，クラウンについては，それぞれのベルトの使用条件に適した高さを選ぶ必要がある．

表2.5に，伝動用平ベルトに用いるクラウン高さの参考値（ISO 22：1991より抜粋）を示す．

2.6.4　アイドラプーリの配置

ベルトの伝動設計を行う場合，レイアウトの制約条件，またはベルト振動による干渉の回避，ベルト伝動能力を高めるなどの目的で，原動，従動プーリ以外にアイドラと呼ばれる固定プーリを配置することがある．このアイドラプーリを配置する際には，次の点に注意する必要がある．

(1)　アイドラを内側で使用する場合

図2.48に示すように，アイドラをスパンの内側で使用する場合，アイドラプーリにはベルトタイプに適したプーリを使用し，さらにベルトのゆるみ側に配置することが必要である．張り側に配置すると高い張力側で屈曲疲労が大き

くなり，寿命低下を引き起こす．このアイドラ位置は，できるだけ従動プーリ（または，大プーリ）に近づけ，原動プーリ（または，小プーリ）の接触角の減少を小さくし，ベルト伝動能力の低下を防ぐことが重要である．

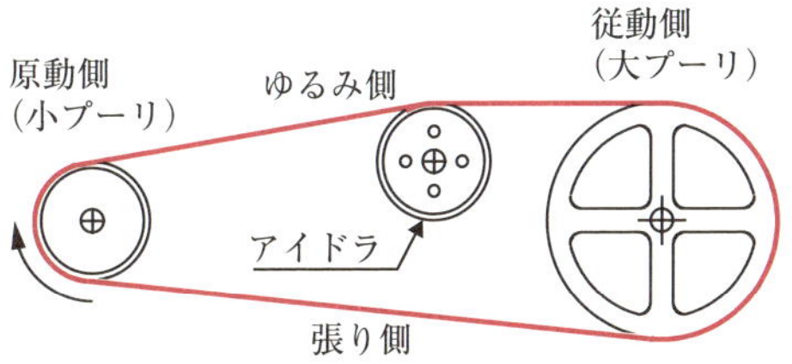

原動側（小プーリ）
ゆるみ側
従動側（大プーリ）
アイドラ
張り側

図 2.48 アイドラを内側で使用した例

(2) アイドラを外側で使用する場合

図 2.49 に示すように，アイドラをスパンの外側で使用する場合，アイドラプーリは，ベルトゆるみ側に配置する必要がある．また，このアイドラ位置はできるだけ原動プーリ（または，小プーリ）に近づけ，接触角を十分大きくとることで，ベルト伝動能力を高めることになる．ただし，このアイドラを外側で使用することは，ベルトの寿命に大きな影響を及ぼす．特に，このプーリが小さくなると巻き付け径が小さくなり極端な寿命低下につながるため，できる限りこのような使用は避けることが望ましい．なお，アイドラは，通常，固定式で使用されるが，ばね式で常に張りを与えて使用する場合，ベルトの振動を誘発する危険性があるので注意する．**図 2.50** に示すような多軸伝動や背面アイドラ配置のレイアウトでは，屈曲性に優れた平ベルトやＶリブドベルトを選択

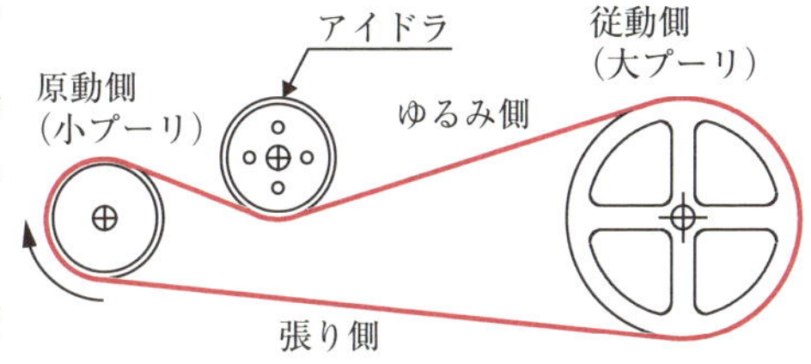

図 2.49 アイドラを外側で使用した例

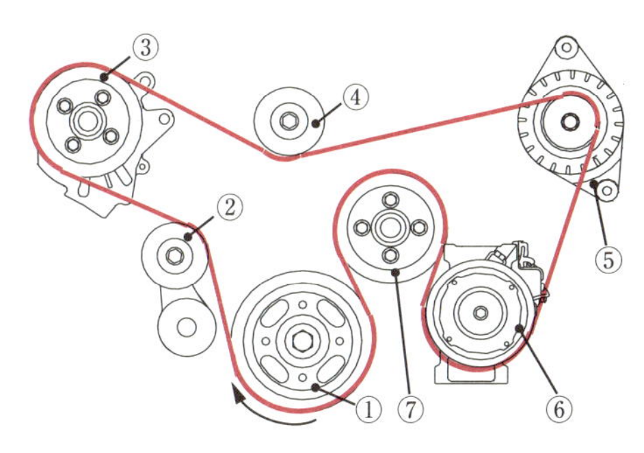

①クランク，②オートテンショナ，③パワーステアリング，④アイドラ，⑤オルタネータ，⑥エアコンプレッサ，⑦ウォータポンプ+ファン

図 2.50 多軸レイアウト例（自動車補機駆動Ｖリブドベルト）

するのが望ましい（**図2.64**）.

2.6.5　ベルトスパン長さ

ベルトの掛け方によって，スパン長さが短いものから長いものまで設定されることになる．スパン長さが長い場合，ベルト振動時に振幅が大きくなる．この振動により，ベルトと他の部品との干渉による故障やベルトの偏摩耗，異音などの現象も懸念される．逆に，スパン長さが短い場合，ミスアライメントが相殺されにくくなりベルトの偏摩耗，発熱などが顕著となる恐れがある．したがって，特にベルト走行中の振動や摩耗に留意し，それらの発生のないことを確認する必要がある．

2.6.6　ベルト限界速度

ベルト走行時，特に高速運転時に遠心張力の増大により，ベルトの振動，横転，伝動能力の低下を引き起こすことがある．したがって，ベルトには限界速度（2.1.9項参照）があるので，高速運転を行う場合は，定められた条件以下で使用する必要がある．

2.6.7　過負荷補正係数

2.3節でも述べたように，ベルトの設計動力は，伝動動力に対し過負荷補正係数を乗じることを求めている．この過負荷補正係数は，ベルトを実際に使用する際に，ベルトの滑り，耐久性，使われる環境条件などを安全側に考慮し，経験的に設定したものである．

過負荷補正係数Kは，三つの補正係数の和として，次式で与えられる．

$$K=K_0+K_i+K_e$$

ここで，K_0：負荷補正係数，K_i：アイドラ使用による補正係数，K_e：環境補正係数である．

(1)　負荷補正係数 K_0

この補正係数は，使用する原動機および従動機の種類，特性，使用頻度に応じて設定しており，特にベルト伝動に対する負荷の大きさおよび負荷変動の大きさで分類している．**表2.6**に，負荷補正係数の一覧を示す（JIS K6323 抜

表 2.6 負荷補正係数一覧表

負荷補正係数 K_0							
従動機		原動機					
従動機が表に記載されていない場合は，起動時の負荷あるいは衝撃負荷などが類似した機械の過負荷係数を使用する		起動トルク 300％以下			起動トルク 300％以上		
		交流モータ（普通トルクカゴ形，同期伝動），直流モータ（分巻）			交流モータ（高トルク単層直巻），直流モータ（複巻・直巻），エンジン，ラインシャフト，クラッチ		
		Ⅰ	Ⅱ	Ⅲ	Ⅰ	Ⅱ	Ⅲ
A	流体攪拌機，ブロワ，イグゾースタ，遠心ポンプ，小形コンプレッサ，7.5 kW 以下のファン，軽荷重コンベヤ	1.0	1.1	1.2	1.1	1.2	1.3
B	砂・穀物運搬用コンベヤ，練りミキサ，7.5 kW 以上のファン，発電機，ラインシャフト，洗濯機，工作機械，パンチプレスシェア，印刷機械，回転・振動フルイ，ロータリポンプ	1.1	1.2	1.3	1.2	1.3	1.4
C	れんが加工機，バスケットエレベータ，励磁機，コンベヤ，ピストンコンプレッサ，ハンマーミル，製紙用ミル・ビーダ，ピストンポンプ，強制移動ブロワ，微粉気，ソーミル，木工機械，織物機械	1.2	1.3	1.4	1.4	1.5	1.6
D	サンドポンプ，クラッシャ，ミル（ボールロッド，チューブ），ホイスト，ゴム用カレンダ押出し機	1.3	1.4	1.5	1.5	1.6	1.8

注） Ⅰ：断続使用 1 日 3～5 h，またはシーズン的使用）Ⅱ：普通使用（1 日 8～10 h 使用），
Ⅲ：連続使用（1 日 16～24 h 使用）

枠）．ただし，この表は一例に過ぎず，この表に記載されていない機械などの場合は，類似しているところで選定する必要がある．

(2) アイドラ使用による補正係数 K_i

2.6.4 項において述べたとおり，アイドラを使用する場所によってベルト伝動能力，耐久性に影響を与えるため，**表 2.7** に示す補正係数を設定している．

(3) 環境補正係数 K_e

実際のベルト使用においては，ベルトレイアウトの設計に係わる上記二つの補正係数以外に，使用する環境条件と使用状況を考慮した補正も必要である．特に，**表 2.8** に示す粉じん・油・水・雰囲気温度などは，ベルト耐久性に大き

表 2.7　アイドラ使用による補正係数一覧表

アイドラ使用による補正係数	
アイドラの取付け箇所	K_i
ゆるみ側で内側から取り付ける	0.0
ゆるみ側で外側から取り付ける	0.1
張り側で内側から取り付ける	0.1
張り側で外側から取り付ける	0.2

表 2.8　環境補正係数一覧表

環境補正係数	
環境	K_e
起動停止の頻度が多い（10回以上/1日）	0.2
保守点検が困難	0.2
粉じんが多く摩耗を起こしやすい	0.2
雰囲気温度が高い	0.2
油類や水などが付着する	0.2

注）　環境補正係数は，該当するものすべて加算する

く影響を与えるため十分注意する必要がある．さらに，使用上，起動や停止の頻度が多い場合も十分注意が必要となる．

2.6.8　プーリ軸受の設計

ベルト伝動において，運転中にベルトが過大な滑りを生じず所定の動力を伝達するためには，ベルトに適正な取付張力を与えなければならない．その際，取付張力によりプーリ軸受に軸荷重が発生する．

この軸荷重は，静軸荷重と動軸荷重に分けられる．静軸荷重は，動軸荷重と比較して大きく，軸の破損や軸受の性能低下を招くことがあるので，プーリ軸受を設計する場合，静軸荷重を用いて行うことが望ましい．この際，静軸荷重はベルトとプーリのなじみ摩耗による初張力低下を見越した，約1.5倍（JIS K6323による）の取付張力を使用することが一般的である．また，静軸荷重はベルト取付張力と接触角により求められるため，レイアウト設計時に検討する（2.1.8項参照）．

2.7　耐　久　性

2.7.1　寿命に影響を及ぼす因子

摩擦伝動ベルトの故障形態には，クラック（き裂），はく離（セパレーション），摩耗，切断の故障モードが存在し，それぞれの故障モードに起因する要因がある．ベルト故障モードに対し，特に影響の大きい因子および不具合原因となる頻度が高い因子について，簡単に解説する．また，参考までにそれぞれ

のFT（Fault Tree）図を示す．

(1) クラック（き裂）（図2.51）

摩擦伝動ベルトにおいて，クラック（き裂）は一般的に想定されたベルトの寿命形態である．しかし，早期にクラック寿命に大きく影響を与えるものとしては，雰囲気温度，過酷な使われ方，およびベルト設定張力が挙げられる．

一般に，環境因子である雰囲気温度の上昇は，大幅にクラック寿命を低下させ，寿命への影響度は非常に大きい．また，使用面では，プーリ径が小さい，負荷が大きい，接触角が小さいなど設計上の問題と，ベルト張力が低く過大な

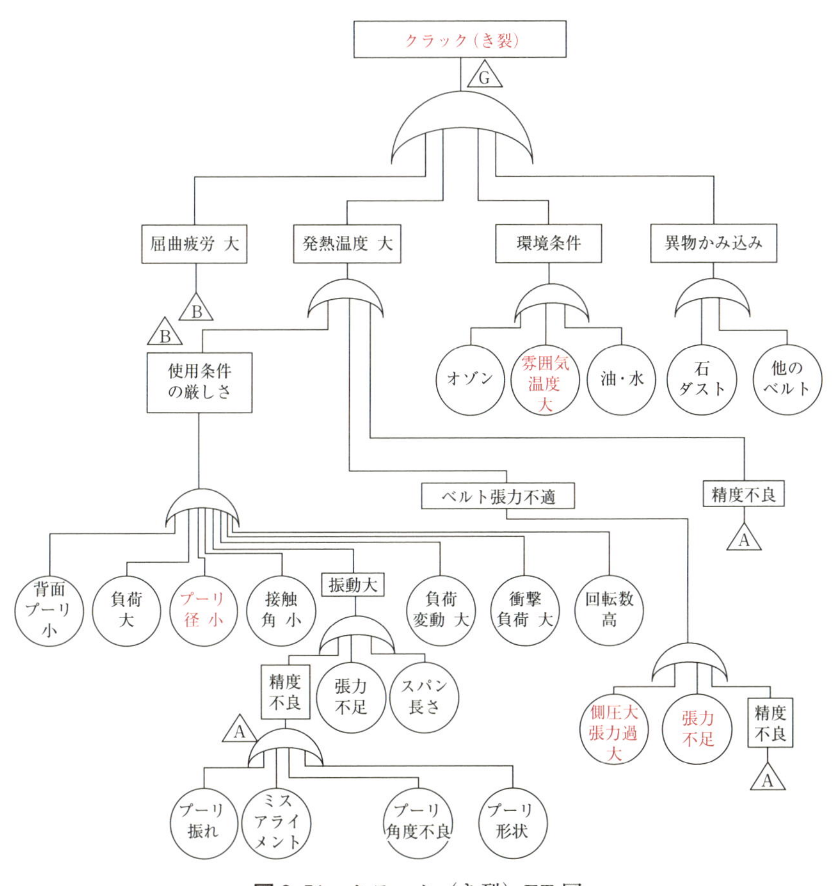

図2.51 クラック（き裂）FT図

ベルトスリップが発生するなどのメンテナンス上の問題があり，いずれも影響度は大きい．

(2) はく離（セパレーション）（図2.52）

はく離寿命に影響を与える主な因子として，プーリのアライメント，過酷な使われ方ならびにベルト設定張力などが挙げられる．

プーリのアライメントに問題があれば，ベルトの偏摩耗を伴うことがほとんどで，ベルトが正常にプーリに接触できないため，与えられた張力が一部分に集中することから発生する．使用面では，負荷が大きい，変動負荷が大きい，

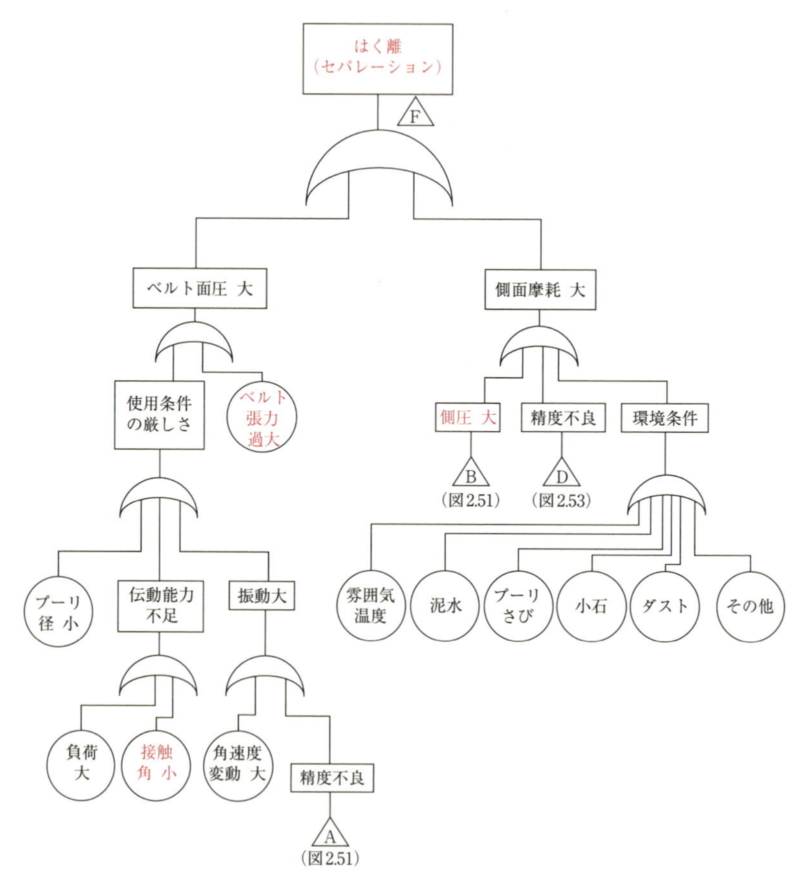

図2.52　はく離（セパレーション）FT図

接触角が小さいなど，ベルトの反り返り現象を伴い，はく離が発生することがほとんどであり，反り返りによって両端の心線に張力が集中することが原因となる．

同様に，ベルト張力が過大のときもベルト反り返り現象が発生することにより，はく離が発生する．一般の故障では，過酷な使われ方およびベルト張力の過大設定がその原因のほとんどである．

(3) 摩耗（図 2.53）

摩耗寿命に大きく影響を与えるものとしては，プーリのミスアライメント，表面粗さ，寸法精度，ダストやプーリさび，および過酷な使われ方が挙げられる．

ベルトゴム材の方がプーリより軟らかいため，プーリ表面粗さなどの問題が

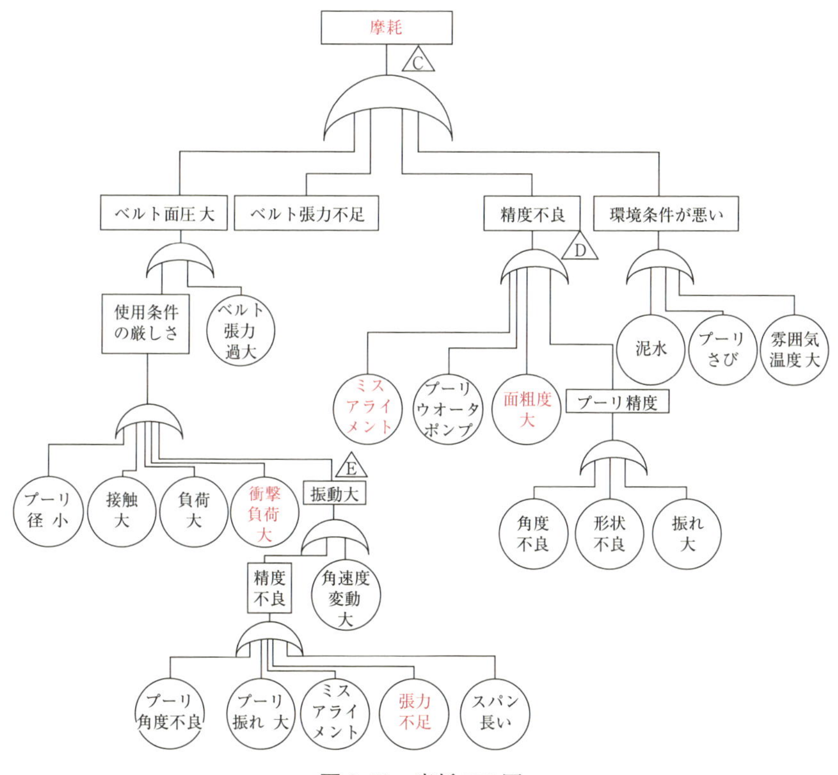

図 2.53　摩耗 FT 図

直接ベルトに影響を及ぼす．また，ダストやプーリさびなどは，研磨材のような役割をし，ベルト摩耗を著しく促進させる．

使用面では，負荷変動や衝撃負荷が大きいことによる伝動能力の不足や張力不足から発生する過大スリップなど，いずれもベルトのスリップによるものが主要因である．また，ミスアライメントおよび特にVリブドベルトでは，**図2.54**に示すプーリへの誤組により偏摩耗を生じるので，注意が必要である．

(4) 切断（図2.55）

クラック（き裂），はく離（セパレーション），摩耗が進行して，これらの故障モード発生とともに切断に至る．また，誤った設計を行った場合，例えば，衝撃負荷が大きく過大な力がベルトに加わり，切断に至る場合がある．なお，

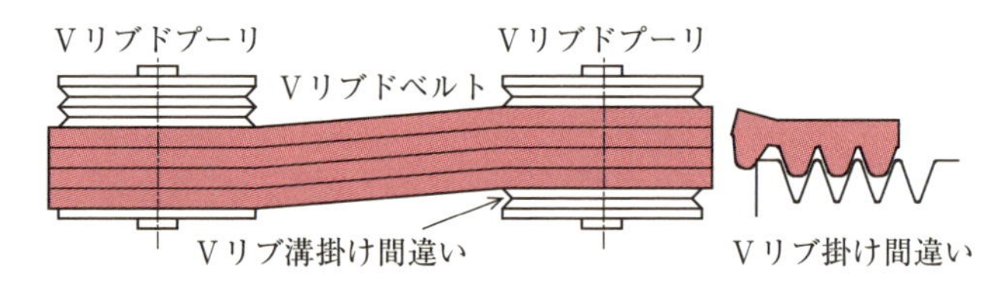

図2.54　Vリブドベルト誤組

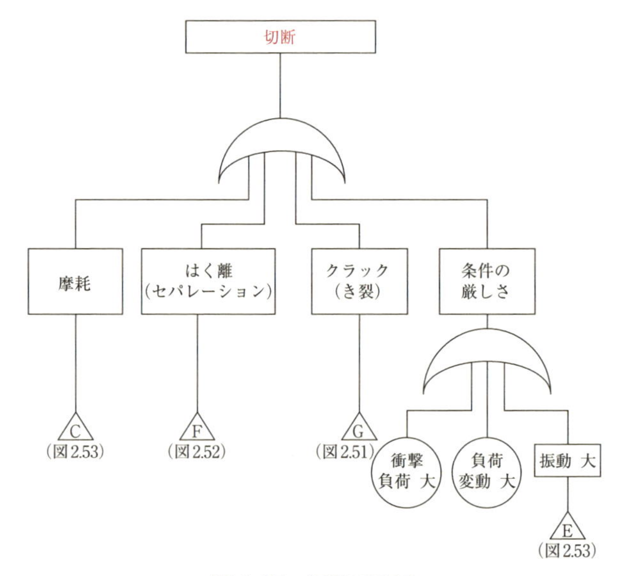

図2.55　切断FT図

ベルトの切断に備え，安全カバーなどが必要である．

2.7.2 ベルト故障ランク

ベルト故障モード［クラック（き裂），はく離（セパレーション），摩耗］に対する故障ランク（水準）は，大別すると五つのランクに層別される．**表 2.9** から**表 2.12** に，各種摩擦伝動ベルトの故障モードに対する故障ランクを示す．この故障ランクを定性的に表すと，以下のようになる．なお，ベルトの交換は，C ランクで行うことが望ましい．

表 2.9　故障モード一覧表（種類：平ベルト）

故障ランク	故障モード			
	クラック	セパレーション	摩耗	切断
A（初期）		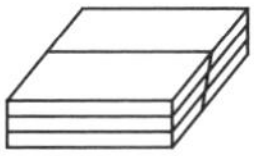	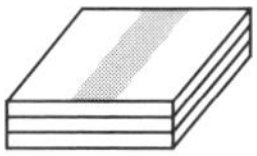	
B（中期）		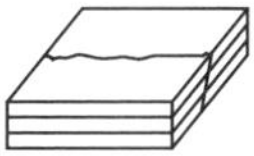	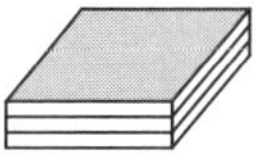	
C（後期）	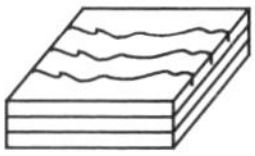	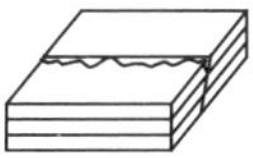		
D（末期）	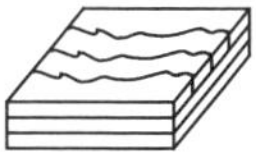	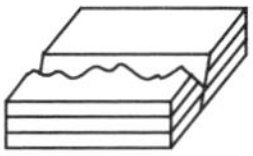		
E（切断）	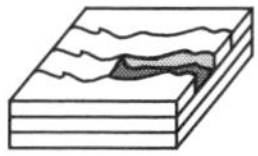			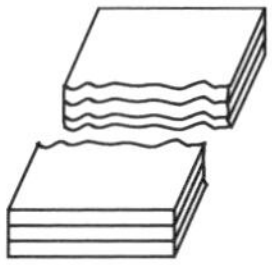

表 2.10　故障モード一覧表（種類：ラップドVベルト）

故障ランク	故障モード			
	クラック	セパレーション	摩耗	切断
A（初期）	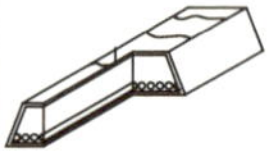		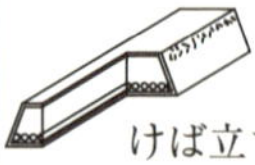 けば立ち	
B（中期）			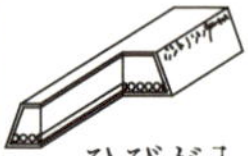 ひびが入る	
C（後期）	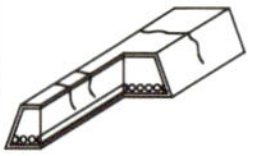		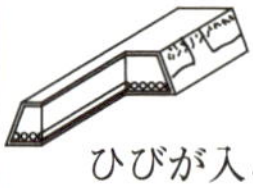 ひびが入る	
D（末期）			 帆布飛び出し	
E（切断）		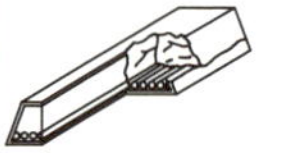	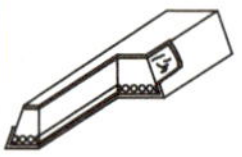	

① Aランク故障

ベルト使用における初期の段階で発生する故障であり，実使用に際し，ほぼ問題のない水準．

② Bランク故障

Aランクからさらに故障が進展した中期の故障であり，実使用には影響が少ない．

表 2.11　故障モード一覧表（種類：ローエッジコグド V ベルト）

故障ランク	故障モード			
	クラック	セパレーション	摩耗	切断
A（初期）	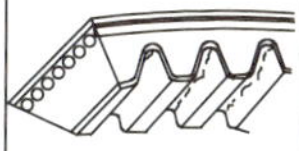 しわが入る	10 mm 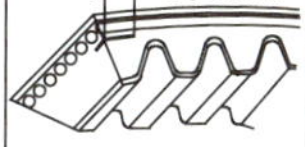	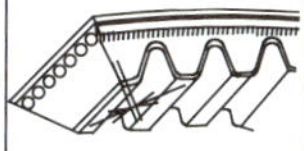 0.1 mm	
B（中期）	 ひびが入る	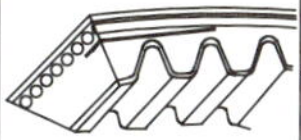	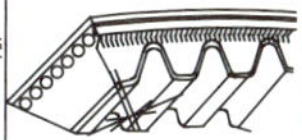 0.1～0.4 mm	
C（後期）	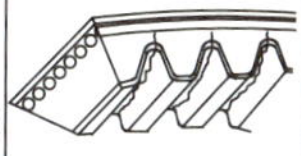 底ゴムに達する	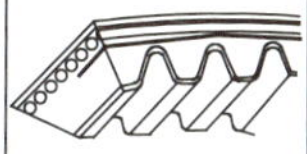	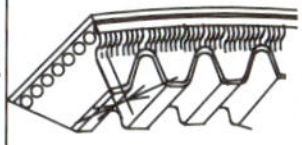 コード 1 本分	
D（末期）	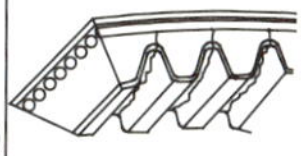 心線まで達する	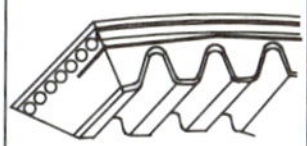	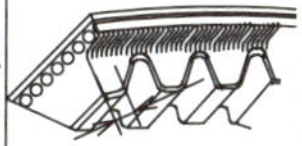 コード 1 本以上	
E（切断）	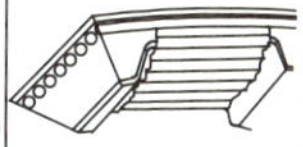	分解		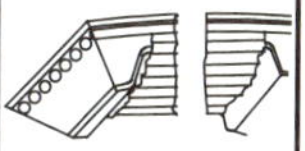

③ C ランク故障

さらに故障が進展した後期の故障であり，外観で明確に確認できる．実使用に影響を及ぼすことがある．

④ D ランク故障

末期的なレベルの故障であり，ベルト性能が著しく低下する．実使用上大きな影響を与える．

⑤ E ランク故障

ベルトが破損または切断に至り，使用不可．

表 2.12　故障モード一覧表（種類：V リブドベルト）

故障ランク	故障モード			
	クラック	セパレーション	摩耗	切断
A（初期）			プーリ	
B（中期）			プーリ	
C（後期）			プーリ	
D（末期）			プーリ	
E（切断）		分解		

2.7.3　雰囲気温度と耐久性

(1)　平ベルト

図 2.56 に，現状の代表的な平ベルト（心体が延伸ポリアミドフィルム，両面のカバーゴムが NBR である構成）で耐熱走行試験を行った結果を示す．横軸の寿命比は，常温時を 100%として表す．図より，雰囲気温度の上昇とともに寿命が低下し，120℃ 環境では，20℃ 環境の 1/10 程度まで低下する．100℃ を超えると継手部からの切断現象が多い

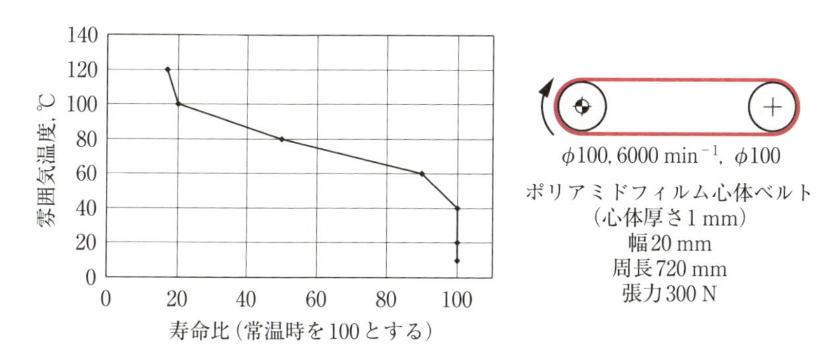

図 2.56 平ベルトの雰囲気温度と耐久性寿命比

(2) V ベルト

図 2.57 に，V ベルトの雰囲気温度と耐久性の関係を示す．図より，V ベルトにおける雰囲気温度の影響は大きく，雰囲気温度が 10℃上昇することで，寿命が約 60％に低下する．また，ベルトの故障モードは，各温度ともにゴムの熱劣化によるクラック（き裂）である．

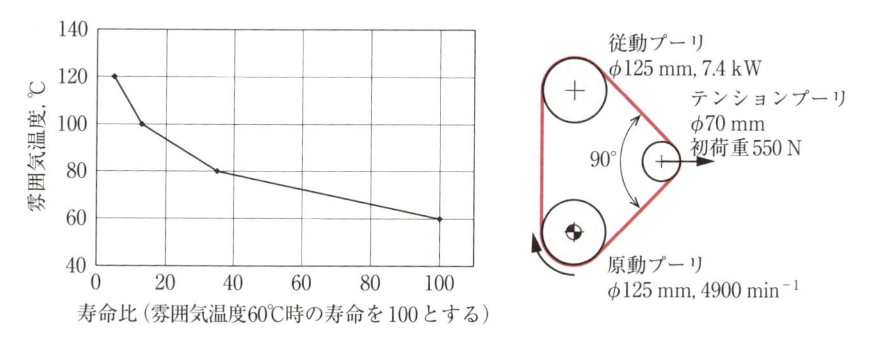

図 2.57 V ベルトの雰囲気温度と耐久性

(3) V リブドベルト

図 2.58 に，PK 形のゴム種の違いによる耐熱耐久性を比較した一例を示す．図 2.58（a）に，短繊維を配合したリブゴムを用いた V リブドベルトについて耐熱逆曲げ試験を行った結果を示す．図より，H-NBR を用いたベルトは CR を用いたベルトの 3～5 倍の寿命があり，EPDM を用いた場合が 4～8 倍の寿命を有している．また，同一寿命を示す雰囲気温度は約 20℃ずつ高いこと

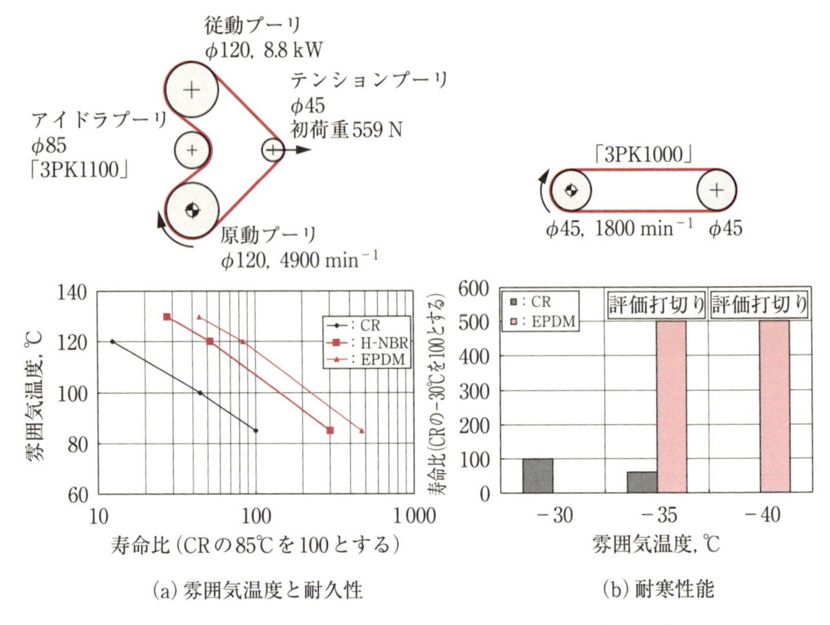

(a) 雰囲気温度と耐久性　　(b) 耐寒性能

図 2.58　V リブドベルトの雰囲気温度と耐久性，耐寒性

がわかる．ベルトの故障は，すべてリブゴムのクラック（き裂）である．

図 2.58（b）に，V リブドベルトの耐寒性能についてゴム種の比較例を示す．図より，低温時の耐久性が必要とされる場合は，CR から EPDM にゴム種を変更することにより飛躍的に向上する．

2.7.4　ミスアライメントと耐久性

図 2.59 に，V リブドベルトでプーリずれによるミスアライメントの耐久試験を行った結果を示す．図より，平行ミスアライメント角 α_1＝ 約 0.5° では α_1=0°と比較して 90％以上の耐久性を保持できるものの，0.5° 以上の場合，急速に耐久性が悪化する．**図 2.60** に示すプーリ傾きのミスアライメントの場合，α_2 が大きくなるほど摩耗量は増加し，その変化傾向は同様である．**図 2.61** に，プーリにずれがある場合の V ベルトと V リブドベルトの耐久性の比較を示す．図より，V リブドベルトの方がミスアライメントの影響をより受けやすいことがわかる．

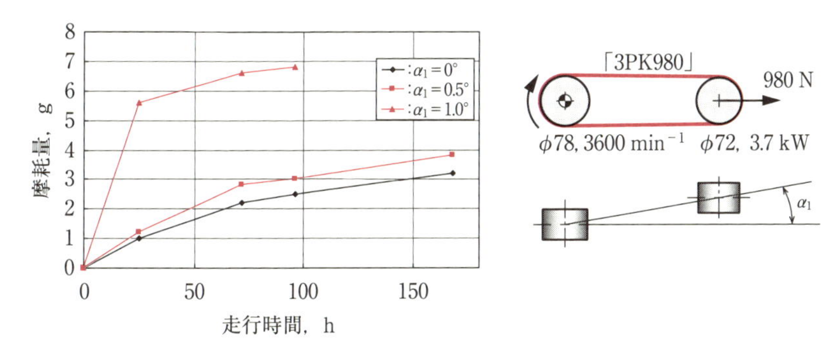

図 2.59 平行ミスアライメントと摩耗

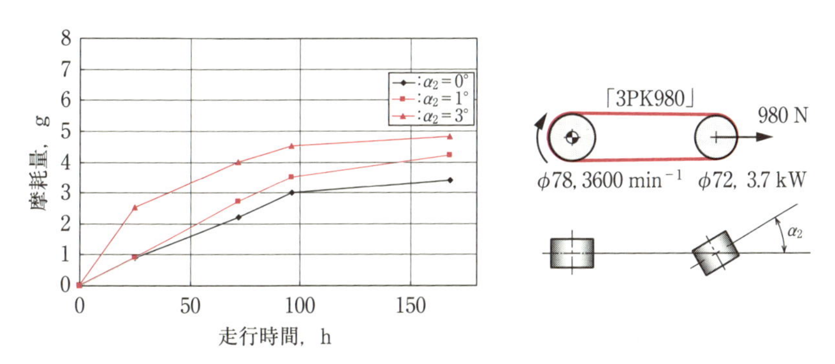

図 2.60 傾きのミスアライメントと摩耗

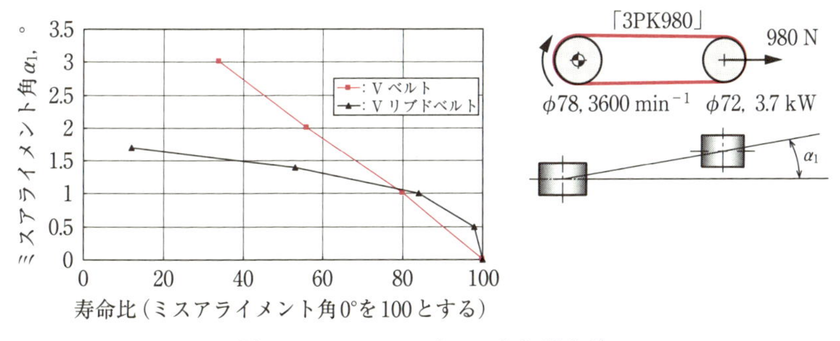

図 2.61 ミスアライメントと耐久性

2.7.5　プーリ径と耐久性

(1)　平ベルト

平ベルトは，一般にベルトの両面で負荷を伝達できるように構成され，さらに，小プーリ径でも使用可能なようにベルト厚さが薄くなっている．

図2.62は，代表的な平ベルトである延伸ポリアミドフィルム心体ベルトにおけるプーリ径と寿命比との関係を示した実験結果であり，プーリ径が小さくなることにより著しく寿命が低下することがわかる．

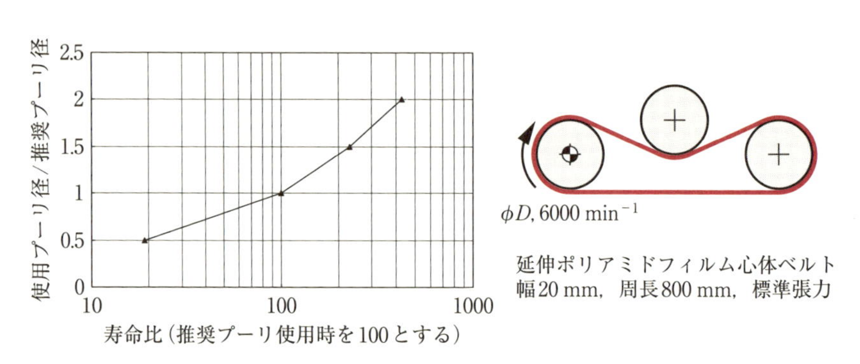

図2.62　平ベルトのプーリ径と耐久性

(2)　Vベルト

図2.63に示すように，Vベルトの場合も，プーリ径の大きさがベルト寿命に大きく影響する．Vベルトは，その断面（形）の大きさにより最小プーリ径が設定されている．この最小プーリ径以下では，寿命低下が著しいので使用

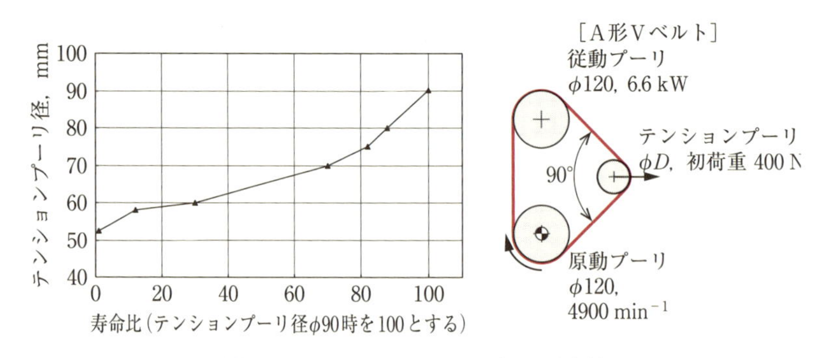

図2.63　Vベルトのプーリ径と耐久性

しない方がよい．その際の故障は，はく離（セパレーション）やクラック（き裂）が生じることによりもたらされる．したがって，プーリ径は可能な限り大きくすることが耐久性向上のために必要である．

(3) Vリブドベルトの背面アイドラ

図2.64に，PK形の耐久試験より得られた背面アイドラプーリ径とベルト寿命との関係の一例を示す．背面アイドラは，ベルトの耐久性に大きく影響する．原動，従動プーリの負荷の関係で接触角を大きく取る必要があるときや，ベルトの進路を変える必要がある場合などに背面アイドラが用いられるが，そのプーリ径は可能な限り大きく，また，接触角も大きくすることがベルトの耐久性から見て必要である．

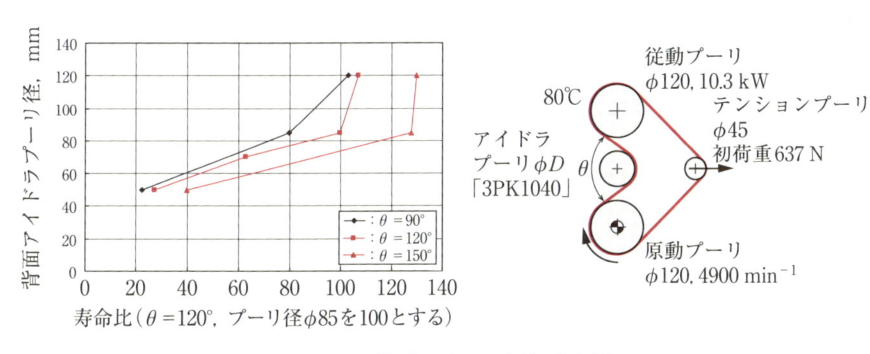

図2.64　背面アイドラ径と耐久性

2.7.6　取付張力と耐久性

(1) 平ベルト

Vベルト，Vリブドベルトと同じように，平ベルトでも張力が低すぎると移動滑りが生じる．ただし，他のベルトと異なり，移動滑りの状態ではプーリのクラウン効果が発生しなくなり，平ベルトはプーリから外れてしまう．そのため，耐久性の面からも適正張力内でベルトを使用することが必要である．

(2) Vベルト

図2.65に示すように，Vベルトの場合，取付張力の因子が寿命に大きく関与する．取付張力が低く設定されるとスリップによるゴムの熱劣化が進み，高く設定するとベルトの引張応力が増大することによりベルト変形が生じ寿命は

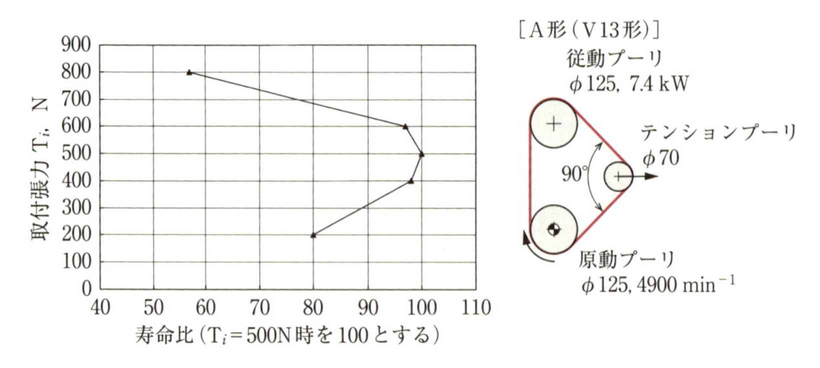

図2.65　Vベルトの取付張力と耐久性

極端に低下する．このときの故障モードは，心線部のはく離になる．図2.65より明らかなように，寿命が長くなる最適な取付張力が存在する．したがって，取付張力には十分注意する必要がある．

(3) Vリブドベルト

図2.66に，PK形の取付張力と寿命の関係の一例を示す．取付張力が低すぎると，ベルトはスリップが大きくなり，ゴムの熱劣化が進む．適正な取付張力では，故障モードはリブゴムのき裂であるが，高くなるにつれて心線はく離を生じやすくなり，寿命が短くなる．そのため，ベルトは適正張力内で使用する必要がある．

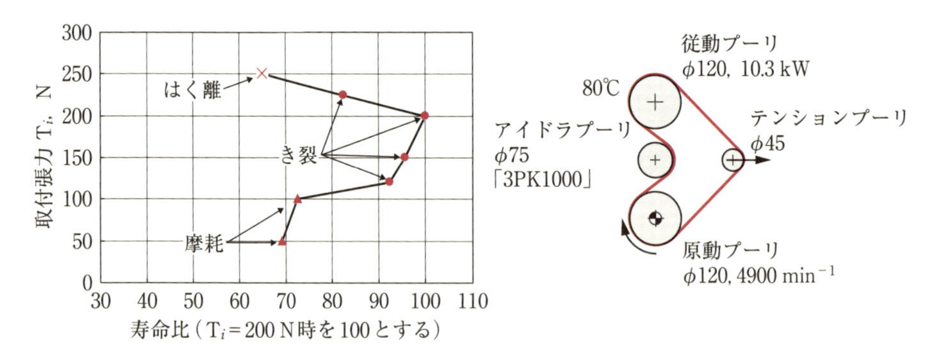

図2.66　Vリブドベルトの取付張力と耐久性

2.7.7 プーリ面粗さと耐久性

図 2.67 に示すように，R_a（算術平均粗さ）に代表されるプーリ面粗さは，ベルト性能，耐久性に大きく影響を及ぼす．特に，V ベルトに比べ V リブドベルトは，リブゴムの摩耗が促進されやすくなる．また，プーリ面粗さは，プーリ塗装の材質，処理方法により影響されることがあるため，十分な注意が必要である．

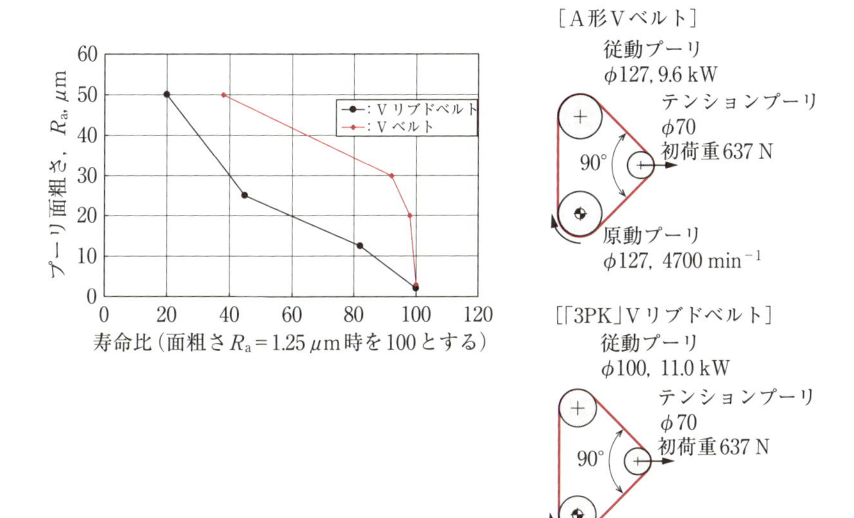

図 2.67　プーリ面粗さと耐久性

2.7.8 負荷と耐久性

図 2.68 に示すように，摩擦伝動ベルトにおいては，従動プーリの負荷を大きくすると，ベルトスリップが大きくなり，ゴムの熱劣化および摩耗が発生し，寿命低下を招く．特に，V ベルトの場合，負荷を大きくすることでベルト張力が高くなり，さらにプーリ径が小さく設定されると，曲げ応力によるベルト変形の影響などにより寿命が低下する．

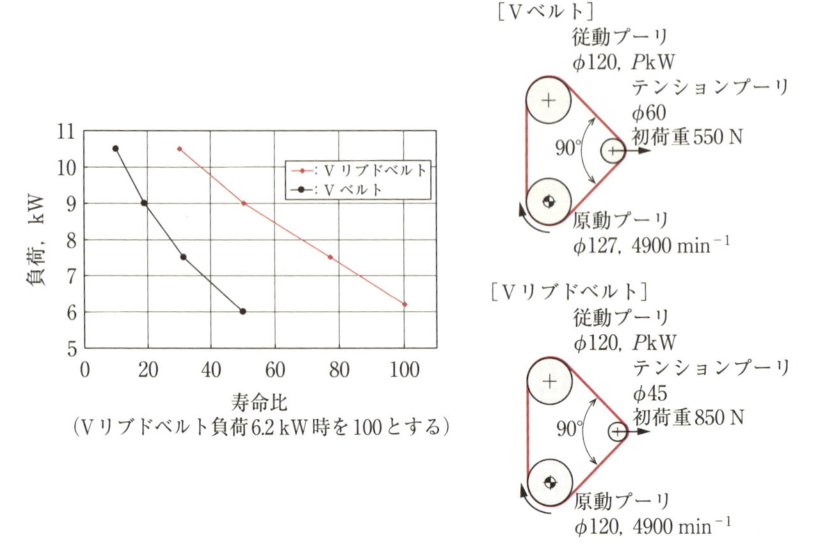

図2.68　負荷と耐久性

2.8　使用時の注意事項とメンテナンス

ベルトを実際に使用するときは，前述したベルトの長さと張り方を考慮して設計するが，特に注意しなければならない項目を以下に挙げる．

2.8.1　ベルト取付時の注意点

(1) ベルト取付に際しては，実際使用するレイアウトに対し，ベルト長さを計算より求め，以下の項目を考慮し設計する．
  (a) ベルト取付の際に調整するアジャスト代（ベルト取付時のベルト内側移動代，張力設定時および張り直し時の外側移動代）
  (b) ベルト長さの許容差
(2) ベルト形，ベルト種類による適正張力の範囲内でベルトを張る．（2.7.6参照）．なお，現在では簡便で精度の高いベルト張力計が市販されており，ベルトの張りおよび張力管理にこれを活用することが望ましい（2.8.2項参照）．

(3) ミスアライメントについては十分に注意し，設計上許容できる基準値内にあることを確認して使用する（2.6.2 項参照）.

(4) ベルトを 2 本掛け以上で使用する場合，各ベルトの長さは同一となるよう配慮する．各ベルト長さに差がある場合，ベルト張力が均等に与えられず，ベルト耐久性の低下，または振動の発生を招くことがある．

(1)～(4) の項目を考慮し，実際使用するベルト長さを求める．ただし，複雑なベルトレイアウトについては計算方法も複雑になり，ベルトの選定も難しい．この場合は，ベルトメーカーに詳細な検討を依頼した方がよい．

2.8.2 ベルトの張り方

摩擦伝動ベルトには，ベルトの張力という因子は重要であることは十分述べてきており，ベルトに適正な張りを与えなければならない．

(1) 初期に張力を与える方法

(a) モータ取付部移動による方法

モータと従動機からなる一般的なベルト伝動では，**図 2.69** に示すように，モータの取付部をスライドさせ，ベルトを張る方法がある．スライドさせる方法としては，モータの取付部をねじで引っ張る，または逆に内側から押す方法がある．ただし，いずれの方法もモータが斜めになってミスアライメントが生じないように，左右同じ量だけスライドさせることが必要である．

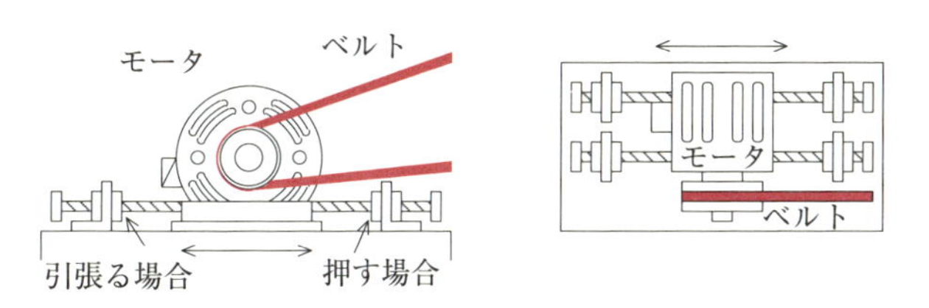

図 2.69 ベルトの張り方（モータスライドによるもの）

(b) 固定アイドラにより張る方法（固定テンションプーリ）

原動機と従動機が固定されている軸間固定の場合には，テンションプーリによりベルトを張る方法がある．大別すると以下の種類に分けられる．

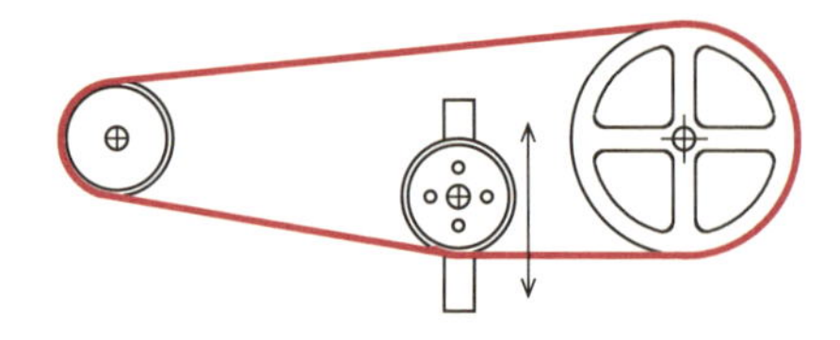

図 2.70　スライド方式

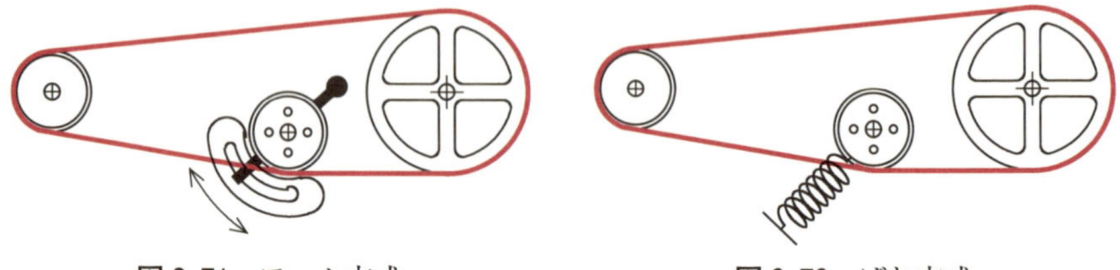

図 2.71　アーム方式　　**図 2.72**　ばね方式

① スライド方式

図 2.70 に示すように，テンションプーリを直線的にスライドさせ，ベルト内側，あるいは外側に移動可能とした方式.

② アーム方式

図 2.71 に示すように，支点位置を設定し，その支点を中心としてテンションプーリの移動を可能とした方式.

(2) 常に一定張力を付与する場合（ばね式，オートテンショナ）

図 2.70 および図 2.71 に示すレイアウトにばねを付加し，常にばねにより張力を与える方式.（**図 2.72**）

(3) 適正な張力設定とメンテナンス

ベルト張力は，伝動能力および耐久性に及ぼす影響が大きく，ベルト伝動にとって非常に重要である．言い換えれば，適正な張力で使用することは，トラブルを未然に防ぐことにつながるため，設定および管理を十分に行う必要がある.

(a) 適正取付張力

理論初張力 T_0 が張力設定の最低値となるが，新品のベルトでは，心線の初期伸びおよびプーリとの初期なじみにより運転中の張力が低下する．したがって，張力設定は T_0 より高く設定する必要がある．また，張り直しにおいても初期伸びが取れているとはいえ，張り直しによってもさらに伸びが若干発生する．そのため，張り直し時の取付張力も，T_0より若干高くする必要がある．適正取付張力の目安は以下のとおりである．

新品時　　：$1.5\,T_0 \sim 1.3\,T_0$

張り直し時：$1.3\,T_0 \sim 1.1\,T_0$

(b) 張り直しの時期

時期については，ベルト張力不足により，以下の状況が生じたときを目安とする．

① 過大なスリップが発生したとき

② スリップ音が発生したとき

③ 摩耗が発生したとき

(c) 張力の測定方法

張力の管理を精度よく行うために，その測定方法，張力測定器具の主な例を以下に紹介する．

① スパンのたわみを利用する方法

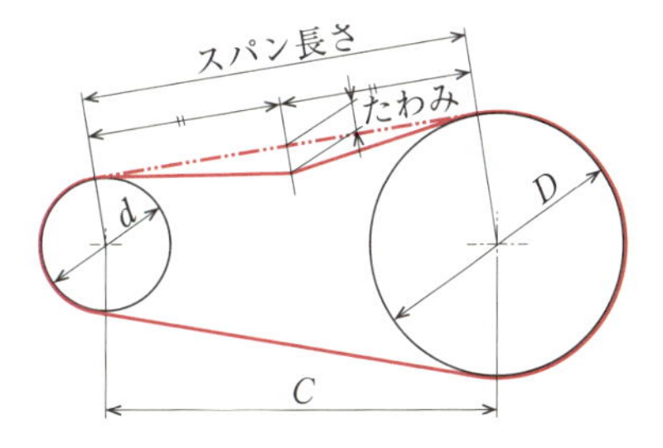

図 2.73　スパンのたわみで張力を測定する方法

図 2.73 に示すように，スパン長さの中央を押さえる力とたわみ量との関係を利用し測定する方法である．代表的なものとして，たわみと荷重線図の傾きから張力を求める方式と，荷重を 100 N などに固定して，そのときのたわみから張力を求める方式がある．

② ばね式ゲージを利用する方法

図 2.74 に示すような張力測定専用器具で，一定のスパンをつかんで，器具に内蔵されたばねにより張力を測定する方法である．

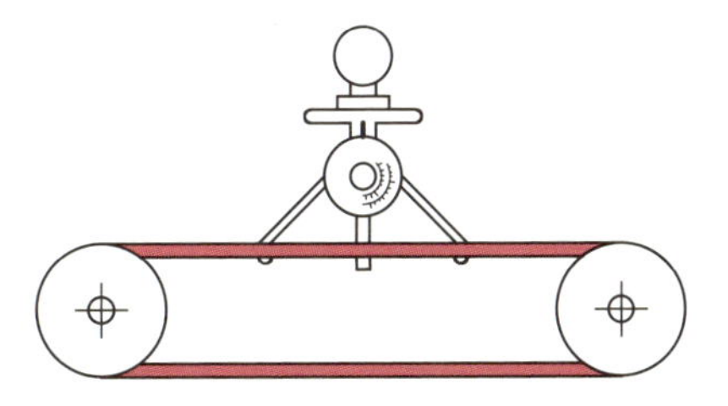
図 2.74　スプリング式テンションで張力を測定する方法

③ 固有振動数を利用する方法

ベルト張力の測定に，一般的な弦振動理論で用いられる横振動の固有振動

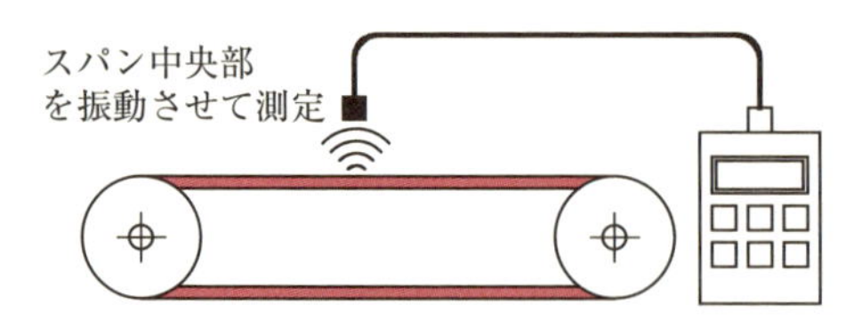

図 2.75　音波式テンションゲージで張力を測定する方法

数を求める式を利用する方法である．**図 2.75** に示すように，ベルトスパンの中央を振動させたときに得られる固有振動数と，ベルトの単位質量，スパン長さから，ベルト張力を逆算する．その一般式を次に示す．

$$f_b=\frac{n}{2l}\sqrt{\frac{T}{m}}\quad(n=1,2,\cdots\cdots)\tag{2.141}$$

ここで，f_b：測定された振動数（Hz），n：振動の次数（$n=1,2,\cdots\cdots$），l：スパン長さ（ベルトがプーリに接触していない距離）（m），T：ベルト張力（N），m：ベルトの単位長さ当たりの質量（kg/m）である．なお，スパン中央の振動数を測定するので，T は $n=1$ として得られる．

2.9　ベルトの特性

2.9.1　ベルトの伝動効率

ベルトの伝動効率は，原動プーリと従動プーリのトルクと，回転数から動力を求め，次式から計算する．

伝動効率 = 従動側動力/原動側動力

(1) 平ベルト

図 2.76 に，平ベルトにおける伝動効率の実験装置（スリップ率 0.6%）を示す．また，**表 2.13** に，試験条件と伝動効率を示す．実験を行った平ベルト

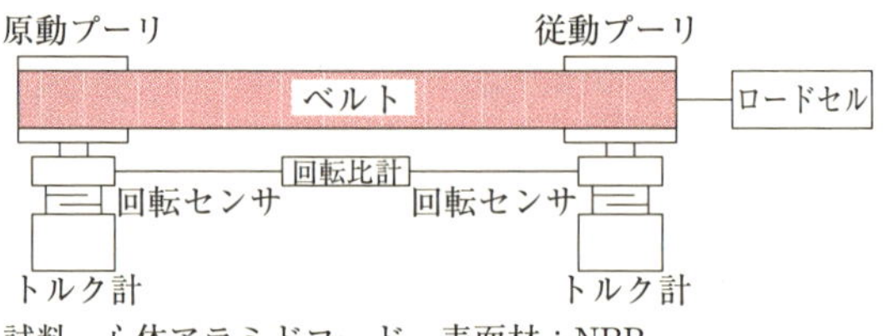

図 2.76　試験レイアウト

表 2.13 平ベルトの伝動効率

条件		結果		
回転数，min^{-1}	プーリ径，mm	ベルト幅，mm	ベルト張力，N	伝動効率，%
1450	80	75	1485	98.0
2850	80	75	1350	98.0
1450	125	85	1680	98.4
1850	125	85	1680	98.4

の場合は，ベルト厚さが薄いことから，曲げ剛性に優れており，結果として高い伝動効率を有している．

(2) V ベルト，V リブドベルト

図 2.77 に，PK 形 V リブドベルト，A 形ラップド V ベルト，A 形ノッチド V ベルト，AV13 形ローエッジ V ベルトを用いて，同一プーリ径，同一張力で比較した伝動効率の一例を示す．原動側のトルクを徐々に大きくすると，ベルトのスリップ率も徐々に大きくなる．そこで，規定の張力でベルトを取り付けた後，原動側トルクを徐々に大きくしながら，原動プーリ回転数と従動プーリ回転数からスリップ率を連続して求め，トルク-スリップ率曲線を作成する．この曲線から目安としてスリップ率 2%時の原動側トルクと従動側トルクを求める．次に，原動側トルクから原動側動力を算出し，従動側トルクから従動側動力を算出し，上述の定義式により伝動効率を求めた．

V リブドベルトは，他の V ベルトに比べて伝動効率がよい．ラップド V ベルトは，帆布がベルトの側面にあるため，屈曲による動力損失が他のベルトに

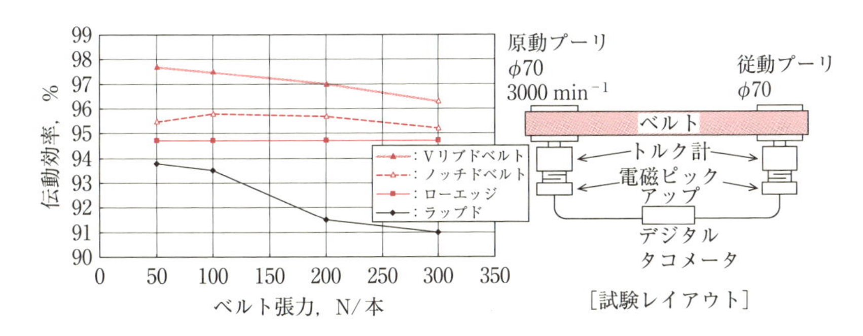

図 2.77 V ベルトと V リブドベルトの伝動効率

比べて大きく，伝動効率は低くなっている．しかし，ラップドベルトのノッチドＶベルトおよびローエッジコグドベルトタイプは，曲げ剛性が低いためラップドベルトと比較して伝動効率が良くなっている．

2.9.2　ベルトの滑り（スリップ）

(1)　平ベルト

図 2.78 に，同一プーリ径の原動プーリと従動プーリの間に平ベルトを掛け，一定の軸荷重を与え，従動プーリの負荷を増加したときのスリップ率と伝達動力の関係を示す．

前項のＶベルト，Ｖリブドベルトと比較すると明らかなように，ある所定のスリップ率まではスリップ率とともに伝達動力も上がるが，それ以後はスリップ率が増加しても伝達動力はほとんど増加しない．これは，Ｖベルトのようなくさび効果が発生しないことによる現象である．また，ベルト表面に粉じんなどが付着すると，その伝達動力もさらに下がる結果となる．

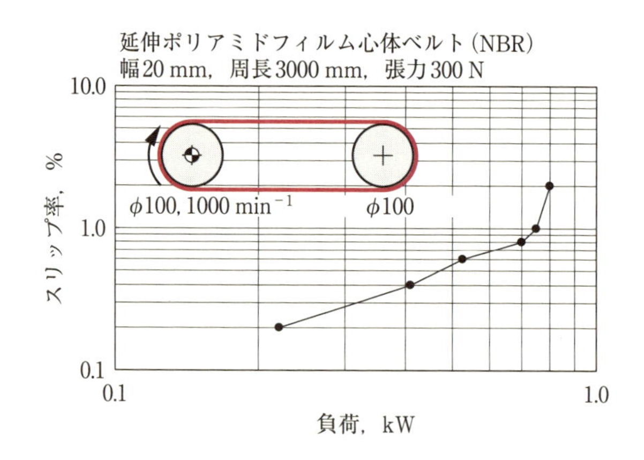

図 2.78　平ベルトの伝達動力とスリップ率

(2)　Ｖベルト

図 2.79 に，Ｖベルトの取付張力を変化させた場合の伝動特性について行った実験結果を示す．平ベルトと同様に，所定のスリップ率までは伝動能力が上がっていき，その後くさび効果によりさらに伝動能力が向上していく．また，

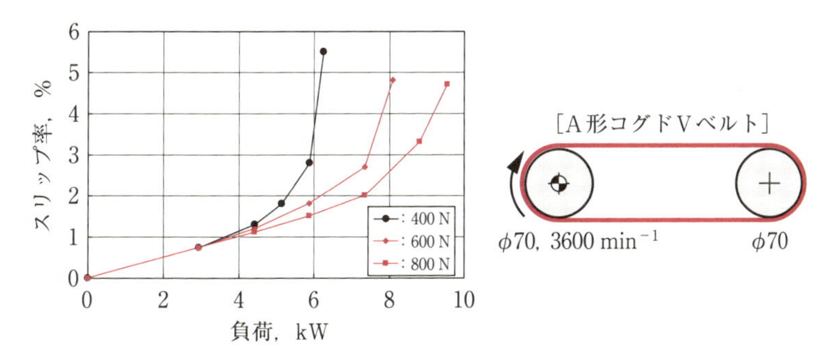

図 2.79　V ベルト伝動特性（A 形コグド V ベルト）

取付張力を大きくすることにより，ベルト伝動能力も増大する結果となる．ただし，取付張力を大きくし過ぎるとベルトのはく離（セパレーション）が発生しやすくなるので，適正張力で使用する必要がある．

(3) V リブドベルト

図 2.80 に，PK 形 V リブドベルトを用いて測定した通常時と注水時の伝動能力の違いの一例を示す．

ベルトとプーリの間に注水すると，水が介在する間は摩擦係数が下がり滑りやすくなる．ベルトに水が掛かった場合でも，スリップによる発熱でベルトが乾くと通常時のときに近い伝動能力に戻る．したがって，たった一度の注水でベルトが破損することはないが，繰り返し注水を受けると，スリップ回数が増加することにより，異常な摩耗を生じることがあるので，十分注意が必要である．

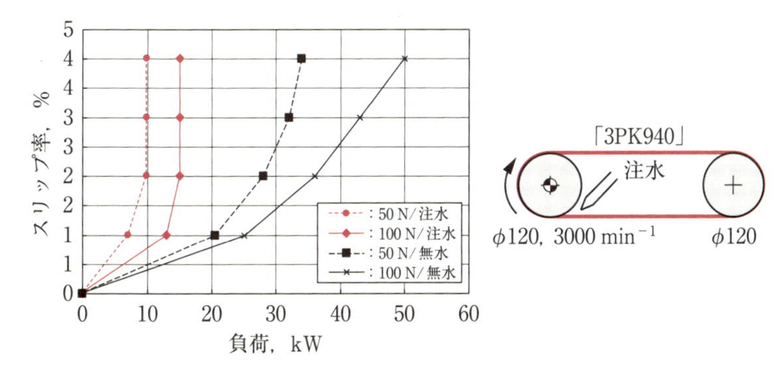

図 2.80　V リブドベルト伝動特性（無水&注水）

2.9.3 摩擦係数

ここでは，ベルトとプーリ間の摩擦係数の測定方法と，平ベルト，くさび効果を加えたVベルト，Vリブドベルトの測定値について述べる．

(1) プーリ回転法

図2.81に，プーリ回転による摩擦係数測定方法の概略を示す．ベルトの一端に取り付けられた重錘による張力をゆるみ側張力 T_s，また，プーリを回転させたときロードセルに示される張力を張り側張力 T_t とすると，

Euler の式，

$$e^{\mu'\theta}=\frac{T_t}{T_s} \tag{2.142}$$

から，

$$\mu'=\frac{\ln\left(\frac{T_t}{T_s}\right)}{\theta} \tag{2.143}$$

により求められる．

T_t：ロードセルにより測定された張力（N）

T_s：ベルトの一端に取り付けられた重錘による張力（N）

μ'：ベルトとプーリ間の実用上の摩擦係数

θ：ベルトとプーリの接触角（rad）

実用的な測定条件として，プーリ径は測定されるベルトに使用する最小プーリ径に近いプーリ径が用いられる．例えば，A形Vベルトでは68～100 mm，PK形Vリブドベルトでは50～100 mm径のプーリがよく用いられる．また，プーリ周速は10～50 mm/sが用いられ，ベルトの一般的な滑り速度（ベルト速度×スリップ率 ≒100～500 mm/s）に比べるとかなり遅い．これはプーリ周速を実際のベルトに合わせると，発熱や摩耗によってベルトとプーリとの接触面に損傷が生じるためである．ベルトとプーリの接触角は45～88°がよく用いられる．

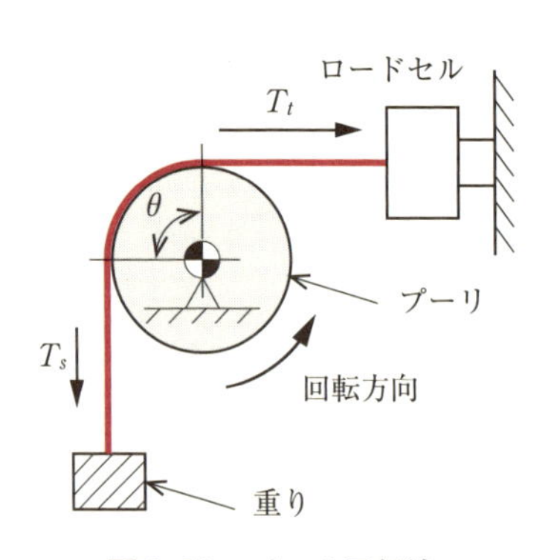

図2.81　プーリ回転法

重錘によって与えられるゆるみ側張力は，平ベルトでは20～50 N/10 mm，また，Vベルトでは1本当たり（Vリブドベルトでは3リブ当たり）10～30 Nがよく用いられる．この張力も，実際に使用するときのベルト張力よりに小さい．この理由も，プーリ周速が遅く設定されている理由と同じで，ベルトが完全に滑っている状態なので，張力を高く設定するとプーリとの接触面に損傷を生じるためである．したがって，ベルトメーカーと使用者間で一定の測定条件を決めている場合が多い．

式（2.143）は，接触角ならびにゆるみ側張力の値により摩擦係数が算出でき，プーリ径，プーリ周速，ベルト幅，またはリブ数などには影響されない式になっているが，実測においてはこれらのパラメータによっても摩擦係数は変化することからベルトメーカーと使用者間で一定の測定条件で決めている場合が多い．

(2) ベルト移動法

図2.82に，ベルト移動による測定方法の概要を示す．ベルト移動法では，プーリは固定されており回転せず，ベルトはVプーリの溝を通過していく．ベルトとプーリの相対的な関係はプーリ回転法と同じであるから，重錘によるゆるみ側張力，ロードセルに示される張り側張力の関係は変わらず，同じ手順で摩擦係数を計算できる．また，測定される値もプーリ回転法とほぼ変わらない．

プーリ回転法と異なるところは，ロードセルがベルトとともに移動するため，ベルトを移動させる距離が制限され，ベルトの移動速度が遅くなることである．実用的な移動速度は30 mm/s前後で，この速度はプーリ回転法のプーリ周速より遅い．

ベルト移動法の利点は，プーリと接触するベルトの部分が常に新しい部分と入れ替わるので，ベルトの表面が損傷を受けにくい．また，プーリが回転しないので，試験用のプーリだけでなく，実際に使用しているプーリでも，試験機に簡単に取り付けることができ，摩擦係数の測定に使用できる．

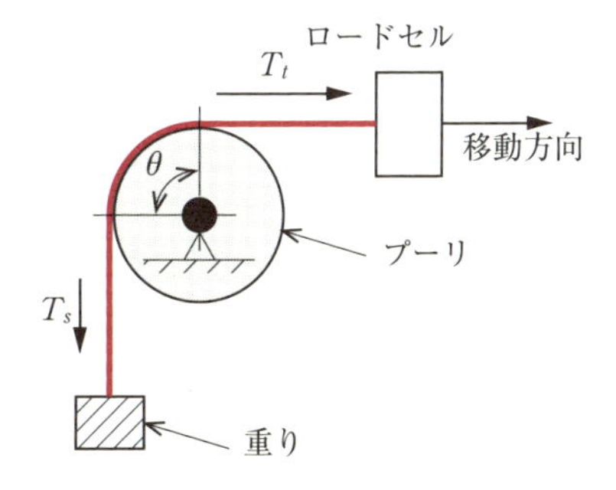

図2.82　ベルト移動法

(3) ベルト走行法

図 2.83 に示すように，同径二つのプーリにベルトを掛け，従動軸に作用する軸荷重 F_c (N) をロードセルで表示できるようにし，原動軸または従動軸のトルク T_q (N·m) も測定できるようにする．このとき，$F_c = T_t + T_s$，$T_q = (T_t - T_s)D/2$ より，

$$T_t = (F_c D + 2T_q)/(2D) \tag{2.144}$$

$$T_s = (F_c D - 2T_q)/(2D) \tag{2.145}$$

となる．ここで，

T_t：軸荷重とトルクから計算された張り側張力 (N)

T_s：軸荷重とトルクから計算されたゆるみ側張力 (N)

D：原動または従動プーリ径 (m)

θ：(見かけの) 巻き付け角 (rad)

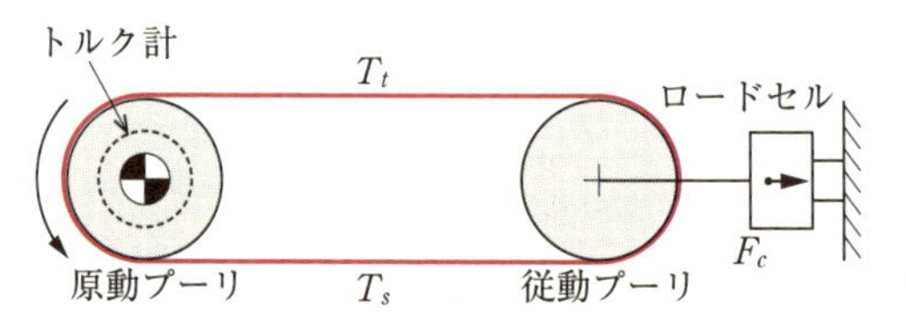

図 2.83　ベルト走行法

T_t と T_s を式 (2.143) に代入することにより，μ' を求めることができる．

プーリ回転法とベルト移動法では，ベルトとプーリが完全に滑っている状態で摩擦係数が測定されるので，実際にベルトが使用されている状態とはかけ離れた状態になっている．ベルト走行法では，ベルトが実際に使用されている状態に近い状態で測定ができる．しかし，このベルト走行法ではベルト張力，言い換えると，ロードセルに示される軸荷重が同じでも，伝動する負荷が大きいほど走行中のスリップ率は高くなる．

図 2.84 に，A 形ラップド V ベルトについて，取付張力 T_i を変化させ，原動/従動プーリ径 130 mm で走行させたときの負荷とスリップ率の関係の一例を示す．図 2.84 に示された負荷（伝動されているトルクから算出された負荷）とスリップ率曲線から明らかなように，動力伝達時のスリップ率によって伝動できるトルクは変化する．

また，2.9.2 項の (1) に示したように，V ベルトと違って平ベルトでの負荷とスリップ率との関係も弾性滑りと移動滑りの境界が明確な変曲点として現

われるが，スリップ率が大きいときは伝動できる負荷が大きくなる．

走行時に許容できるスリップ率を高くとると，同じベルト張力であっても伝動できる負荷が大きくなり，有効張力も大きくなるので，この測定法での見かけの摩擦係数は大きくなる．したがって，摩擦係数を測定するときは，走行時のスリップ率を明確にしておく必要がある．実用的な測定条件では，2%スリップ率時のトルクから有効張力を算出することが多い．

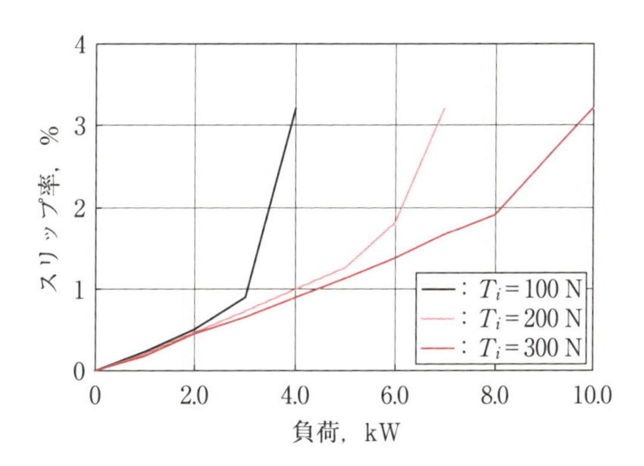

図 2.84　負荷とスリップ率
（A 形ラップド V ベルト）

(4)　各ベルトでの測定値

一般的に，くさび効果を持たない平ベルトの摩擦係数は低く，くさび効果を持つ V ベルトでも，ラップド V ベルトは，ローエッジ V ベルトや V リブドベルトより低い値になる．

摩擦係数が高ければ，伝動能力が高くなる，あるいは軸荷重を低減できるといった面では有利である．しかし，V ベルトや V リブドベルトでは，ベルトがプーリに入っていくときのプーリ半径方向への摩擦によって発音しやすく，また，原動プーリの回転変動の影響を受けやすいといった不利な点も指摘されている．そこで，プーリとの接触面に様々な工夫をこらし，摩擦係数を下げようとしているベルトも多く，**表 2.14** に示すように現在のベルトでは測定される摩擦係数の値も広い範囲にわたっている．したがって，市販されているベルトの摩擦係数を測定すると，ラップド V ベルトの方が V リブドベルトより大きな値を示すことも珍しくない．

表 2.15 に，市販されている A 形ラップド V ベルトを用いて，異なる 3 種の方法で摩擦係数を測定した場合の一例を示す．各種の摩擦係数測定法は，プーリ径などが加味されず，実使用と比較すると高い値を示すが，一般的には

表2.14　市販されているベルトの摩擦係数

	平ベルト	ラップドVベルト	ローエッジVベルト	Vリブドベルト
プーリ回転法	0.4～1.0	0.6～1.5		
ベルト移動法	—	0.6～1.5		
ベルト走行法	0.4～1.8	0.6～1.5		

表2.15　A形ラップドVベルトの摩擦係数

		プーリ回転法	ベルト移動法	ベルト走行法
条件	プーリ径，mm	100	100	130
	重錘による荷重，N	10	10	0.0
	接触角，deg	90	90	180
	プーリ回転数，min^{-1}	43	—	2000
	ベルト移動速度，m/s	—	30	—
	ベルト張力，N/本	—	—	100
	スリップ率，%	—	—	2
測定値	摩擦係数	1.43	1.35	0.89

次項で記載している摩擦係数を使用することが多い．

(5) 実用設計で用いられる摩擦係数

実用設計において，理論初張力や有効張力の計算に，あるいは単位伝動容量の計算に用いる接触角の補正係数にも摩擦係数が使われている．

一般的によく使用される摩擦係数としては，前述の各ベルトの測定値を考慮し，さらにスリップに対して安全側に立つように値が決められている．例えば，Vリブドベルトの場合，周方向摩擦係数の値で，接触角180°でゆるみ側張力に対して張り側張力が5倍あれば大スリップしないところから逆算すると，摩擦係数は0.51になる．各種ベルトのμ'は，このような考え方から次式により求めている．

Vリブベルト，ローエッジVベルトのとき：$e^{\mu'\theta}=5$　($\mu'=0.51$)

Vベルトのとき：$e^{\mu'\theta}=4$　($\mu'=0.44$)

平ベルトのとき：$e^{\mu'\theta}=2$　($\mu'=0.22$)

2.9.4　電気抵抗の測定方法と帯電防止の判定基準

ベルトを走行させると，ベルトとプーリ間で摩擦が生じることによって静電気を発生する．放電する機能がない場合，静電気はさらに蓄電される．この蓄電された静電気はスパークを起こして火花を飛ばし，火災の原因になるとも言われている．また，キャッシュカードなどの磁気を用いて情報を記憶させたカードが静電気を帯びたベルトに触れると，情報の読取り間違いを生じたり，磁気の情報に損傷を与えたりするとも言われている．したがって，ベルトが走行中に帯電するかどうかは，大きな問題となり得る．

一般に，ベルトが帯電するかどうかは，そのベルトの電気抵抗の大きさで判断される．電気抵抗の測定方法と判断基準は，ベルトに関して JIS や RMA，ISO 規格に定められている．ここでは，日常的によく使われる簡便な測定方法について紹介する．

簡便法としては，電気抵抗計の電極を 100～200 mm 離してベルトに当て，直接，電気抵抗を測定する方法である．ベルトの側面が複数の材料で構成されているローエッジ V ベルトのようなベルトでは，構成材料ごとの電気抵抗が測定できる．

導電性は，ベルトのゴムに導電性カーボンブラックやグラファイトを配合することによって得られる．

2.9.5　ピッチ線の設計での補正方法

原動プーリと異なるプーリ径を持つ従動プーリを用いて動力伝達を行うと，当然，従動プーリと原動プーリの回転数は異なる．衣類乾燥機や洗濯機のように，従動プーリの回転数が大きいと衣類が傷みやすく，逆に遅すぎると撹拌が不足する．このような場合，使用するプーリ径からあらかじめ従動プーリの回転数を知っておかねばならない．

原動プーリの回転数 n_1 と直径 D_1 および従動プーリ回転数 n_2 が既知のとき，従動プーリ径 D_2 は，次式から求められる．

$$D_2 = D_1 \times \frac{n_1}{n_2} \tag{2.146}$$

さらに詳細に従動プーリの回転数を決めたい場合には，ピッチ線から回転数を求める必要がある．

図 2.85 は，ローエッジ V ベルトがプーリに掛かっているときと，センター

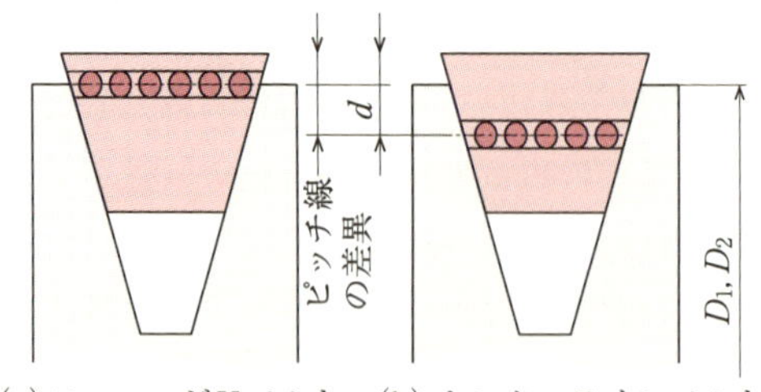

(a) ローエッジVベルト　(b) センターラインベルト

図 2.85　ベルトの心線中心とプーリ外径

ラインベルトと呼ばれるローエッジＶベルトが掛かっている場合を比較した一例である．センターラインベルトとは，心線中心を対称軸として製造されたベルトである．

ローエッジＶベルトが掛かっているときは，心線中心が通る線はプーリ外径の線に近いので，プーリ外径から計算した回転比は実際の回転比とよく一致している．しかし，センターラインベルトが掛かっている場合は，心線中心が通る線は，ローエッジＶベルトの場合に比べて，下方になっている．このセンターベルトが掛かっているときの従動プーリ径 D_2 は，次式により求めることができる．

$$D_2 - 2d = (D_1 - 2d) \times \frac{n_1}{n_2} \tag{2.147}$$

ここで，d は心線中心からベルト外側までの厚さである．

したがって，全く同じレイアウトであっても，掛けるベルトの心線中心が異なるとプーリの回転数も異なることになる．このことは，プーリ側にピッチ線を定めても，回転比を決める上ではあまり有効ではないことを示している．

2.9.6　ベルトの荷重と弾性伸びの関係

(1)　Ｖベルト

図 2.86 に，ＶベルトのＡ形，Ｂ形の荷重と伸びの関係の一例を示す．ベルトは各部材（ゴム，心線，布）で構成される複合部材であるが，弾性体であり荷重が作用するとベルトに弾性伸びが発生する．ベルトの引張試験方法は JIS-K6323 に基づいて行ったものであり，規定された長さにベルト試験片を作成し，荷重をかけて弾性伸びを測定した．実験結果より，荷重と伸びの関係はほぼ線形である．これは，ベルト摩耗やベルト変形によるＶプーリへの落込みは考慮されていない試験結果である．

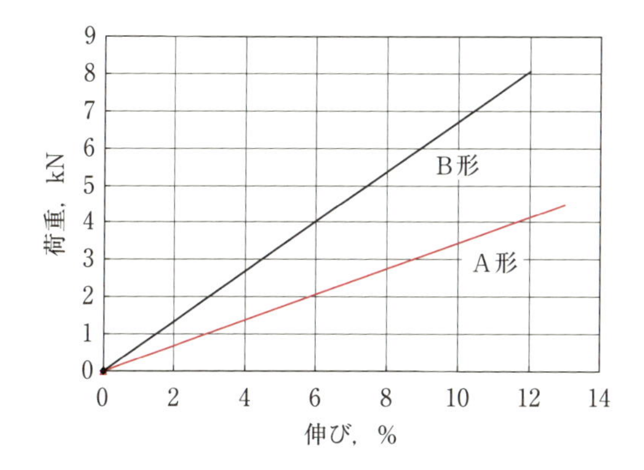

図 2.86 Vベルトの荷重と伸びの関係（A形＆B形）

(2) Vリブドベルト

主に自動車用の補機駆動用に使用されているPK形Vリブドベルトの1リブ当たりの荷重と弾性伸び率の関係の一例を**図 2.87** に示す．最もよく使用されている心線はポリエステル心線であるが，近年は弾性率向上による振動低減やスリップ率の低減を狙った材質も一部用いられている．なお，アラミド心線（表1.3）においては，ベルト発熱による自己収縮力が発生しないので，実使用上，オートテンショナ機構を併用する必要がある．

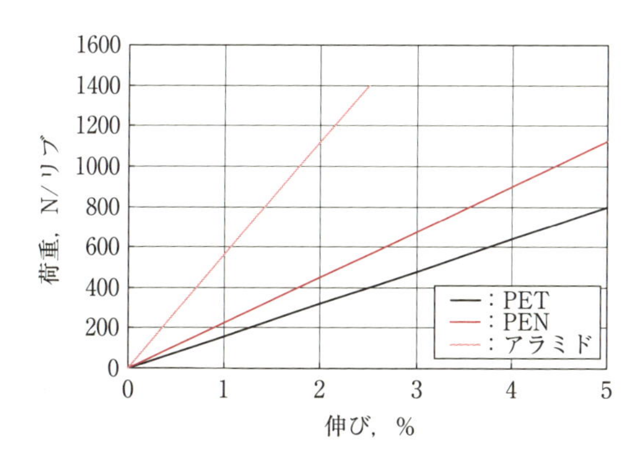

図 2.87 Vリブドベルトの荷重と伸びの関係（表1.3参照）

2.9.7　ベルトの張力緩和特性

図2.88に，Vベルトと V リブドベルトをそれぞれの適正張力で取り付け，走行時間と張力維持率の関係の一例を示す．両ベルトとも，走行初期時にベルト摩耗が発生することにより，V プーリにベルトが沈み込む．その結果，ベルト長さが長くなることとなり，ベルト張力低下が大きくなる．V ベルトと比較して，V リブドベルトの場合は，走行時間に伴いベルトが摩耗しても V リブドプーリに大きく沈み込むことが少なく，張力維持率が良くなる結果となる．

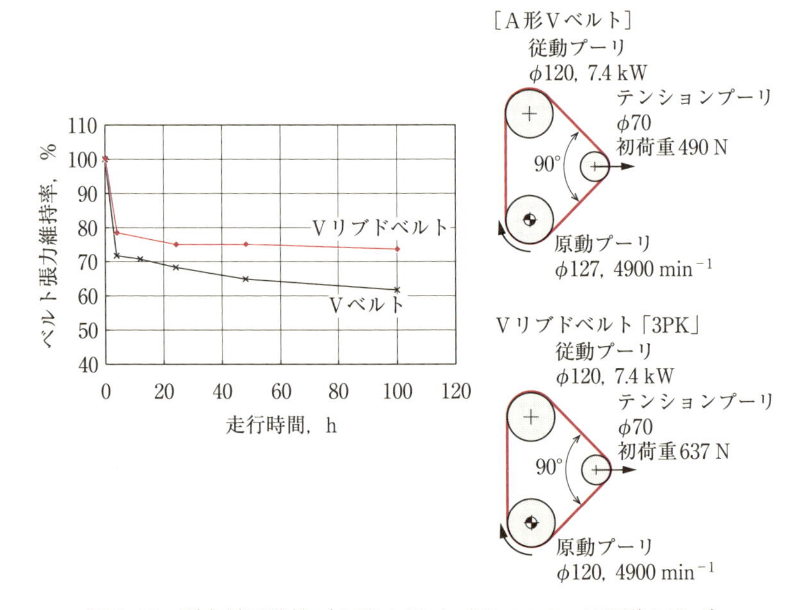

図2.88　張力低下特性（A形＆V リブドベルト　PK形3リブ）

2.10　ベルト式CVT

CVT（Continuously Variable Transmission）とは，無段変速機の総称名であり，変速比を時間的に連続して変化させることのできる変速装置全般を指す．CVT には円錐面や凹曲面を有する固体同士の摩擦伝動を利用するものや，油圧変化を利用するものなど，様々な種類がある．例えば，自動車における

CVTの歴史は多段式の自動変速機よりも古く，1900年代の初めからフリクションドライブ方式のCVTが少量生産されている．ただし，1925年頃から1950年代にかけてDAF社などにより現在のベルト式に類似するチェーンを用いたCVTも生産されたが，実用レベルには達しなかった．

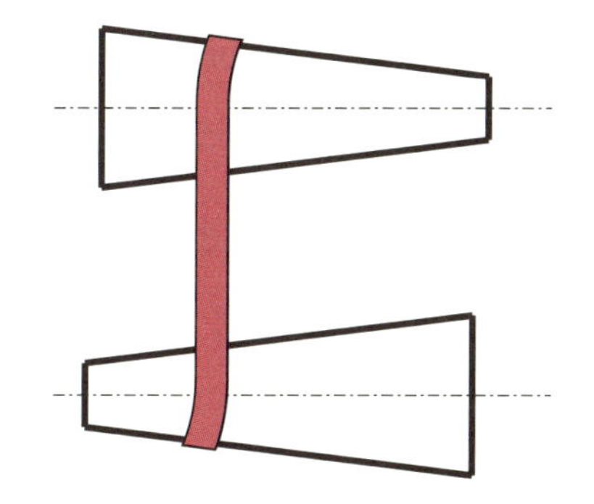

図2.89　CVTの原理

多彩なCVTユニットの中において，ベルトを利用するCVTは，ベルトが持つ柔軟性や高摩擦特性を簡単な構造で積極的に利用し，ベルトの巻き付け半径を自在に変化させることでプーリに連結された回転軸の回転数を時間的に連続変化させられる有用な機械装置である．自動車用の用途でも1983年に同じくDAF社がゴムベルトを用いたCVTを開発しており，その後，VDT（van Doorne's Transmissie）社による金属ベルト式CVTを始め，現在ではゴムベルト式や高分子プラスチックおよびゴムとの複合式など，クラッチやトルクコンバータと組み合わされた多彩な機構が開発されている．本節では，2.1.7項で述べたVベルトのくさび効果を利用したベルト式CVTの基本原理を解説する．

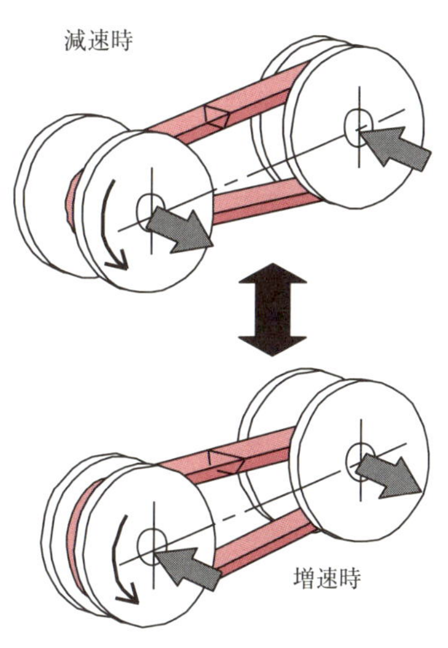

図2.90　ベルト式CVTの変速の仕組み

図2.89に，最も簡単なベルト式CVTの原理を示す．この装置ではベルトの巻き付け位置をプーリの軸方向に移動させることにより，円錐状の2つのプーリの巻き付け半径を変化させ，変速比を連続的に変化させる．しかしこの装置では，円錐角度を小さくするか，ベルトがプーリから幅方向の力を受けな

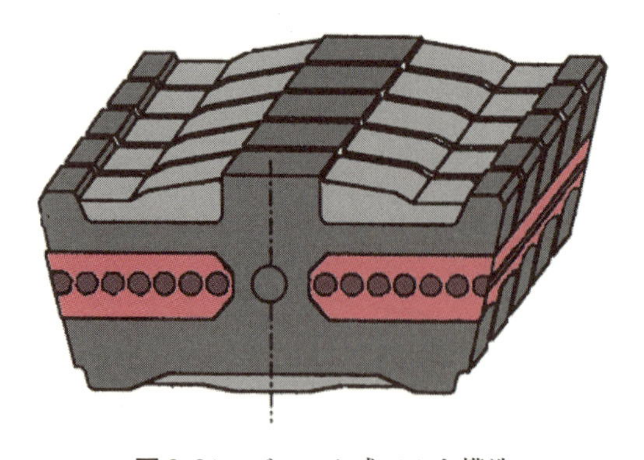

図 2.91　ブロック式ベルト構造

いようにするようにするために，プーリ面とベルトの進行方向との角度を直角になるようにプーリ軸にある程度のミスアライメントを与えないと，ベルトは幅方向に移動してしまいその張力を維持できない．そこで，**図 2.90** に示すように従来より存在するVベルトの機構を応用し，Vプーリの溝幅を変化させることによりベルトの巻き付け径を変化させる構造がベルト式CVTでは最も一般的である．ベルトの構造には，V断面を有する通常のVベルトのほか，V形状を有する多数のプレート，すなわちブロックを柔軟な心体で連結し，これをベルトとして用いるものもある．**図 2.91** に，この概略構造を示す．図 2.90 に示した機構では，2.1.7 項で紹介したVベルトと同様，ベルトには正の張力（引張力）が作用し，Vベルトの伝動メカニズムと同じメカニズムにて決定される．

ベルト式CVTの変速比 i_r は，次式で表される．

$$i_r=\frac{R_2}{R_1} \tag{2.148}$$

ここで，R_1：原動プーリにおけるベルトの公称巻き付け半径，R_2：従動プーリにおけるベルトの公称巻き付け半径．

容易に想像できるように，変速比を変化させるには，ベルトの張力を適切に維持したうえで，Vプーリの溝幅，すなわちベルトの巻き付け半径位置を制御する必要がある．したがって，一般のベルト伝動装置の場合，伝動機構の能力を決定するために直接的に設定する力のパラメータは初期張力のみであるが，Vベルト式CVTの場合，プーリの軸方向への作用力またはその反力が支配パラメータに加わる．この軸方向力は，一般的にプーリ推力 Q と呼ばれる．

図 2.92 に，ブロックを有するCVTベルトに作用する力を示す．原動または従動プーリの推力 Q は，Vベルトの一つのブロックの側面に作用する法線

方向力（押付け力）から，2.1.7 項（1）のベルトがプーリに巻き付き始める場合には，次式で表される．

$$Q=\sum\{N_i\cos(\alpha/2)-H_i\sin(\alpha/2)\} \quad (2.149)$$

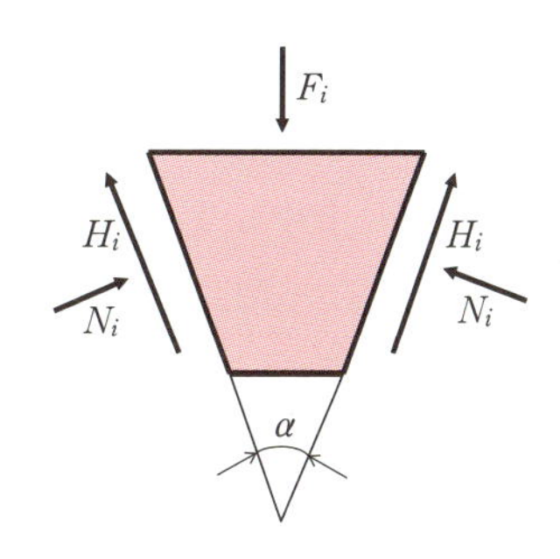

図 2.92　CVT ベルトに作用する力

ここで，i：プーリ入り口から見たブロックの番号，$\sum$：プーリ入り口から出口までの総和，α：V 溝角度，H_i：半径方向内側に入ろうとして半径方向内側に動いているブロックに働く半径方向外向きの摩擦力，N_i：プーリの軸方向の変位に伴いブロック一つ当たりに生じるブロックの法線方向の反力である．

この場合の一つのブロックに作用する力の釣り合いを考えると，

$$-F_i+2H_i\cos(\alpha/2)+2N_i\sin(\alpha/2)=0 \quad (2.150)$$

ここで，F_i は一つのブロックに作用する半径方向の力である．これより

$$H_i=\{F_i/2-N_i\sin(\alpha/2)\}/\cos(\alpha/2) \quad (2.151)$$

となる．なお，プーリ面とブロックとの間の静止摩擦係数を μ_s とおくと，$H_i<\mu_s N_i$ となるとき，すなわち，

$$F_i<2\{\mu_s\cos(\alpha/2)+\sin(\alpha/2)\}N_i \quad (2.152)$$

が，そのブロックが半径方向に軸中心に向かって移動せず，（ベルトが真円状に巻き付いていることを前提とすると）半径方向には静止する条件を与える．

また，F_i は各ブロックの前後の張力より求めることができ，

$$F_i=(T_{i+1}+T_i)\sin(\beta/2) \quad (2.153)$$

ここに，T_i：i 番目のブロックの直前のベルト張力，β：i 番目と $i+1$ 番目のブロックがなす小円弧の中心角度である．

一つのブロック間の前後でのベルト張力の変化がオイラーの式に従うと仮定すれば，T_{i+1} と T_i の関係は，

$$\frac{T_{i+1}}{T_i}=e^{\mu_k\beta} \quad (2.154)$$

となる．ただしここでは，$T_{i+1}>T_i$ となるように，i の方向を定めている．ここで，μ_k：動力伝達を生み出す円周方向の摩擦係数を示す．一般に μ_k はプー

リとブロック間の動摩擦係数であるが，円周方向の摩擦係数を半径方向のそれと異なると考える場合には，個別の値を設定することもある．

プーリ溝中に巻き付いている CVT ブロックの個数が n 個の場合には，ブロック間の小円弧の数は $n-1$ 個あるので，

$$\frac{T_n}{T_1}=e^{\mu_k(n-1)\beta} \tag{2.155}$$

となる．ここで T_1 は1番目のブロックの張力である．

次に，プーリ推力が比較的大きく，式（2.152）の不等式が成立し，2.1.7. 項（2）に示したような考え方で，ベルトがプーリに巻き付いて安定した場合を想定する．この場合，式（2.149）中の H_i は0とみなすことができ，したがってベルトが真円に巻き付いていることを仮定したことにもなるので，円周方向に作用する力の総和は，

$$\sum 2\mu_k N_i=T_e=\frac{T_{q1}}{R_1}=\frac{T_{q2}}{R_2} \tag{2.156}$$

となる．ここで，T_e：有効張力（$=T_n-T_1$），T_{q1}：原動プーリが受けるトルク，T_{q2}：従動プーリが受けるトルク，R_1, R_2：ベルトの巻き付け半径（プーリ内で一定と仮定）．μ_k を一定とすれば，円周方向に発生する摩擦力を考えると，

$$2\mu_k \sum N_i \cos(\alpha/2)=T_e \cos(\alpha/2) \tag{2.157}$$

である．

左辺の $\sum$ の項は，式（2.149）中の H_i を0と置いた場合の Q と一致するので，N_i に分布があっても，原動プーリおよび従動プーリにおいて最低必要なプーリ推力 Q は，巻き付き角から，プーリ入り口と出口での張力差から代数的に計算でき，

$$Q_1=T_{q1}\cos(\alpha/2)/(2\mu_k R_1) \tag{2.158}$$

$$Q_2=T_{q2}\cos(\alpha/2)/(2\mu_k R_2) \tag{2.159}$$

となる．すなわち，T_{q1} または T_{q2} の最大伝達トルクを想定して，簡便的に必要な各プーリ推力を決定することができる．

ただし，この方法では大きな F_i を受けるブロックが軸中心に向かう滑りにより発生する半径方向の摩擦力が考慮されておらず，厳密には全ブロックごと

に H_i の正負（または0）を調査する必要がある．またプーリが軸方向のみに剛体変位すると仮定し，N_i を一定と扱って，式（2.149）から Q を算出する方法もあるが，F_i が一定でない以上，N_i は一定になり得ないので，この方法も矛盾する．

また，実際にベルトを走行させると，特に張力の大きくなるプーリ出口において，ベルトは幾何学的な理想軌跡から半径方向にも移動することが観察される．この原因として，大きな張力と釣り合うための大きな N_i を生み出すためにベルトが幅の狭い半径方向内側に移動する原理とともに，元々プーリが軸方向に摺動するために持っている中心軸との隙間やプーリ自体の弾性変形がプーリ面を傾斜させることも原因となる．CVT の現象を詳細に検討するには，プーリ溝内での N_i や摩擦力の分布を把握する必要がある．

さらに，スリットを設けたブロックをリング（帯状体）に挟み込む構造とし，ブロック間にわずかな間隙を設け，ブロックが長手方向に若干自由に移動できるような構造を持たせたベルトを用いる CVT ベルトもある．外見的には，前述の図 2.91 の構造と類似しているが，この機構では基本的に動力は接触したブロック間の押し力により伝達される．そこで，前者のような CVT を「引き式ベルト CVT」，後者の機構の CVT を「押しブロック式 CVT」と呼ぶ場合もある．この場合にも基本的には同様に，2.1.7 項に示した V ベルトの張力を圧縮力（ブロック間押し力とも呼ばれる）に置き換えたようなメカニズムにより伝動が行われるが，ベルトの張力ではなくブロック間の接触による押し力が伝動メカニズムを支配することになり，より複雑な伝動機構となる．

2.11 アプリケーション

2.11.1 撚糸機スピンドル駆動用平ベルト（1）（図 2.93）

撚糸機用スピンドル駆動ベルトは，伝動ベルトがスピンドルと呼ばれる従動プーリと線接触を行う機構のため，タンゼンシャルドライブと呼ばれている．

一般に，この装置では，長さ 30〜50 m のベルトを用い，速いものではベルト速度は 50 m/s 以上となる．そのため，遠心張力を小さくする必要があり，また，機械の用途から，スピンドルには不定期でブレーキをかけるため，摩擦

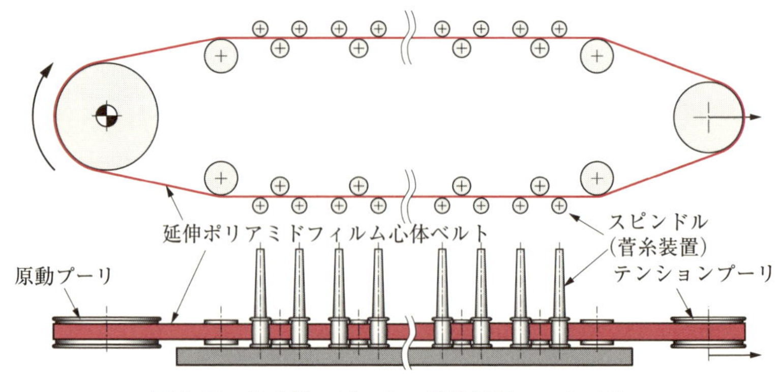

図 2.93　撚糸機スピンドル駆動用平ベルト（1）

力が小さく部分的に滑らせるベルトが必要である．長さが自由に設定でき，厚さが薄く，小プーリ径かつ，両面で使用できる平ベルトの性能を最も活かした使用方法といえる．

通常，この用途には延伸ポリアミドフィルム心体で，両面がNBRでカバーされたベルトが使用されており，幅25〜50 mm，長さ30〜50 m，心体厚さとして1〜1.5 mm程度のものが多い（また，心体にポリエステル織布を用いたベルトもある）．スピンドルに回転を与えて，装着された糸に撚りをかけることが目的であるので，多数のスピンドルに回転のばらつきが小さく，ほぼ1日連続して運転されるため耐久性にも優れ，繊維工場の使用環境であるため静電気防止性能などがベルトには要求される．

2.11.2　撚糸機スピンドル駆動用平ベルト（2）（図2.94）

一般に，撚糸機には，2.11.1項に示した1本のベルトで多数のスピンドルを回転させるタンゼンシャルドライブと，モータ1台でラインシャフトにチンプーリをスピンドル数の4分の1の原動プーリで駆動を行うスピンドルテープドライブ方式がある．この方式では，タンゼンシャルドライブと違い，ベルトが切断しても一部のスピンドルが停止するだけであるが，100本程度のベルトが必要となる．

ベルトの使い方は，糸切断時にそのスピンドルだけを止めるため，従動プー

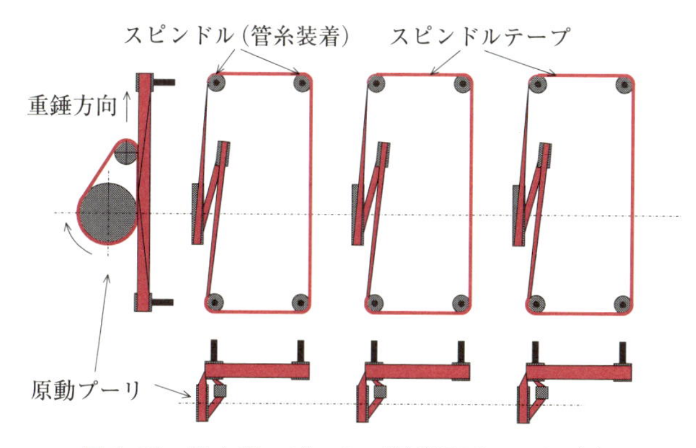

図 2.94 撚糸機スピンドル駆動用平ベルト (2)

リ側には摩擦係数が低く，摩擦熱に強い織布面を使用し，原動プーリ側にはブレーキ時でもスリップが発生しないように，ゴムカバー面を使用するようになっている．図 2.94 ではジョッキプーリと呼ばれる重錘式のテンション機構を採用しているのでベルトはジョイント時に 1 回ひねって接着する必要がある．

このベルトに要求される性能はタンゼンシャルドライブと同様であるが，それ以外に突発時の切断などに対して容易に保守整備ができるように簡単な継手加工ができることも必要である．

一般に，この用途では，スピンドル径が小さく（約 20 mm），伝動容量もあまり大きくないため，心体としてポリアミド織布や 0.2 mm 位の薄い延伸ポリアミドフィルムが使用されている．カバー層としては NBR，また，スピンドルとの接触面にはブレーキ時の発熱にも耐えられるように綿や麻を織り込んだ織布が使用される．ベルト寸法としては，幅 10〜20 mm，長さ 3 000 mm，厚さ 0.6〜1.0 mm 程度のものが多い．

2.11.3 ローラコンベヤ駆動用平ベルト（図 2.95）

ローラコンベヤの駆動には，丸ベルト，チェーンならびに平ベルトなどが用いられる．ここでは，平ベルトを用いたローラコンベヤを紹介する．

一般的な搬送コンベヤは，ベルトの上に搬送物が載り，ベルトの下側には，支持ローラや支持板がある．しかし，ローラコンベヤは，ローラの上に搬送物

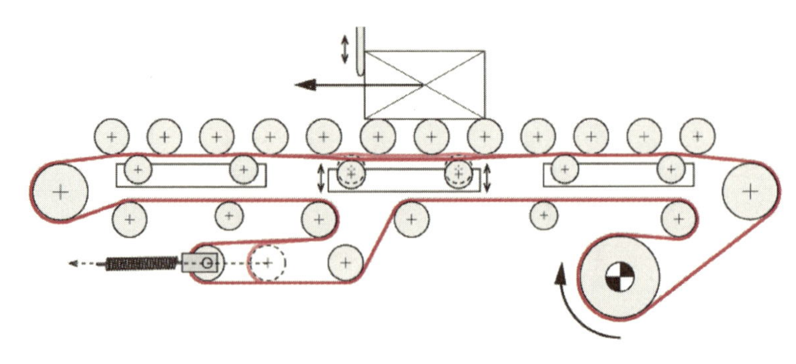

図 2.95　ローラコンベヤ駆動用平ベルト

が載り，ローラの下側にベルトが通る方式であり搬送物と逆方向にベルトは走行する．ベルトと搬送ローラは微小な接触角で接することにより駆動する方式で，2.11.1 項の機構に似ている．

一般的に，ポリアミドフィルム心体，ポリエステル帆布心体のベルトが使用され，幅は 30〜50 mm，長さは 30 m 位までが多い．ベルトとローラが接触することにより駆動力が得られるため，ベルトを支持しているプーリを下げることで，部分的に搬送物を止める（滞留させる）ことができる．

2.11.4　昇降機用バケット付平ベルト（図 2.96）

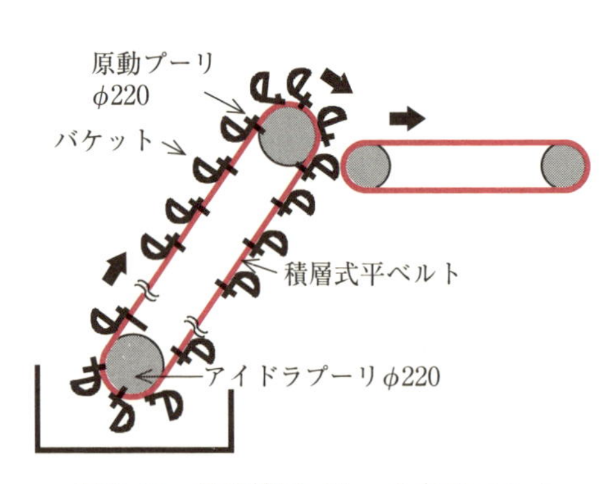

図 2.96　昇降機用バケット付平ベルト

この装置は，積層式平ベルトの長さ方向に沿ってバケットを取り付け，このバケットに搬送物をすくい込み，上の方に移送していくものである．このようなベルトを昇降機用バケット付平ベルトといい，ベルトに穴をあけて，バケットを取り付けるという簡単な構造のものが最も多い．

積層式の平ベルトは織布を積

層して製作するので，穴をあけたときの強度の低下率は，心線の切断が生じる単層式のＶベルトやＶリブドベルトに比べると小さく，穴をあけてバケットを取り付けるという使用方法に最も適したシンプルなベルトである．使用される材料は，NR，CR や NBR を擦り込んだ合成繊維の織布が多い．

ベルト幅は，200～300 mm，長さは 30 m 程度のものが多く，装置の大きさによっては長さが 50 m を超えるベルトも用いられる．ベルトの厚さは，必要な強度が得られるように，搬送物の質量やバケットの大きさに応じて，織布の枚数を変えた厚さ 3～10 mm 程度のものがよく用いられる．

2.11.5 ウェイトチェッカ用コンベヤベルト（図 2.97）

食料販売店では，商品ごとに質量と単価が書かれたラベルが貼られた生鮮食品などをよく見かける．これらの商品には，図 2.97 に示すウェイトチェッカによって質量を測定，印字されたラベルを貼っている．

コンベヤベルトを使用するウェイトチェッカは，ベルトの上に搬送物が載ると，その部分の質量情報が信号によってラベルプリンタへ送られ印字し（コンベヤ全体の質量変化をロードセルで計量するタイプもある），ラベル貼り機で商品にラベルが貼られる．ウェイトチェッカ用ベルトには，部分的な質量変化が小さいこと，ベルトが振動してウェイト検出部に誤差を与えないこと，小プーリ径での使用に耐えること，また，搬送物によっては食品衛生法に適合していることなどが要求される．特に最近の装置では，より高精度な質量測定を行うため，質量変化に対する追随性の要求も厳しくなっている．

一般に，これらのベルトは，幅 100～200 mm，長さ約 500 mm，厚さ 1 mm 以下の場合が多い．使用材料としては，心体に寸法安定に優れたポリエステル

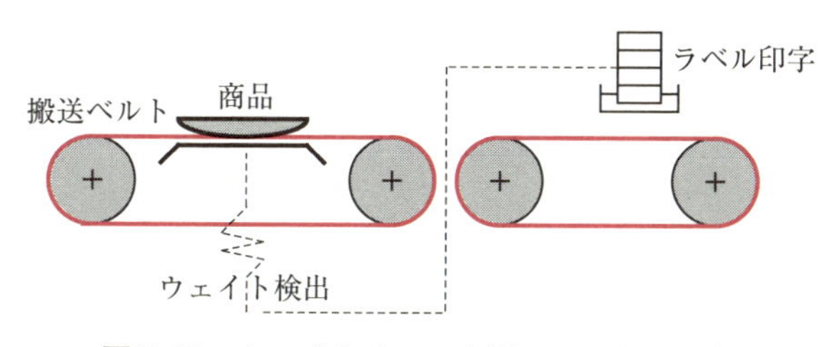

図 2.97　ウェイトチェッカ用コンベヤベルト

シームレス織布，カバー層としてシームレス織布にNBRやポリウレタンを薄くコーティングしたものを用いる場合が多い．

2.11.6　農業機具用Vベルト（図2.98）

自脱型コンバインに代表される農業機具用途の薄型Vベルトは，レイアウトをコンパクトにすること，およびテンションクラッチを用い駆動ON/OFFを使い分けるために使用される．

通常のVベルトでは逆曲げ時の寿命が短くなるため，ベルト厚さを薄くし，心線位置をベルト中央付近に設定している．その結果，背面プーリからのベルト底部にかかる曲げ応力が低減され，一般用ラップドベルトと比較すると逆曲げ時の寿命は約5倍長くなっている．これらのベルトは，通常，コンバイン1台に15～25本程度使用されており，また，わらをかみ込むための突起付Vベルトなども使用されている．

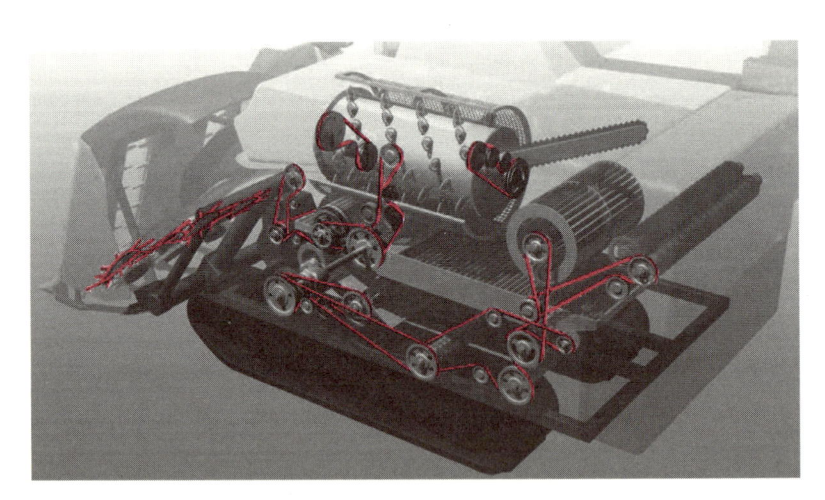

図2.98　農業機具用Vベルト使用例

2.11.7　二輪車変速用ローエッジコグドVベルト（図2.99）

二輪車（スクーター）の変速用としてローエッジコグドVベルトが使用さ

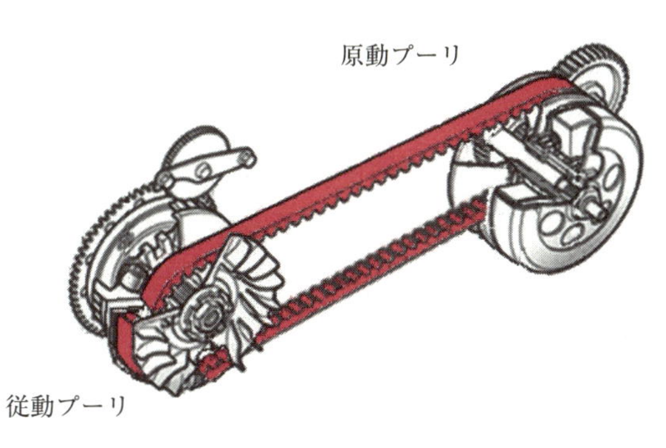

図 2.99　2 輪車変速用ローエッジコグド V ベルト

れ，原動，従動のプーリ径を任意に連続的に変化させることにより，無段変速を可能にしている．排気量 50 cc から 80 cc 用に多く用いられ，250 cc 以上のクラスにも一部用いられている．

変速用 V ベルトの形状は，変速機能を満足するように，一般的には上幅が広く，厚さが薄く，V 角度の小さいことが特徴である．しかし，車種によってはその変速機能を満足させるために形状も変わるので，規格化はされていない．

この用途では，プーリ径が小さいため，ベルトの発熱を抑え，ベルトの寿命を向上させる目的で，コグドタイプのベルトが使用されている．また，材料はゴムに CR，心線にポリエステルやアラミド，また，綿，ポリエステルおよびポリアミド製の布がよく使用されている．

2.11.8　自動車用 V ベルト（図 2.100）

自動車用 V ベルトは，エンジンのクランク軸先端に取り付けられたクランクプーリを原動プーリとして，ファン，オルタネータ，ウォータポンプ，コンプレッサおよびパワーステアリング用ポンプなどの補機類の駆動に使用される．

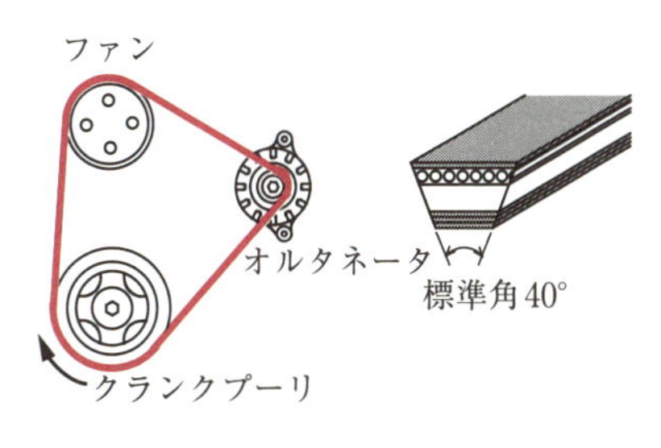

図 2.100　自動車用 V ベルト

極初期には，ラップド V ベルトが使用されていたが，環境温度の上昇や補機の負荷が大きくなるなどの変化に伴い，より高い伝動能力を持つローエッジ V ベルトに移行してきた．さらに，近年では小型化というユーザーニーズにより小プーリ径で使用可能な V リブドベルトになってきているが，ベルト摩耗・負荷変動が大きいような用途にはまだまだローエッジVベルトが使用されている．

2.11.9　大型バス補機駆動用ローエッジ結合Vベルト（図2.101）

大型バスのオルタネータは，発電容量を大きくするために，クランクプーリとオルタネータプーリの速比を大きくとっている．

このオルタネータ駆動には，古くからローエッジVベルト（ラミネーテッドタイプ，コグドタイプ）が使用されているが，プーリ径が小さいため，C形やD形などの大きいベルトが使用できない場合が多く，A形（AV13形）やB形（AV15形）を多本掛けで使用する場合が多い．また，大型バス用ではオルタネータ自体も大きいので，プーリの軸間距離も長く，したがって，スパン長さも長くなる．スパンが長く多本掛けを行った場合に大きなベルト振動が発生すると，ベルト同士が接触したり，ベルトが走行中に横転することにより損傷する場合がある．

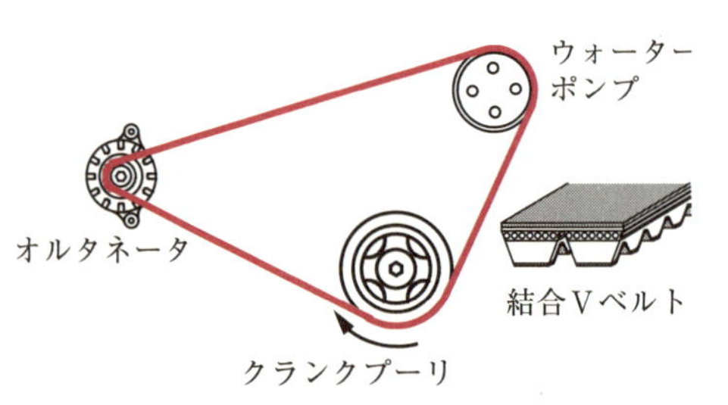

図2.101　大型バス補機駆動用ローエッジ結合Vベルト

ベルトの横転は，疲労による故障と違って，発生時期を予測することができず，ベルトの点検，メンテナンスに多大な労力を要する．そこで，この対策としてローエッジ結合Vベルトが使用されている．

2.11.10 自動車エンジン補機駆動用PK型Vリブドベルト（図2.102）

この例では，エンジンのクランクプーリを原動プーリとし，オルタネータ，ウォーターポンプ，エアコンプレッサからなる3個の補機プーリをPK形6リブのベルト1本で駆動している．このような使い方をサーペンタインドライブと呼び，ベルトには，最もゆるみ側に位置するオートテンショナにより，所定の張力が与えられている．

最近，電動パワーステアリングポンプの普及により，図2.102のようなレイアウトが主流になってきているが，油圧パワーステアリングポンプを駆動しているものもある．

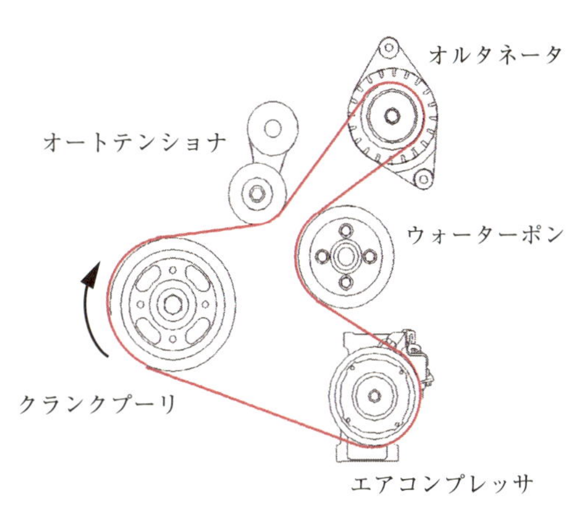

図 2.102 サーペンタインドライブレイアウト

また，サーペンタインドライブに用いるオートテンショナのプーリが樹脂製である場合，樹脂の硬さによっては，ベルトの背面に使用する織布により樹脂プーリが摩耗することがある．その他，無負荷の樹脂プーリが摩耗する原因として，ベアリングによるプーリの回転抵抗や原動機であるエンジンの回転変動によるベルトの速度，張力変化，ベルトのプーリ上での軸方向への微小な動きなどが考えられる．このような場合，背面が織布より柔らかいゴムで作られているベルトを使用することにより，樹脂プーリの磨耗を低減することができる．

2.11.11. モータジェネレータ用 PK 型 V リブドベルト（図 2.103）

オルタネータにモータとしての機能を追加した，モータジェネレータ（MG）またはインテグレーテッドスタータージェネレータ（ISG）と呼ばれるものをオルタネータの替わりに使用する車がある．通常走行時は発電機として，従動

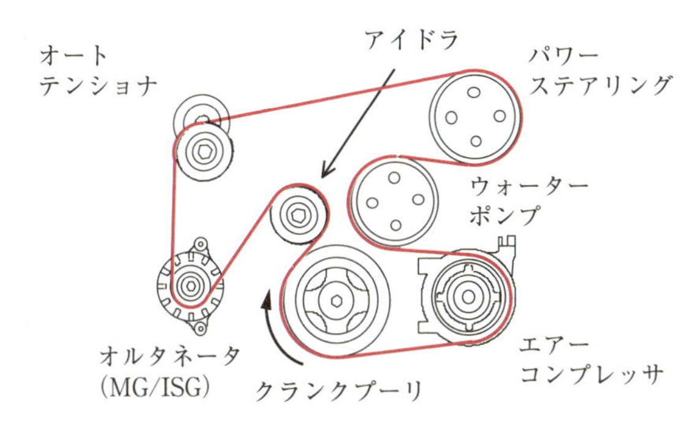

図 2.103 モータジェネレータを使用したレイアウト

側として使用されるが，アイドリングストップ後，MG/ISGを駆動側として，クランクプーリを従動側としてエンジン始動を行う．スタータモータでの駆動に歯車を介した場合騒音が大きくなるため，静粛性が格段に優れたVリブドベルトでの駆動が採用されている．

エンジン始動時の駆動トルクが高いため，張り側にオートテンショナを配置する場合があるが，ベルト張力が高くなる背反があるので，MG/ISGの前後にオートテンショナを配置してベルト張力を低減する方策も採られている．

2.11.12　背面高負荷伝動用PK形ダブルVリブドベルト（図2.104）

ベルトの内側と背面側の両方にリブを有するVリブドベルトをダブルVリブドベルトと言い，Vリブドベルト背面での伝達能力を向上させるために考案されたベルトである．

ベルトの構造は，図2.104に示すように，心線を中心に対称の断面形状を持っている．このベルトは，ベルトの取り回し上に制約があるため負荷あり背面プーリの巻き付け角が小さい場合や負荷の大きなファンなどの補機類をベルト背面で駆動する場合に使用される．

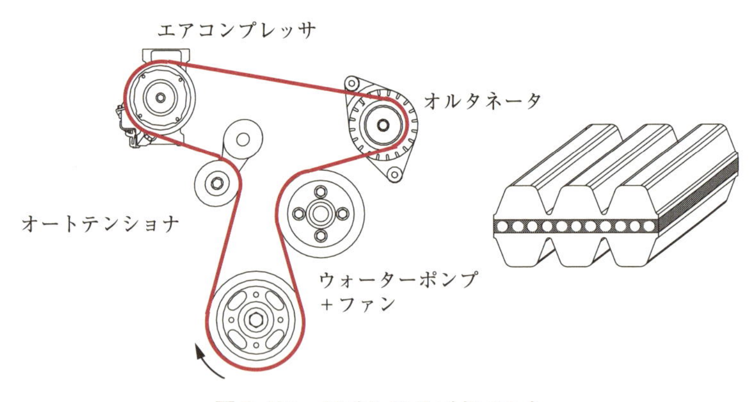

図2.104　ダブルVリブドベルト

2.11.13　自動車用エラステックVリブドベルト（図2.105）

従来使用されているVリブドベルトよりも縦弾性係数が低いベルトをエラステックベルトといい，低縦弾性係数を得るために心線は通常ポリアミド（ナ

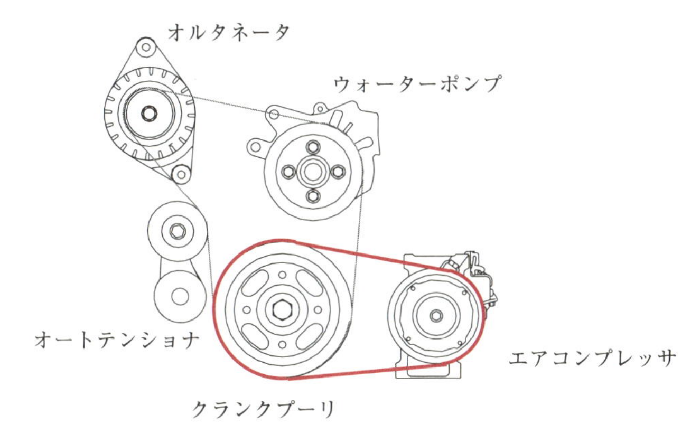

図 2.105 エラステックベルトを使用したレイアウト

イロン）などの素材が用いられる．このベルトは，専用治具などを用い，伸ばした状態で軸間固定レイアウトに取り付け，張力調整機構やその手間を省くことができ，比較的低負荷のウォーターポンプやエアコンプレッサなどの補機類駆動に用いられる．ただし，張力低下時に張り直しができないため取付張力の設定には注意を要する．

2.11.14 省エネ用ノッチドＶベルト（図 2.106）

通常のＶベルトに対して，ベルト曲げ剛性の低減を目的として，ベルト底部にノッチ（刻み目）を施したものをノッチドＶベルトという．曲げ剛性を

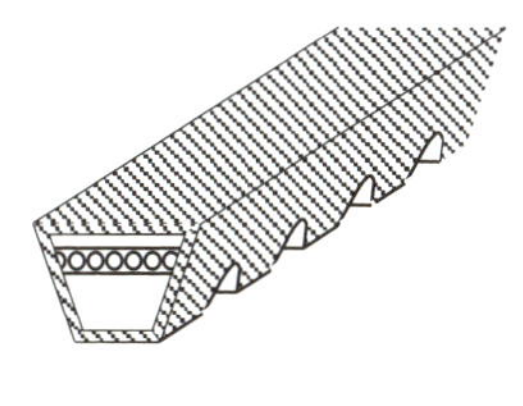

図 2.106 送風機に使用されている省エネノッチドベルト

低減することによりベルトの伝動効率が向上し，機械側損失（メカロス）が小さくなり，省エネ効果が得られる．また，現在使用しているVプーリをそのまま使用できることから，利便性も高い．なお，一般用Vベルト以外にも細幅Vベルトについても同様のものがラインナップされており，送風機などに使用されている．

第3章 歯付ベルト伝動の実用設計

歯付ベルトは，1940年代半ばに実用化された比較的新しいベルトではあるが，動力伝達とともに正確な回転伝達や位置決めも行えることから，自動車，自転車，OA機器，ロボット，工作機械，各種自動化機器など，各方面に幅広く使用されている．

本章では，歯付ベルトのかみ合いにかかわる基本的な挙動や耐久性などについて解説するとともに，歯付ベルトを選定する際の注意点や実際の使用例について述べる．

3.1 かみ合いと挙動

歯付ベルトは，かみ合い伝動であるため，滑りのない正確な回転伝達や位置決めが行える．その反面，回転むらや振動･騒音の発生，過負荷が生じたときの歯飛び（ジャンピング）現象などが発生しうる．本節では，歯付ベルトを正しく使用するため，かみ合いの基本と荷重分担について述べ，次に，歯飛び，回転むら，騒音とそれらの発生メカニズムや低減方法などについて概説する．

3.1.1 かみ合いの基本

(1) ベルトとプーリのかみ合い

図3.1に，歯付ベルトと歯付プーリのかみ合い状態を示す．いま，ベルトとかみ合うプーリのピッチ円はベルトのピッチ線と一致し，ピッチ線が，心線の中心線上にあると考えると，ベルトとプーリが円滑なかみ合い運動を行うための一般条件は，次のとおりである．

① ベルト歯ピッチ P_b とプーリ歯ピッチ P_p が等しい．

② ベルトとプーリのかみ合い始めとかみ合い終わりの位置（A），（B），（C），（D）において，干渉せずにかみ込み，そしてかみ合いが終わる．

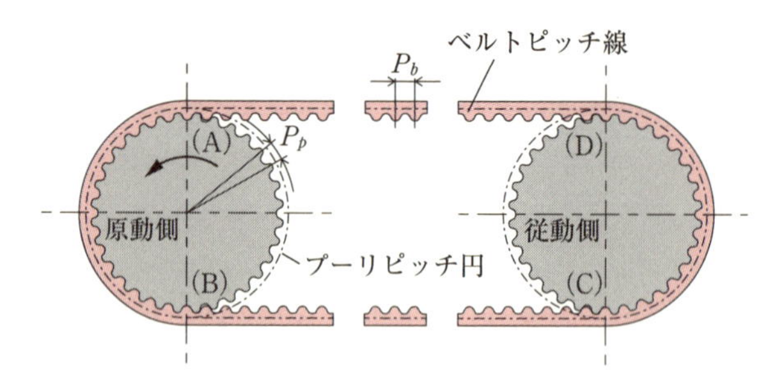

図 3.1　歯付ベルトとプーリのかみ合い状態

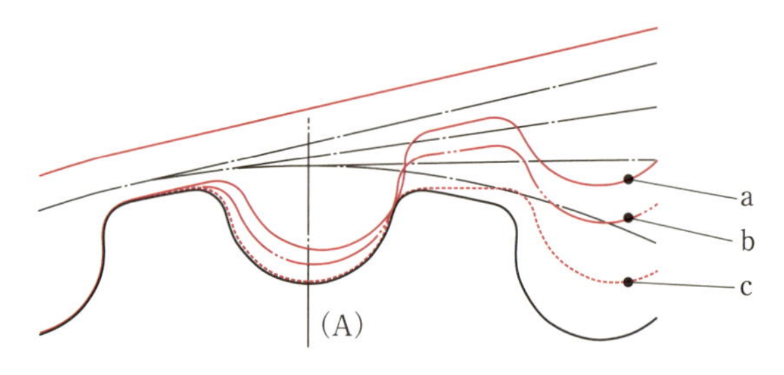

図 3.2　歯付ベルトのかみ合い軌跡

ベルトに張力が作用すると，心線とベルト歯は弾性体であるから，心線は伸び，ベルト歯はプーリの歯面に沿って変形する．そのため，①の条件をベルト全周にわたって満足させることは困難であるが，動力伝動用のベルトでは，一般に，$P_b < P_p$ になるように製作されている．P_b は，歯布厚さや心線直径によって決まる PLD（ピーエルディ）（ベルト歯底面から心線中心までの距離，図 3.43 参照）や心線の巻き張力（ベルト製造時に心線を金型に巻き付けるときの張力）の大きさなどによって決定される．また，P_p は，プーリの歯先円直径を変化させることにより調整できる．歯付ベルト伝動において，より重要な問題は，②で述べたような不完全かみ合い部におけるベルト歯とプーリ歯のかみ合い挙動である．

図 3.2 に，図 3.1 に示すかみ合い始め（A）におけるベルト歯とプーリ歯のかみ合い状態を示す．a のように，ベルト歯の歯先部がプーリの歯面に接触し始めてから，c で示すような完全なかみ合い状態に至るまでの，あるいは，逆に完全なかみ合い状態からかみ外れて行く間の両者のかみ合い干渉は，ベルト

寿命，回転むら，位置決め精度，振動・騒音などに大きな影響を及ぼす．

ベルトとプーリの歯形は，直線，円弧，インボリュート曲線，放物線などが組み合わされたいろいろな形状のものが考案され，スムーズなかみ合いが行われるように工夫されているが，ベルトが弾性体である限り，かみ合い干渉をまったくなくすことは困難である．しかし，適当なかみ合い干渉は，騒音を低減させる効果があることも確認されている．

(2) 取付張力と負荷トルク

歯付ベルトは，かみ合い伝動であり，理論初張力は存在しない．従って，ベルトをプーリに取り付ける際の張力は，取付張力と呼ばれる．平ベルトやVベルトと同様に，歯付ベルトも適切な張力で取り付けなければならない．前述したように，動力伝動用ベルトの歯ピッチは，一般に$P_b<P_p$となるよう製作されているので，適切な取付張力によりベルトが伸ばされてプーリ歯ピッチと一致するようになる．不適切な取付張力は，ベルト寿命を低下させ，振動・騒音を増大し，歯飛びを生じさせるなど，大きな不利益をもたらす．

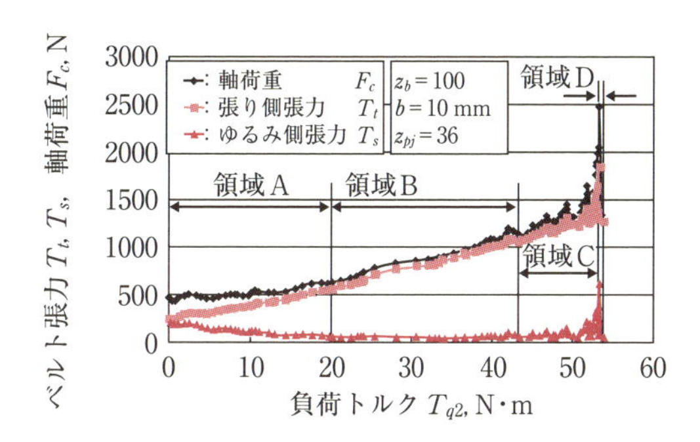

図 3.3　歯付ベルトの負荷トルクとベルト張力の関係

図 3.3に，負荷トルクとベルト張力の関係についての実験結果の一例を示す．縦軸に張り側張力T_t，ゆるみ側張力T_s，軸荷重F_c $(F_c=T_t+T_s)$を，横軸に負荷トルクT_{q2}を示す．実験条件は，プーリ歯数比1の2軸伝動で，ベルト歯数$z_b=100$，ベルト幅$b=10$ mm，プーリ歯数$z_{pj}=36$，取付張力$T_i=250$ N を一定とした．図より，ベルトの張力変化は4つの領域に分けることができる．まず，A領域ではT_{q2}の増加とともにT_tは直線的に増加し，それに伴って，T_sは直線的に減少する．この領域では，すべてのベルト歯とプーリ歯は，正常な状態でかみ合っている．本実験条件の場合，$T_{q2}=22.9$ N･m において計算上$T_s=0$ N になるが，トルク伝達は正常に行える．

次に，B 領域のT_{q2}＝20～40 N·m ではT_sが一定値で，T_{q2}の上昇とともにT_tだけが上昇する．この領域では，従動プーリのかみ合い始め部においてベルト歯がプーリ歯に浮き上がりを起こしながらかみ合い始めるようになる．すなわち，ベルトのピッチ線が徐々にプーリのピッチ円の外側にせり出すようになることによって張り側スパンのベルト伸びが吸収され，摩擦伝動ベルトでは不可能な高いトルク領域も伝達できることになる．

さらに，高トルクの C 領域になると，ベルト歯はプーリ歯に完全に乗り上がった状態でかみ合い始め，$\pi/2$ rad 近くまでは不完全なかみ合い状態になっている．T_sは一定値から少しずつ上昇し，T_tの上昇幅も大きくなる．最終的には，D 領域で歯飛び（ジャンピング）が生じ，ベルト歯がプーリ歯を 1 歯分乗り越える．負荷を継続するとこの状態が繰り返され，ベルトが早期に破損する．

図 3.3 の実験条件では，T_{q2}の増加に伴うT_tの増加とT_sの減少状況から判断して，トルクT_{q2}＝15 N·m 程度以下のトルクで使用するのが適当である．長時間でなければ，それ以上のトルク領域でも使用できるが，この場合，歯飛びトルクやベルト寿命の低下に十分注意する必要がある．

3.1.2　荷重分担

(1)　荷重分担の解析

ベルトの寿命，振動·騒音，回転むら，動力伝達効率などを検討する際，プーリ歯に巻き付いたベルトの各歯に作用する荷重，すなわち，荷重分担を知っておくことは，非常に重要である．このため，歯付ベルトの荷重分担解析については，種々の提案がなされてきたが，本項では FEM 解析により行う．本解析は 2 次元モデルとし，ベルトはゴム部と歯布部を平面ひずみ要素，心線をはり要素とし，プーリは剛体とした．

図 3.4 に，原動プーリかみ合い始め付近のベルト歯の応力分布を示す．解析条件は，公称ピッチ 8 mm，ベルト幅b＝20 mm，プーリ歯数z_{pj}＝32，ピッチ差ΔP_j＝−0.005 mm，取付張力T_i＝300 N，負荷トルクT_{q2}＝6 N·m である．ここで，ピッチ差とは，張力作用前のベルト歯ピッチP_bからプーリ歯ピッチP_pを差し引いた値である．また，j＝1 は原動側を，j＝2 は従動側を示す．そ

のほか，物理定数は**表 3.1**に示すとおりで，実際のベルト材質に近い値を使用した．図 3.4 より，プーリ歯と接触しているかみ合い始め付近のベルト歯に大きな応力が作用していることがわかる．

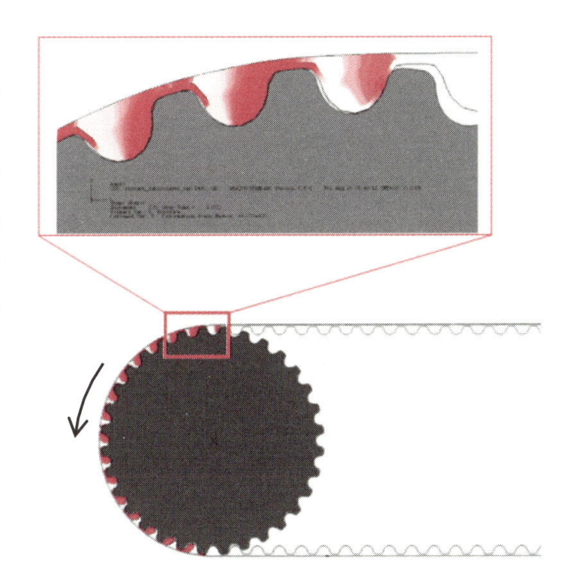

図 3.4　ベルト歯の応力分布

表 3.1　解析に使用した物理定数

名称と記号	数値
心線の縦弾性係数と断面積の積 ES，kN	320
ゴムの剛性率 G_R，MPa	16
ゴムのポアソン比 ν	0.49
ベルトとプーリ間の摩擦係数 μ	0.3

図 3.5 に，原動側と従動側の荷重分担解析結果を示す．解析条件は，図 3.4 と同様である．横軸はベルトの歯番号 k を示し，$k=1$ がかみ合い始め，$k=17$ がかみ合い終わり時である．縦軸は，各歯に生じる荷重を示す．赤い実線は 1 歯当たりのベルト歯荷重 F_{tk}を，破線は 1 ピッチ当たりの摩擦力 F_{fk} を示す．黒い実線は，1 ピッチ当たりの伝達力 $F_{Lk}=F_{tk}+F_{fk}$ である．

図 3.5 より，プーリに巻き付いた全ベルト歯で伝達力を分担していることがわかる．このことが，歯車やチェーンと同様な伝達能力が得られる要因である．原動側と従動側の F_{fk} は，原動側ではプーリがベルトを回転させようとするため，また，従動側ではベルトがプーリを回転させようとするため，ベルト走行方向とは逆方向に作用する．このため，原動側での F_{fk} は動力伝達に寄与しないが，従動側での F_{fk} はそれに大きく寄与することになる．その結果，従動側と比較して原動側かみ合い始めの F_{tk} が大きくなる．

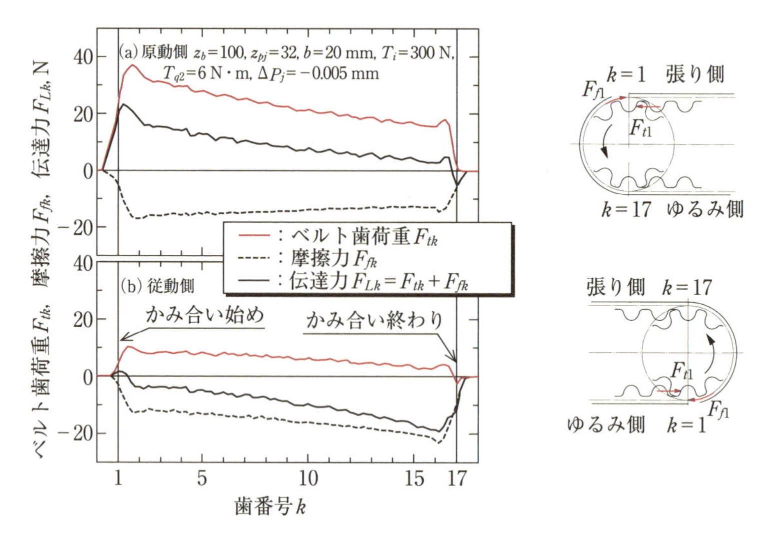

図 3.5　原動側と従動側の荷重分担解析結果

(2)　歯荷重に及ぼす各因子の影響

ベルトの寿命や回転むらは，かみ合い始めとかみ合い終わりのベルト歯荷重 F_{tk} が大きく影響する．当然，これらの F_{tk} が小さいほどベルト寿命は延び，回転むらは低減でき有利である．F_{tk} の大きさは，取付張力 T_i，ピッチ差 ΔP_j，心線の縦弾性係数とその断面積の積 ES，ベルトとプーリ間の摩擦係数 μ などの因子に影響される．

図 3.6 に，T_i，ΔP_j，ES，μ が原動側と従動側のかみ合い始めの F_{t1} とかみ合い終わりの F_{t17} に及ぼす影響を示す．解析には，表 3.1 の物理定数を使用し，負荷トルクは T_{q2}＝6 N·m 一定とした．その他の解析条件は，図中に示す通りである．

図 3.6 より，取付張力 T_i は小さく設定するほどかみ合い始めの F_{t1} は小さくなるが，3.1.1 項で述べたように，ゆるみ側でベルト歯がプーリ歯上に浮き上がりを生じる．したがって，浮き上がりが生じないように最適な取付張力を設定すべきである．ピッチ差 ΔP_j は，原動側と従動側における F_{t1} をそれぞれ小さくできる適切な設定領域が存在する．ES は，大きく設定することによりベルトの伸びが抑えられるため，かみ合い始めの F_{t1} を小さくすることができ

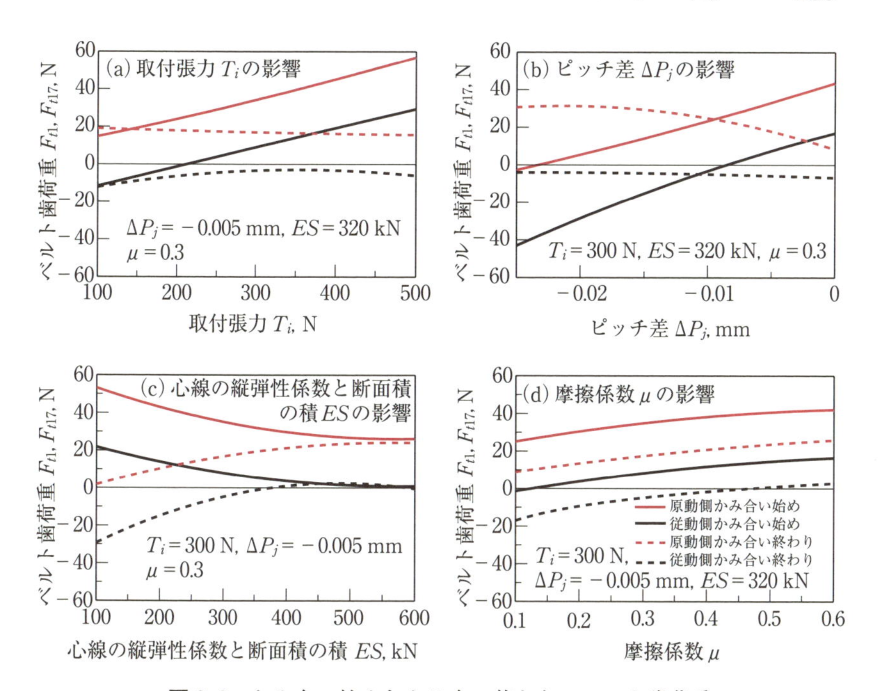

図 3.6 かみ合い始めとかみ合い終わりのベルト歯荷重

る．ベルトとプーリ間の摩擦係数 μ は，小さくすることによりかみ合い始めとかみ合い終わりの F_{tk} が小さくなる．

3.1.3 歯飛び

取付張力不足や予期せぬ過負荷が原因で，ベルトのゆるみ側から張り側に向けてベルト歯がプーリ歯に乗り上がり，一瞬の間に隣のプーリ歯溝に移動する現象が発生する場合がある．摩擦伝動ベルトの移動滑りに相当するこのような現象を歯飛び（ジャンピング）という．歯飛びが発生すると，ベルト歯のせん断破壊や心線破断など，ベルトの早期損傷の原因となるほか，装置にも過大な負担を強いることになる．したがって，歯飛びが発生するような設計は基本的に避けなければならない．

(1) 歯飛びの挙動

一般に，プーリ歯数比が 1 の場合，歯飛びは従動プーリで発生する．負荷ト

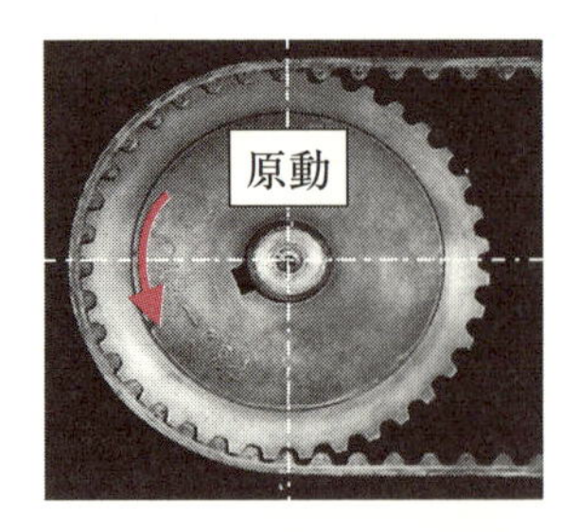

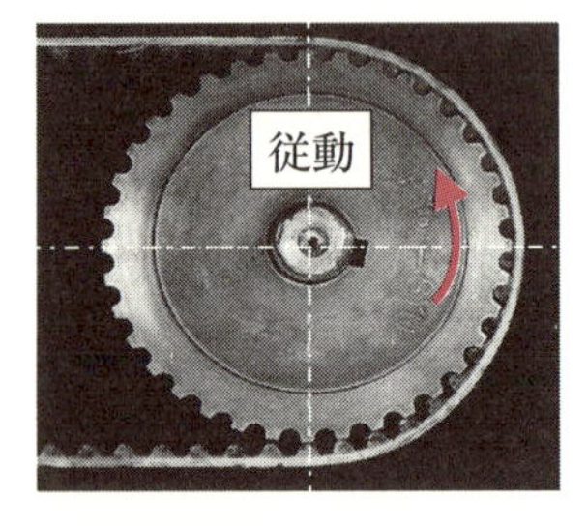

図 3.7　従動プーリ歯飛びの様子

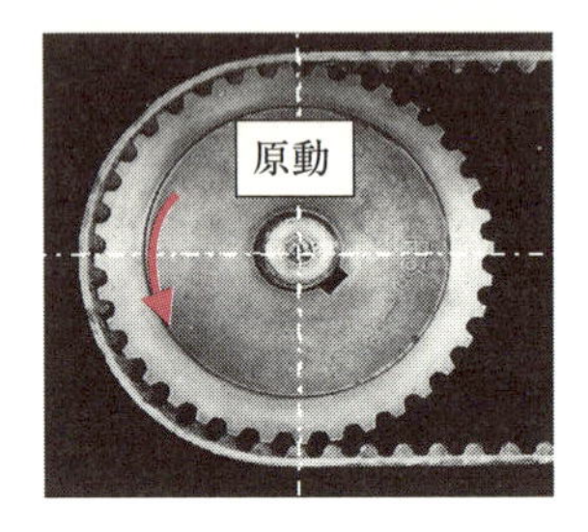

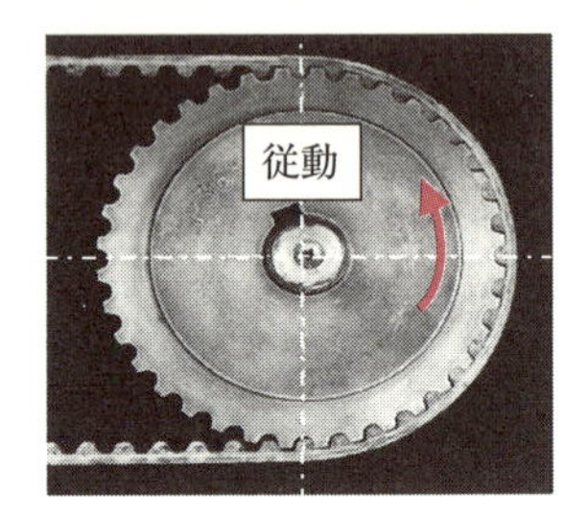

図 3.8　原動プーリ歯飛びの様子

ルクが大きくなると，張り側ベルトの伸びや装置の変形がゆるみ側ベルトの収縮だけでは吸収できなくなり，ゆるみ側ベルトが従動プーリの歯に浮き上がる．この現象がさらに進行すると**図 3.7** の実験結果のようなかみ合い状態になり，最終的には歯飛びに至る．

図 3.8 の実験結果のように，ベルトの走行速度に比べて負荷が極めて急激に作用する場合や，慣性力が大きい装置の起動時に，稀に原動プーリで歯飛びが発生することがある．この場合もベルトのプーリ歯への浮き上がりは，ゆるみ側から発生し，ベルトの走行方向と逆行して張り側に進行する．

(2)　歯飛びの抑制方法

歯飛びを抑制するには，下記対策例①～⑩に示すように，ベルトがプーリ中心に向かう半径方向力を高める必要がある．

① 取付張力を大きくする
② 機械の剛性を高くする
③ ベルトの縦弾性係数を大きくする
④ ベルト歯の剛性を高くする

⑤ ベルト歯を高くする
⑥ プーリ歯数を多くする
⑦ 軸間距離を短くする
⑧ アイドラなどを使用し，巻き付け歯数を増やす
⑨ ゆるみ側にテンショナを使用する
⑩ プーリとベルト間の摩擦係数を小さくする

3.1.4　回転むら

歯付ベルトの大きな特徴は，正確な回転伝達や位置決めが行える点にある．この特徴を生かして歯付ベルトは，自動車用 OHC エンジンのカム軸駆動，ウエハー搬送用ロボットアームやシリアルプリンタの印字ヘッドの位置決め，CT スキャナのカメラ駆動などの回転伝達用に使用されている．

しかしながら，歯付ベルトは弾性体によるかみ合い伝動であるため，使用条件によっては回転むらを生じる．回転むらは，原動プーリの回転に伴う不完全かみ合い部でのベルト歯とプーリ歯の接触状態の変化やスパン間での張力変動により発生するものと考えられている．

回転むら $\Delta\theta$ は，原動側の回転角に対する従動側の進みまたは遅れ角と定義し，次式のように表される．

$$\Delta\theta=\theta_{p2}-(z_{p1}/z_{p2})\,\theta_{p1} \tag{3.1}$$

ここで，θ_{p1}：原動側のプーリ回転角，θ_{p2}：従動側のプーリ回転角で，z_{p1}：原動側のプーリ歯数，z_{p2}：従動側のプーリ歯数である．

(1)　無負荷時の回転むら

図 3.9 に，負荷トルク T_{q2} が作用していない場合の回転むら $\Delta\theta$ の実験結果を示す．実験条件は，取付張力 $T_i=600$ N，ベルト歯数 $z_b=100$，プーリ歯数 $z_{pj}=22$，ベルト幅 $b=20$ mm，ピッチ差 $\Delta P_j=-0.001$ mm，公称ピッチ 8 mm の円弧歯形である．図より明らかなように，周期的な $\Delta\theta$ は生じていない．これは，原動側ならびに従動側のプーリ歯数とピッチ差が同一で，T_{q2} が作用しない無負荷の場合，原動側と従動側のかみ合い始め同士ならびにかみ合い終わり同士のベルト歯とプーリ歯の接触状態が同一であるためである．しかし，回転比が 1 でない場合や原動側と従動側のピッチ差に差異がある場合は，

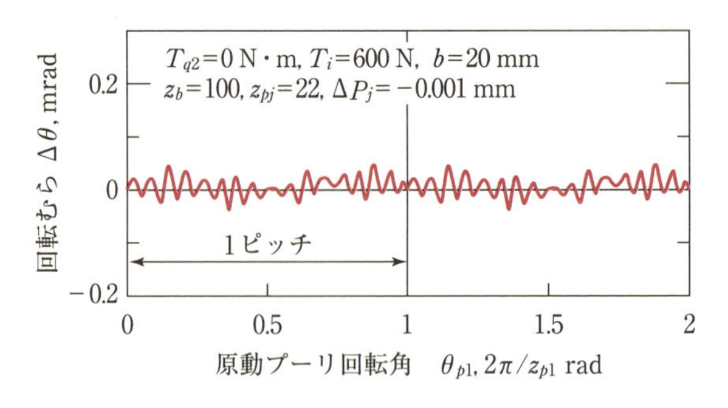

図 3.9　無負荷時の回転むら

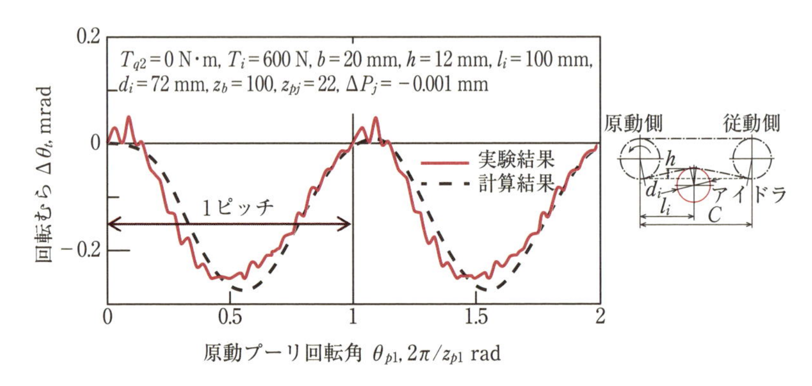

図 3.10　無負荷でアイドラ使用時の回転むら

T_{q2}=0 N·m であっても不完全かみ合い部の接触状態が異なるため，1ピッチ周期の回転むら $\Delta\theta_t$ は発生する．

歯付ベルトは，アイドラを使用する場合も多い．**図 3.10** に示すように，図 3.9 の実験条件下で直径 d_i のアイドラを使用した場合，T_{q2}=0 N·m であっても1ピッチを周期として $\Delta\theta_t$ は明瞭に発生する．これは，不完全かみ合い部のかみ合い状態が異なるためである．なお，アイドラの直径やその取付位置，ベルト背面の厚さむらによる接触状態の変化は，回転むらに影響する．

(2) 負荷時の回転むら

図 3.11 に，負荷トルク T_{q2}=5.2 N·m が作用した場合の回転むらの実験結果と計算結果を示す．実験条件は，図 3.9 と同様である．計算は，FEM 解析により行った．図より，T_{q2} が作用すると明瞭に1ピッチ周期の回転むら $\Delta\theta_t$

が生じる．これは，T_{q2} の作用により，原動側と従動側のかみ合い始めならびにかみ合い終わりのベルト歯とプーリ歯の接触状態が1ピッチ毎に変化したことによる．

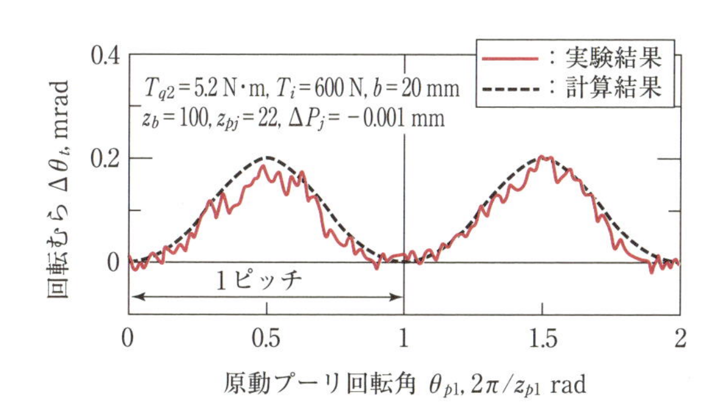

図 3.11　負荷作用時の回転むら

負荷トルク作用時の $\Delta\theta_t$ は，取付張力 T_i，ピッチ差 ΔP_j などにより発生量が変化する．一例として，**図 3.12** に，T_{q2} を一定としたときの $\Delta\theta_t$ に及ぼす T_i の影響を示す．T_i=300 N 以下になると，従動側かみ合い始めでベルトの浮き上がりが発生し $\Delta\theta_t$ は大きくなる．350 N 以上の取付張力では，原動側での浮き上がり量は減少するが接触量が大きくなるために $\Delta\theta_t$ が大きくなる．

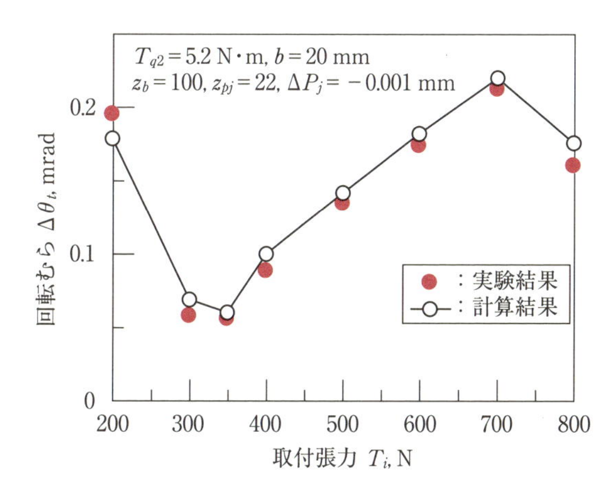

図 3.12　回転むらに及ぼす取付張力の影響

以上の結果より，T_{q2} が作用するときの $\Delta\theta_t$ は，浮き上がりを起こさない程度に T_i を小さくすることにより低減させることができる．そのほか，T_{q2} が大きくなるほど，また，原動側と従動側のピッチ差の差異が大きくなるほど，$\Delta\theta_t$ は大きく発生することになる．

負荷トルク作用時の $\Delta\theta_t$ を低減する方法の一つとして，はすば歯付ベルトの使用が有効である．**図 3.13** に，はすば歯付ベルトのねじれ率 γ_r と $\Delta\theta_t$ の関係を示す．ここで，γ_r は，ねじれ角を γ としたとき，ねじれ量をベルト歯ピッチ P_b で除した値とし，$\gamma_r=(b \tan\gamma)/P_b$ で表す．実験に使用したはすば歯付ベ

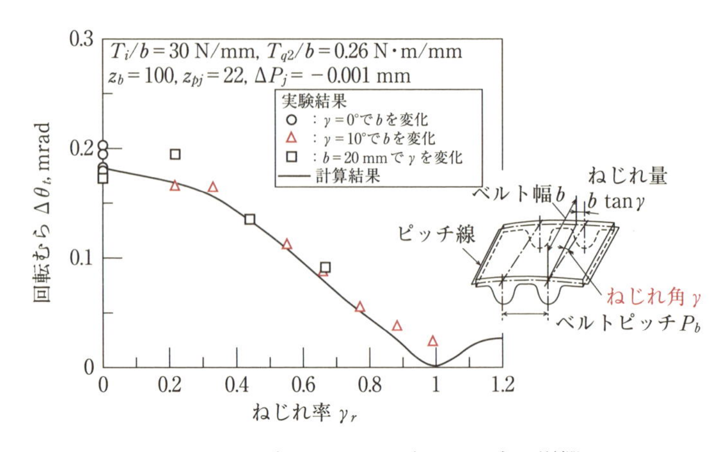

図 3.13　回転むらに及ぼすねじれ率の影響

ルトは，すぐば歯付ベルトに対してねじれ角γとベルト幅bのみを変化させた．図より，$\gamma_r=0$となるすぐば歯付ベルトにおいて$\Delta\theta_t$は最大となり，$\gamma_r=1$となるねじれ量がP_bに等しいとき，$\Delta\theta_t$はほとんど発生しない．なお，計算結果は，極細幅のすぐば歯付ベルトが多数ヘリカル方向に配列されているものと仮定し，荷重分担計算を行うことによって求めた．

(3) ベルトとプーリの製作精度による回転むら

図 3.14 に，歯付ベルトとプーリの製作精度による回転むらの測定結果の一例を示す．実験条件は図中に示すとおりである．プーリ1回転周期の回転むら$\Delta\theta_p$と，ベルト1周周期の回転むら$\Delta\theta_b$が明瞭に現れている．

$\Delta\theta_p$と$\Delta\theta_b$は，負荷トルクが作用する場合に発生する1ピッチ周期の回転むら$\Delta\theta_t$と比較しても極めて大きい．$\Delta\theta_p$は，プーリの偏心や面振れなどの加工精度に起因すると考えられ，両プーリの偏心をできるだけ相殺するようにプーリ偏心位置を設定すれば低減することができる．$\Delta\theta_b$は，ベルトのPLDの変化および累積ピッチ誤差，ベルト幅方向の心線数の差異（縦弾性係数の変化）などにより発生したものと考えられる．$\Delta\theta_b$の低減策の一つとして，ベルトを2本掛けにし，それぞれの$\Delta\theta_b$の振幅を相殺する方法がある．

(4) 正逆回転時の回転むら

図 3.15 に，原動プーリを正逆回転させた場合の回転むらの実験結果を示す．

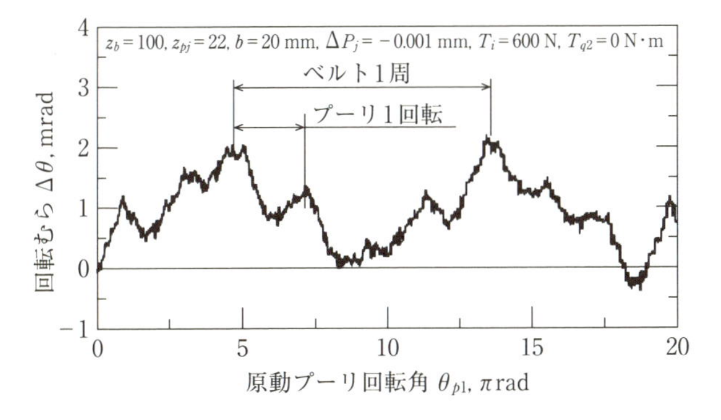

図 3.14 ベルトとプーリの製作精度による回転むら

時間 t=140 s 程度まで正回転させ，プーリを 10 s 間停止させたのち逆回転させた．赤い円で示す部分が，逆回転時の回転むら $\Delta\theta_R$ である．これは，両プーリのピッチ差の差とバックラッシにより生じたものと考えられる．$\Delta\theta_R$ は，$\Delta\theta_b$ 程度であるが，両プーリの外径を精度よく管理することによりさらに低減できる．なお，プーリを正逆回転させることにより，ベルトが軸方向に移動する片寄り現象が発生することがある．このとき，ベルトがプーリフランジに接触するためベルト側面の加工精度にも注意が必要である．

(5) スパン共振時の回転むら

スパンは，ベルトの横振動固有振動数 f_b がベルト歯とプーリ歯のかみ合い

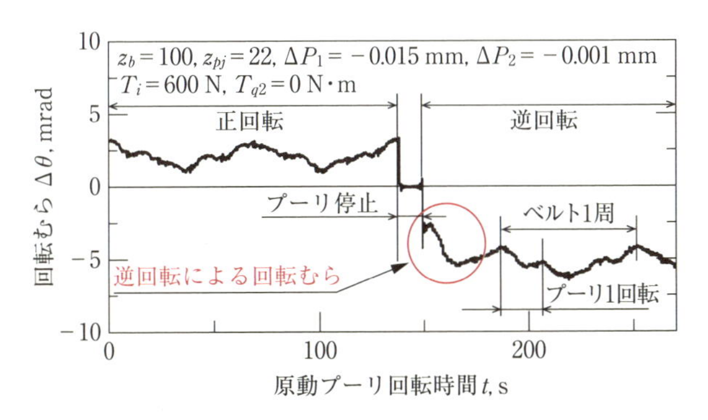

図 3.15 正逆回転時の回転むら

周波数 f_z に近づいたとき共振する．このことによって発生する回転むらについて，概説する．

図3.16 に，共振時の上下スパンの変位 y_U，y_L と回転むら $\Delta\theta$ の実験結果の一例を示す．ベルトは，ピッチ $P_b=8$ mm，幅 $b=20$ mm，歯数 $z_b=100$ の円弧歯形である．プーリは歯数 $z_{pj}=22$ で，プーリ速度比は 1：1 である．実験条件は，取付張力 $T_i=314$ N，原動プーリ回転数 $n_1=216$ min^{-1} で，負荷トルクは作用していない．図中の y_U と y_L は，上下スパン中央における変位を示し，レーザー変位計で測定した．図より，共振時の $\Delta\theta$ は，1 ピッチ周期の回転むら $\Delta\theta_t$ と 1/2 ピッチ周期の回転むら $\Delta\theta_{t/2}$ が合成されて発生していることがわかる．これは，共振が発生した場合，上下スパンの凹凸により，プーリ 1 ピッチを周期とする張力変動と 1 ピッチに 2 回のスパン長さの変化が生じることによる．

図3.17 に，共振時の回転むらに及ぼす取付張力の影響を示す．使用したベルトとプーリならびに実験条件は図 3.16 と同様であり，取付張力 T_i を順次変化させた．縦軸は，$\Delta\theta_t$ と $\Delta\theta_{t/2}$ の全振幅を示す．図より，f_b が f_z に最も近づく $T_i=310$ N 付近で，$\Delta\theta_t$ と $\Delta\theta_{t/2}$ は最大になることがわかる．共振は，3.1.5 項に述べるとおり，ベルト張力，スパン長さならびにベルトの単位長さあたり

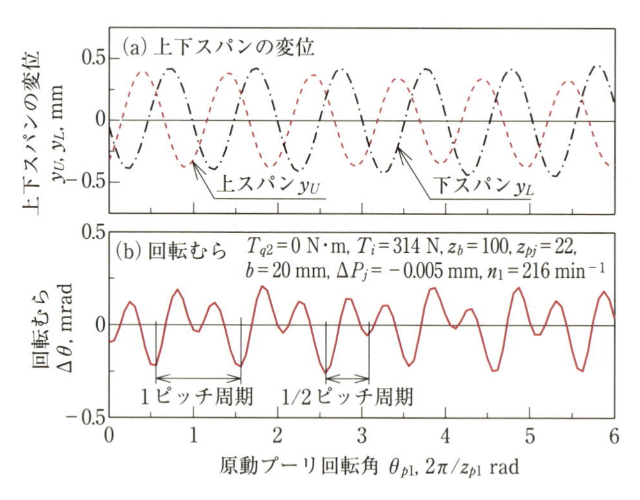

図3.16　共振時の回転むらとスパン変位の実験結果

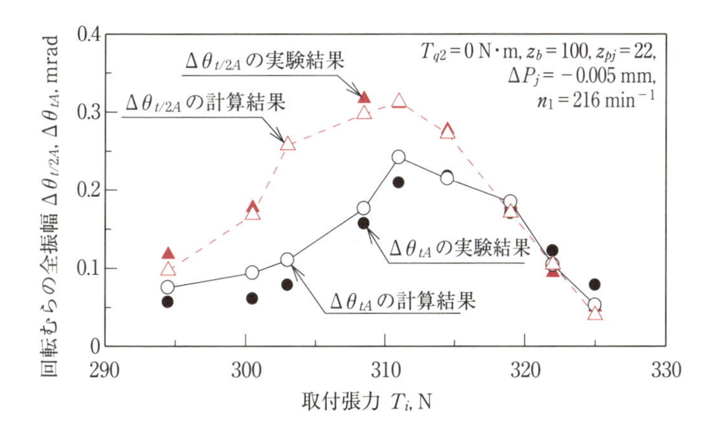

図 3.17 回転むらの全振幅に及ぼす取付張力の影響

の質量により定まる f_b が，プーリ歯数とその回転数により定まる f_z に近づくと発生する．したがって，正確な回転伝達が要求される機器に歯付ベルトを使用する場合，これら5つの因子の内，一つを変化せることによって共振を避けることができる．

図 3.18 に，図 3.16 に示した T_i 近傍の $\Delta\theta$ の周波数分析結果を示す．横軸に $\Delta\theta$ の周波数 $f_{\Delta\theta}$ を，縦軸に $\Delta\theta$ の振幅 $A_{\Delta\theta}$ を示す．$f_z=80$ Hz のとき $\Delta\theta_t$ が発生し，$2f_z=160$ Hz のとき $\Delta\theta_{t/2}$ が発生していることがわかる．しかし，$3f_z$ の場合，$A_{\Delta\theta}$ は $2f_z$ と比較して 1/30 倍，$4f_z$ の場合は 1/10 倍である．このことより，3 次以上の $\Delta\theta$ は非常に小さく無視してよい．また，共振をなくすためには，上下スパンの中央にアイドラを軽く接触させると非常に効果的であることが確認されている．

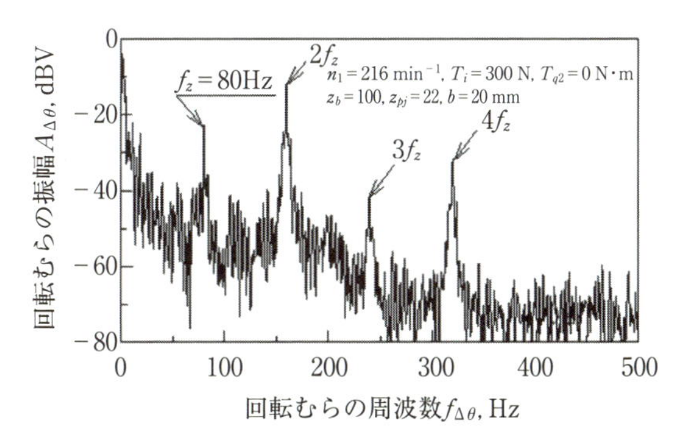

図 3.18 共振時における回転むらの周波数分析結果

3.1.5 騒音

歯付ベルトは，信頼性・寿命とともに高速運転時の騒音が常に問題視されてきた．しかし近年，ベルトとプーリの歯形形状や材質の最適化などを行うことにより騒音の大幅な低減がなされてきた．ここでは，一定のベルト張力が作用した定常走行時の歯付ベルト伝動の騒音について解説する．

(1) 騒音の特徴

歯付ベルトの騒音は，プーリ歯とベルト歯がかみ合う際のかみ合い衝撃音とベルトの弦振動音が支配的であることが確認されている．かみ合い衝撃音は，ベルトの張り側が原動プーリにかみ込んでいく際に，ベルト歯底部がプーリ歯頂部に衝突することによって引き起こされる音である．弦振動音は，ベルトが横振動することによって引き起こされる音である．そのほか，フランジこすれ音，歯のかみ合い摩擦音，ベルト風切り音などがある．

(a) かみ合い衝撃音

図3.19に，歯付ベルトと歯付プーリならびに平ベルトと歯付プーリを組み合わせた場合の音圧波形とその周波数分析結果を示す．いずれの場合も，ベルト幅は $b=20$ mm，プーリ歯数は $z_{pj}=32$，取付張力は $T_i=200$ N，プーリ回転数は $n_1=2\,595\ \mathrm{min}^{-1}$ である．負荷トルクは作用させていない．図（a）は，H8Mの歯付プーリにH8Mの歯付ベルトを巻き付けた場合である．ベルト歯とプーリ歯がかみ合うたびに衝撃的な騒音が発生し，音圧はある一定の周波数で減衰している．周波数分析結果より，この減衰固有振動数 f_d はかみ合い周波数 $f_z=1\,384$ Hz の5倍に相当し，$f_d=6\,920$ Hz であることがわかる．

図（b）は，駆動側にH8Mプーリを，従動側に平プーリを用い，平ベルトを巻き付けた場合である．プーリ1ピッチの周期で衝撃音が現われ，図（a）と同じく $f_d=6\,920$ Hz の周波数で減衰している．平ベルトの場合，歯付ベルトよりもかみ合い衝撃音がより明瞭に観察され，減衰固有振動数も明確に測定できる．これらの図からわかるように，両者の騒音の基本的な性質は同一と考えてよい．ただし，図（a）の音圧波形は，図（b）と比較してかみ合い衝撃があまり明瞭でない．これは歯付ベルトが歯付プーリにかみ合う際，ベルト歯とプーリ歯が干渉し，ベルト歯底がプーリ歯先部に直接衝突しないことによる．

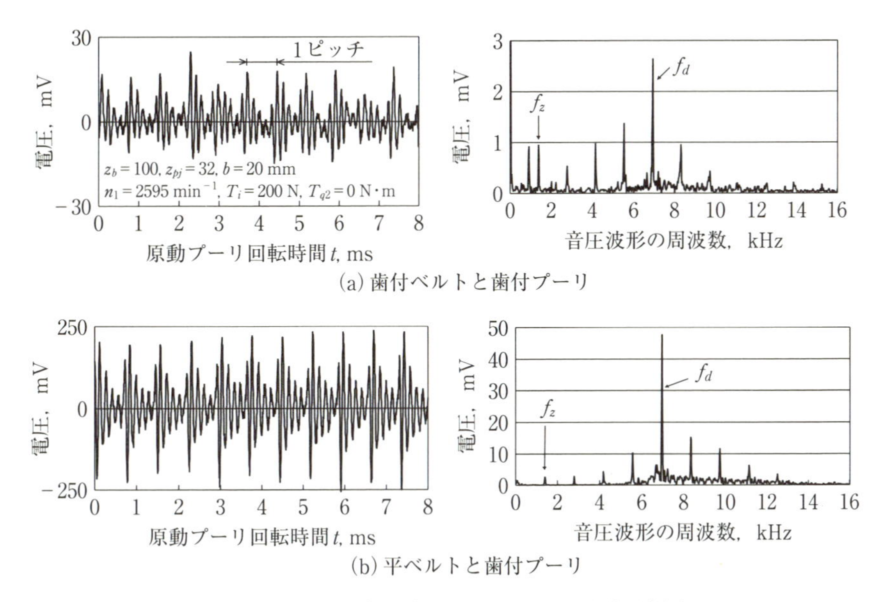

図 3.19　ベルト騒音の音圧波形とその周波数分析結果

図 3.20 に，歯付プーリと平ベルト，歯付プーリと歯付ベルト，平プーリと歯付ベルトをそれぞれ組み合わせ，それらの間で形成される空気柱の長さ（ベルト幅）とベルトの減衰固有振動数の関係を示す．減衰固有振動数はベルトとプーリの種類による組み合わせには無関係で，ベルト歯溝やプーリ歯溝で形成される空気柱の長さによって定まる．× 印はベルトとプーリ間の気柱断面積にほぼ見合った直径 3 mm のストローを開管として共鳴させた場合の実験結果である．ストローの共鳴周波数はベルトの減衰固有振動数とよく一致している．

プーリ歯溝とベルトあるいはベルト歯溝とプーリ間で形成される空気柱を開管と考えた場合，気柱の基本固有振動数 f_a は，次式で表される．

$$f_a=\frac{v_m}{2(l_a+2l_c)} \tag{3.2}$$

ここで，v_m：音速，l_a：空気柱の長さ，l_c：開口端の補正である．図中の赤い実線は，$v_m=334$ m/s，$l_c=0.6\,r_a$，$r_a=1.5$ mm とした場合の計算結果で，r_a は空気柱の半径である．

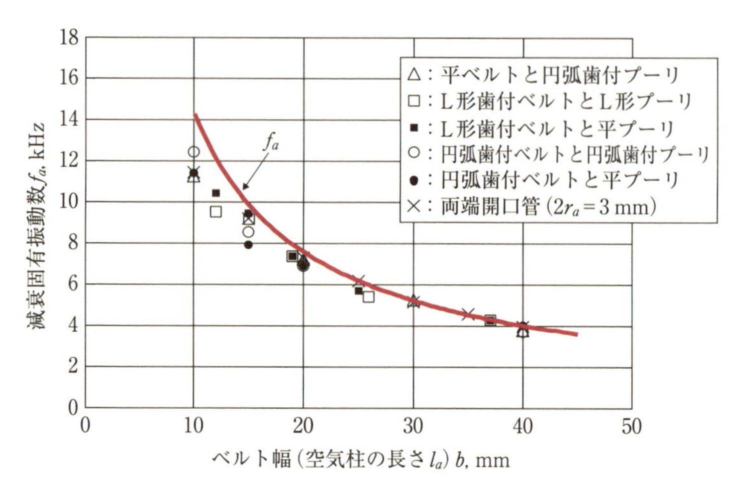

図 3.20　ベルト幅と減衰固有振動数との関係

これらの結果より，歯付ベルト伝動装置の騒音は，ベルトがプーリに衝突する際に発生し，その減衰固有振動数はプーリ歯溝とベルトで形成される空気柱を開管と考えた場合の基本固有振動数であると考えてよい．

(b) 弦振動音

一般に，プーリが回転していないとき，すなわち，ベルトが静止中のスパンの横振動固有振動数 f_b は弦振動として取り扱うことができ，式（2.141）で表される．しかし，ベルトが走行しているとき，かみ合い状態が変化するため，f_b が異なる．

図 3.21 に，ベルト走行時における取付張力 T_i の変化に伴う f_b の実験結果を示す．使用したベルトは H8M で，歯数 z_b＝100，原動と従動プーリの歯数 z_{pj}＝22，スパン長さは理論上 l＝312 mm である．図中にプロットしたベルト走行中の f_b は，T_i 設定時に最もスパンが共振するようにプーリ回転数 n_1 を調整し，そのときのスパン中央の 1 次振動を周波数分析することにより得られた値である．一点鎖線は，式（2.141）より求めたベルト静止中の f_b を示す．図より，ベルト走行中の横振動固有振動数 f_b は，式（2.141）に弦振動修正係数 K_f を導入することにより，次式で表すことができる．

$$f_b = \frac{n}{2l}\sqrt{K_f T_i / m} \tag{3.3}$$

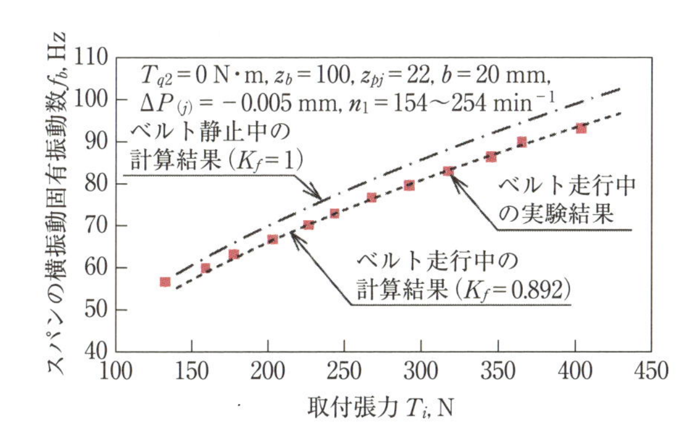

図 3.21 ベルト走行時の T_i と f_b の関係

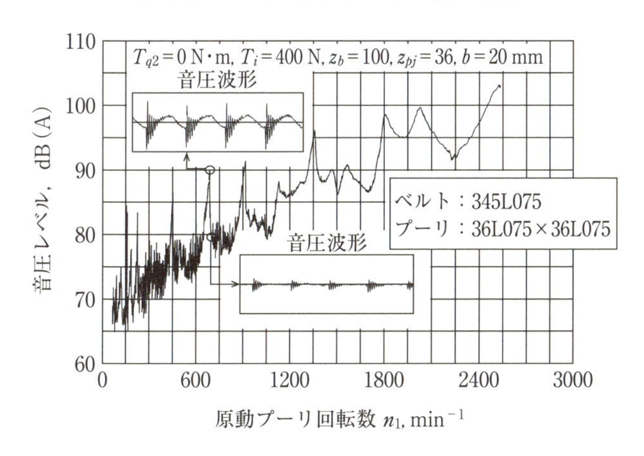

図 3.22 台形歯形歯付ベルトの音圧レベルとプーリ回転数との関係

ここで，n：振動の次数，l：スパン長さ，m：ベルトの単位長さあたりの質量である．図 3.21 の破線の f_b は，$K_f=0.892$ とした場合の計算結果である．図より，ベルト走行中の f_b は，静止中のそれよりも 5%程度低い値となることがわかる．この走行中の f_b とかみ合い周波数 $f_z=z_{p1}n_1/60$ の整数倍が一致すると，スパンは共振を起こし，大きな弦振動音が発生することになる．

図 3.22 に，台形歯形歯付ベルトの音圧レベルとプーリ回転数の関係を示す．ベルト幅は $b=20$ mm，取付張力 $T_i=400$ N で無負荷である．音圧レベルは，ベルトの各モードの横振動固有振動数とかみ合い周波数が共振する回転数でピーク値をとりながら，回転数の増加とともに上昇する．

図3.22の図中に，3次の共振時の音圧波形とそれよりわずかに高速の非共振時の音圧波形を示す．共振時は，ベルト横振動のために，ベルトがプーリ歯に衝突する速度が大きくなるので，かみ合い衝撃音が大きくなり，それに大きな弦振動音が上乗せされることになる．また，共振時の騒音は，点音源ではなく，張り側ベルト全長にわたっての弦振動による線音源となる．ただし，かみ合い衝撃音は，ベルト張り側かみ合い始め部のプーリ歯溝から発生しており，これは非共振時と同様である．すなわち，共振時の騒音はベルト全長から放射されるベルト横振動固有振動音と大きなかみ合い衝撃音からなり，非共振時騒音と本質的な差はない．

(2) 騒音の低減方法

一般に，歯付ベルト伝動の騒音対策としては，前述のかみ合い衝撃音と弦振動音の発生を防止すればよいことになる．かみ合い衝撃音低減の方策は，気柱の急激な形成を妨げればよい．例えば，

① 台形歯形から円弧歯形に変更する
② 取付張力を変更して歯のかみ合い状態を変える
③ ベルト幅を細くして複数本掛けにする
④ はすば歯付ベルトを使用する

などである．①，②，④は同じ発想に基づいている．

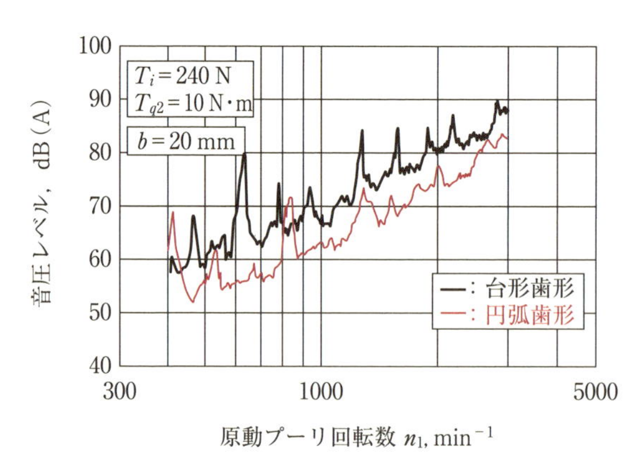

図3.23　台形歯形歯付ベルトと円弧歯形歯付ベルトの騒音レベルの比較

図3.23に，ベルト幅 b=20 mm の台形歯形歯付ベルトと円弧歯形歯付ベルトの騒音レベルと回転数との関係の一例を示す．台形歯形歯付ベルトの騒音レベルは，円弧歯形歯付ベルトのそれより5 dB程度高い．これは，台形歯形の場合，円弧歯形よりもベルト

歯とプーリ歯溝間の空隙が大きく，また，かみ合い時の衝撃の度合いが大きいので気柱共鳴音が発生しやすいことによるものと考えられる．

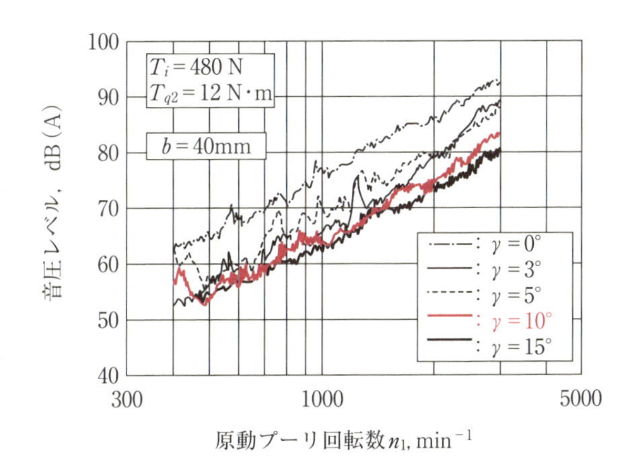

図 3.24 騒音レベルに及ぼすねじれ角 γ の影響

図 3.24 に，ベルト幅 b=40 mm のはすば歯付ベルトと従来の歯付ベルト（すぐば歯付ベルト）の騒音レベルを示す．すぐば歯付ベルトとはすば歯付ベルトの騒音レベルの差は，ねじれ角 γ=10° 以上では 10 dB（A）以上ある．はすば歯付ベルトの場合，ベルトとプーリのかみ合いはベルトの一方の端面から他方へプーリの回転に伴い順次移動していくので，気柱が急激に形成されることがなく，かみ合い衝撃音が小さい．また，共振による騒音レベルの上昇は，図 3.23 と比較して，ベルト幅が広い方が小さくなる傾向が見られる．

図 3.25 に，ベルトを複数本掛けしたことによる騒音低減の一例を示す．幅 40 mm のベルトを 1 本使用した場合の騒音レベルと比較して，20 mm のベル

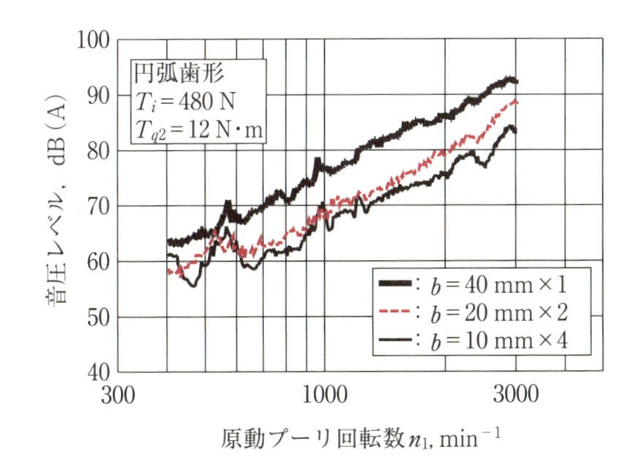

図 3.25 複数本掛けによる騒音低減の一例

トを2本掛けた場合，騒音レベルは8 dB程度，10 mm幅のベルトを4本掛けた場合，騒音レベルは10 dB程度低下している．

弦振動音を防止するには，取付張力やプーリ回転数，ベルト長さ，ベルト幅，プーリ歯数などを適宜変更し，ベルトの横振動固有振動数とかみ合い周波数との共振を避けることである．また，アイドラの使用も有効である．

3.2 ベルト選定の考え方

近年，歯付ベルトの主流となっている円弧歯形歯付ベルトは，従来の台形歯形歯付ベルトに対し，各基本性能が向上したことで伝動容量を高く設定しており，よりコンパクトな設計が可能となっている．

歯付ベルトの選定に際して，使用する伝動容量や負荷補正係数は，台形歯形歯付ベルトではJISK6372を基本としているのに対し，円弧歯形歯付ベルトでは，ベルトメーカー各社独自の評価基準により決定されている．しかし，選定方法の基本的な考え方は歯形形状にかかわらず同様である．

本節では，歯付ベルトの選定における考え方について述べる．

3.2.1 ベルト選定方法

ベルトの選定は，ベルトの伝動容量が伝達しようとする動力に適切な負荷補正係数を乗じた設計動力を上回るようにする必要があり，**図3.26**に示すように，以下の手順に沿って行われる．

① 必要な条件の確認

② 設計動力の決定

③ 選定表からベルトタイプ選定

④ ベルト長さ，プーリ歯数の決定

⑤ ベルト幅の決定

ここで，手順②の設計動力の決定を行うためには，より発生負荷に即した選定を行う必要がある．このため，ベルトの選定は，次に示す3項目の内いずれかの方法により行う．

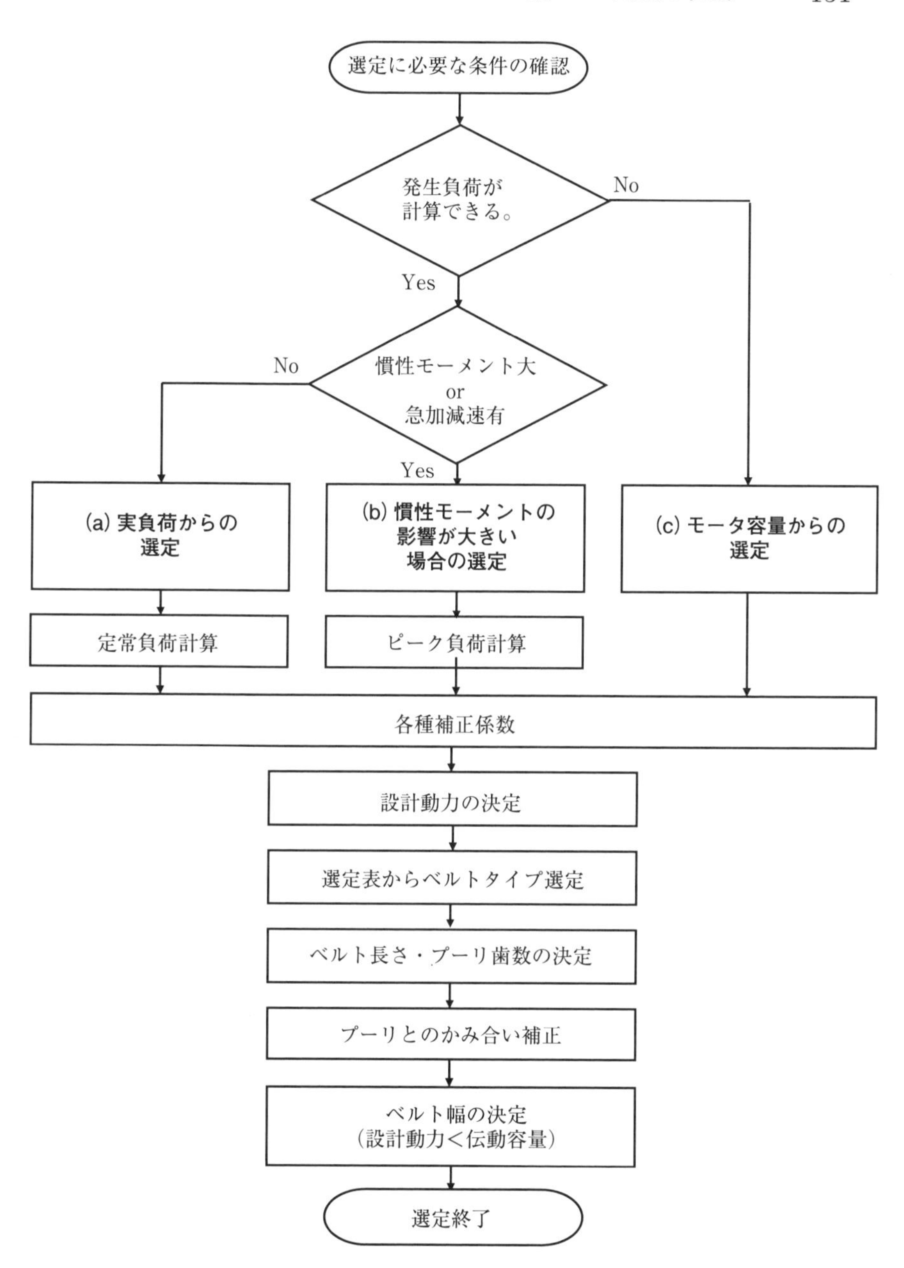

図 3.26　歯付ベルトの選定手順

(a) 実負荷からの選定

起動停止や負荷変動が少ない場合，実負荷から選定を行う．この方法において，運転条件が複数ある場合は回転数と負荷の組み合わせで最大動力となる条件でベルトを選定する必要がある．

(b) 慣性モーメントの影響が大きい場合の選定

特に，制御モータ（サーボモータなど）を使用し正転逆転が頻繁に行われ，慣性モーメントの影響が大きい場合の選定方法である．実例として，産業用ロボットやXYテーブルがあり，急激な起動停止で瞬間的に過大な張力がベルトに作用する場合などはこの方法による．

なお，このような場合の選定では一般的に位置決め精度を要求される場合が多く，ベルトの伸びやバックラッシなども考慮する必要がある．

(c) モータ容量からの選定

負荷の大小にかかわらず使用するモータの定格動力を基準にした選定方法である．この方法において，使用条件に対してモータの容量が大き過ぎる場合は，歯付ベルトも過大なサイズのベルトが選定されることとなるため，注意が必要である．

3.2.2　材質の選定

表3.2に，一般的なベルト構成における特性を示す．部材の特性とベルトとしての特性は異なる場合もあるため，特殊な用途や環境下で使用する場合は，ベルトメーカーに問い合わせることが望ましい．

以下に，ベルトを構成する個々の部材について述べる．

(1) 歯ゴム・背ゴム

歯ゴム・背ゴムに使用される材質は，大きく分けて合成ゴムを使用したゴムベルトと，熱硬化性・熱可塑性ポリウレタンを使用したウレタンベルトがあり，使用条件によりいずれかの材質を選定する．

なお，ゴムベルトについては，3.4.3項に示すように，耐水・耐熱・耐寒・耐油など特殊用途に対応した材質がある．

(2) 心線

心線の材質は，主として，ガラス繊維，アラミド繊維，スチール，炭素繊維

表 3.2　一般的なベルト構成における特性

<table>
<tr><td colspan="2">ベルト種別</td><td colspan="6">ゴムベルト</td><td colspan="4">ウレタンベルト</td></tr>
<tr><td rowspan="3">構成</td><td>歯ゴム・背ゴム</td><td colspan="3">クロロプレン</td><td colspan="3">HNBR</td><td colspan="2">ポリウレタン（熱硬化性）</td><td colspan="2">ポリウレタン（熱可塑性）</td></tr>
<tr><td>歯布</td><td colspan="3">ポリアミド織布</td><td colspan="3">ポリアミド織布</td><td colspan="2">ポリアミド織布 or 不織布</td><td colspan="2">無し</td></tr>
<tr><td>心線</td><td>ガラス繊維</td><td>アラミド繊維</td><td>炭素繊維</td><td>ガラス繊維</td><td>アラミド繊維</td><td>炭素繊維</td><td>アラミド繊維</td><td>炭素繊維</td><td>スチール</td><td>アラミド繊維</td></tr>
<tr><td rowspan="7">ベルト特性</td><td>位置決め性</td><td>○</td><td>○</td><td>◎</td><td>○</td><td>○</td><td>◎</td><td>○</td><td>◎</td><td>◎</td><td>○</td></tr>
<tr><td>耐水性</td><td>×</td><td>○</td><td>○</td><td>×</td><td>○</td><td>○</td><td colspan="2">△</td><td colspan="2">×</td></tr>
<tr><td>クリーン性</td><td colspan="3">△</td><td colspan="3">△</td><td colspan="2">○</td><td colspan="2">◎</td></tr>
<tr><td>耐熱性</td><td colspan="3">Max 80～100℃</td><td colspan="3">Max 120～140℃</td><td colspan="2">Max 80℃</td><td colspan="2">Max 60℃</td></tr>
<tr><td>耐寒性</td><td colspan="3">Min −10～−30℃</td><td colspan="3">Min −40℃</td><td colspan="2">Min −30℃</td><td colspan="2">Min −30℃</td></tr>
<tr><td>耐油性</td><td colspan="3">×</td><td colspan="3">◎</td><td colspan="2">○</td><td colspan="2">○</td></tr>
<tr><td>耐オゾン性</td><td colspan="3">△</td><td colspan="3">◎</td><td colspan="2">○</td><td colspan="2">△</td></tr>
</table>

などであり，ゴムベルトは一般的にガラス繊維が使用され，ウレタンベルトではアラミド繊維やスチールが使用される．

ガラス繊維は，寸法安定性や耐屈曲疲労性に優れ，最も一般的に使用される．アラミド繊維は耐屈曲疲労性と耐水性に優れているが，湿度によるベルト長さへの影響が大きい．炭素繊維やスチールは，高縦弾性係数のため，高い位置決め精度や高負荷伝動を要求される装置に使用される．

(3) 歯布

ゴムベルトには一般にポリアミド織布が歯布として使用されるが，耐熱性や耐摩耗性が求められる場合はアラミド歯布が使用される．歯布はゴムとの接着性・布組織の固定のためにゴム糊などが含浸されており，かみ合い時に摩耗粉となって使用初期において若干飛散する場合がある．そのため，摩耗紛の飛散を嫌う用途においては，ベルト歯布の処理を改良したタイプが使用される．

ウレタンベルトは，クリーン性が求められる場合は歯布が付いていないが，歯部の耐摩耗性や補強が要求される場合には，一部ポリアミド織布や不織布が使用される．

3.3 耐久性

歯付ベルトは長時間走行させると，ベルトに何らかの破損が発生する．この破損形態から原因を予測し，ベルトの寿命を改善することが可能である．ここでは，ベルトの破損現象とそのメカニズムならびに破損対策について述べる．

3.3.1 破損現象

図3.27に，歯付ベルトにおける代表的な8つの破損現象を示す．これらの中で動力を伝え，回転を同期的に伝達するという歯付ベルトの基本機能を失う破損現象は，切断と歯欠けである．

一方，歯摩耗，歯元クラック，背面クラックなどの破損現象は，切断あるいは歯欠けに至る一つの過程としての現象と捉えることができる．しかし，一般的にはこれらの破損現象が現れてから切断や歯欠けに至るまでの期間は短いため，歯摩耗や歯元クラック，背面クラックの進行でベルトの寿命と判断される．

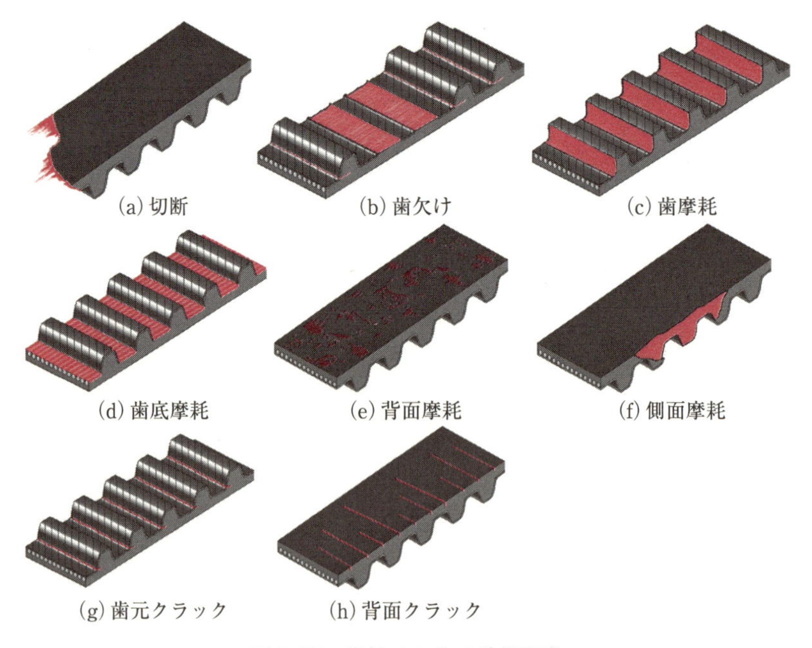

図3.27　歯付ベルトの破損現象

3.3.2　破損原因とメカニズム

歯付ベルトの破損には様々な原因があるが，代表的な破損現象である切断，歯欠けならびに側面摩耗について述べる．また，図 3.28，図 3.29，図 3.30 に，FT 図によるこれらの破損原因の解析例を示す．

(1)　切断

図 3.28 に示すように，ベルトの切断の場合，心線への過剰な外力と心線の強度低下が直接的な破損原因となる．勿論過剰な外力といっても，ベルトの初期強度以上の外力が一回作用してもベルトが切断することはほとんどなく，使用ベルト幅の許容張力を超える過剰な外力が繰り返し付加されて，ある程度の心線強度低下が伴った上での切断となる．

過剰な外力の原因としては，ショックロードや歯飛びなどが挙げられる．歯飛びの場合，プーリ歯をベルト歯が乗り越える際，高縦弾性係数の心線が無理

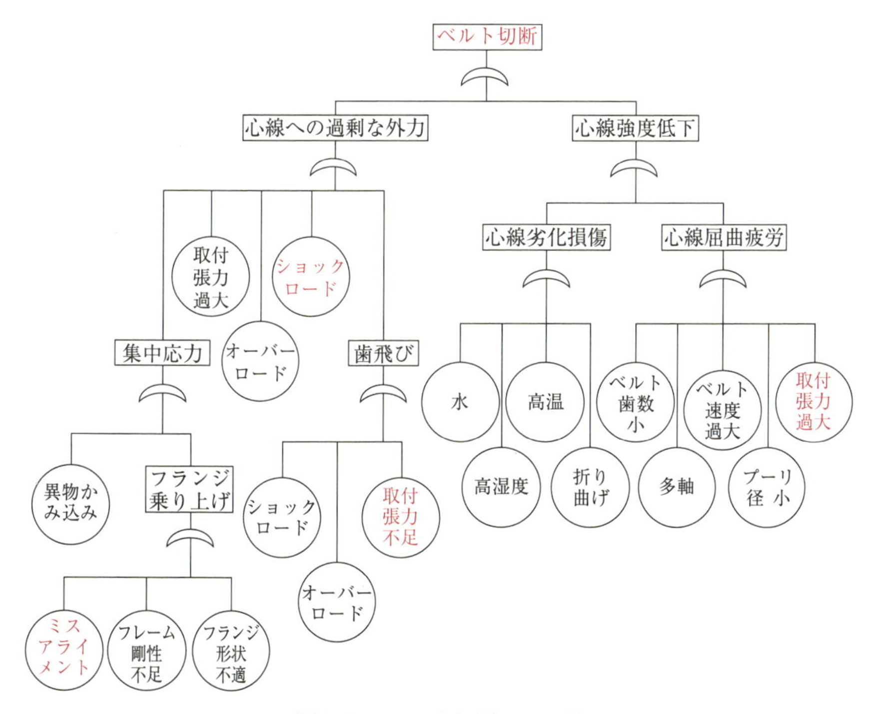

図 3.28　ベルト切断の FT 図

に伸ばされ過大な張力が作用することになり，これが繰り返されるとベルトの切断に至る．歯飛びが発生する原因は，主に負荷が過大に作用した場合が多く，また，ベルトの取付張力が低すぎる場合にも歯飛びの原因となる．ミスアライメントによるベルトのフランジへの乗り上げも，過剰な外力によるベルトの切断原因の一つである．

一方，心線の強度低下は，屈曲による疲労が主たる原因であり，プーリ径が小さすぎる場合，心線に作用する曲げモーメントが大きくなり心線疲労が促進される．また，多軸で使用する場合やベルト速度が過大である場合は，時間当たりの屈曲回数が増加し，切断までの時間が短くなる．なお，心線がガラス繊維の場合，水分や高温による劣化も心線の強度低下を招く原因となる．

(2) 歯欠け

ベルトの歯欠けは，**図3.29**に示すように，歯元クラック，歯摩耗，歯底摩耗から進展する場合が多い．歯元クラックは，ベルトの歯元に過大な応力が作用し，ベルト歯のせん断疲労により歯元および歯ゴムに発生する．これらの原因として，オーバーロード，ショックロード，歯飛びなどが挙げられる．

また，歯摩耗は，プーリとのかみ合い歯数が少ないときに発生しやすい．一方，歯底摩耗は，取付張力の過大などによる歯底面圧大や変動トルク時に発生しやすい．どちらの場合も，プーリ表面が粗い場合や粉じんかみ込みにより，摩耗が促進されるので注意が必要である．

なお，ベルト歯欠けのその他の要因として，心線の縦弾性係数が高い場合，心線のストランド間のはく離が歯元クラックの引き金となるとの研究結果も報告されている．

(3) 側面摩耗

ベルトの側面摩耗はプーリのフランジに強く接触することで発生することが殆どであるが，**図3.30**に示すように，周辺の他部品への接触で発生することもある．また，フランジ形状が不適切であったり，ダストなどの悪環境が影響することもある．ベルト側面とフランジ間の面圧が大きくなる主原因は，プーリミスアライメント，軸やフレームの剛性不足によるプーリ倒れ，取付張力過大，多軸レイアウトの場合のフランジ付プーリ数の不足などがある．なお，はすば歯付ベルトはねじれ角により片寄りを生じるが，実用上側面摩耗は殆ど問

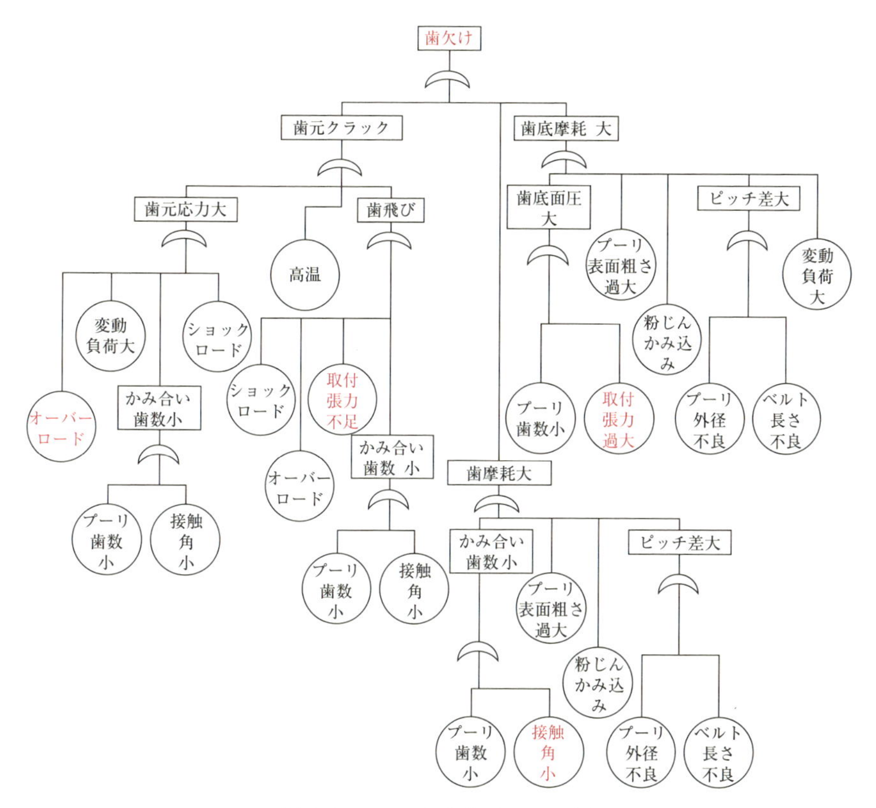

図 3.29 ベルト歯欠けの FT 図

題となっていない．

(4) その他の破損原因

背面クラックは，ベルトの熱硬化，低温での硬化，オゾンなどの環境条件が主な原因である．背面摩耗は，背面プーリの負荷によるスリップ，他部品との接触が主原因である．

ベルトは，鉄鋼材料のように耐久限度はないので，適正に設計され使用される場合でもベルトを構成する材料の疲労により寿命となり，最終的には切断，歯欠けなどの破損現象が生じる．しかし，ベルトの選定や使用条件が不適切であれば，切断，歯欠けを含めた破損現象が早期に発生する．

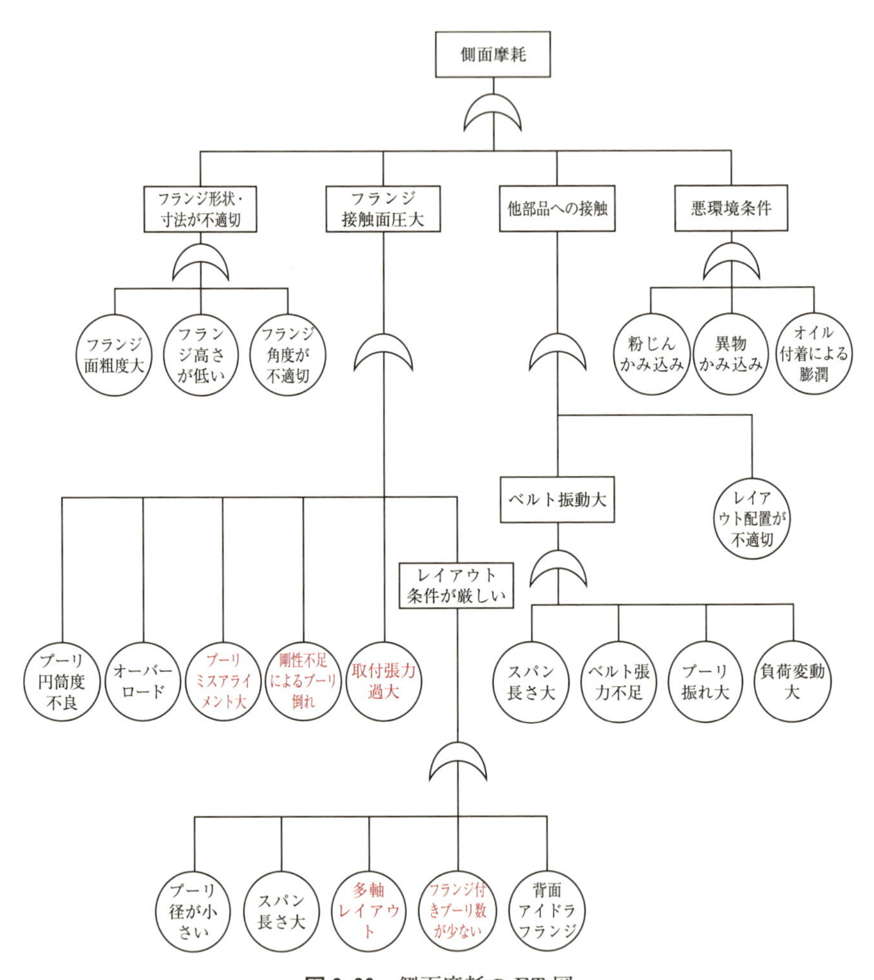

図 3.30　側面摩耗の FT 図

3.3.3 寿命予測

歯付ベルトの寿命は，これまで述べてきた様々な破損現象が発生することからもわかるように，その予測や推定は容易ではない．参考として，最も一般的な故障形態である歯欠けについての促進耐久評価を行った一例について，以下に述べる．

図 3.31 に，同歯数プーリの2軸レイアウトで，円弧歯形歯付ベルトの耐久試験を行った寿命データの一例を示す．実験は，取付張力を一定とした．横軸は繰返し数 N，縦軸は有効張力 T_e である．このとき，耐久時間 t_m (h) と繰返し数 N の関係は次式で示される．なお，歯欠け寿命の繰返し数 N は，ベルト1周を1回として積算する．

$$N=\frac{60z_p n_p t_m}{z_b} \tag{3.4}$$

ここで，n_p：原動プーリ回転数（min^{-1}），z_p：プーリ歯数，z_b：ベルト歯数である．

図 3.31 に示すように，歯欠けまでの繰返し数は有効張力に対して直線的に変化するので，実験データの回帰線を延長することにより，実使用領域における有効張力での歯欠け寿命を予測することができる．ただし，歯欠け寿命は有効張力以外にも，プーリ歯数，接触角など様々な使用条件で変化するため，実使用条件での歯欠け寿命の予測を行うためには，これらの条件を変量した評価

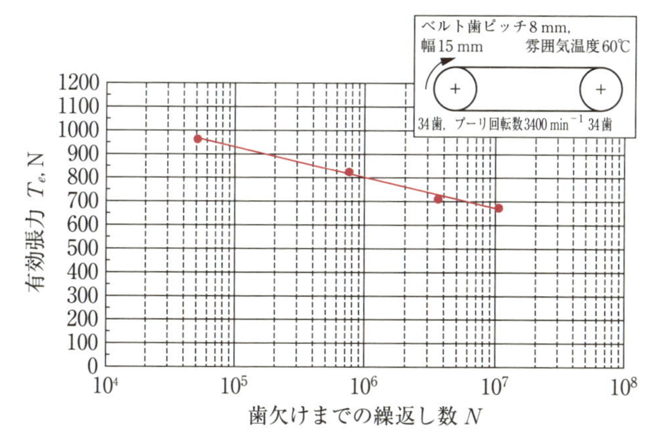

図 3.31 円弧歯形歯付ベルトの耐久試験寿命データ

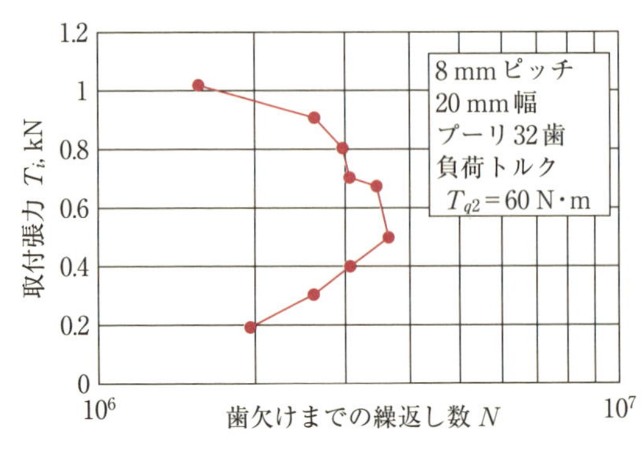

図 3.32　取付張力と歯欠け繰返し数の関係

が必要となる．

図 3.32 に，取付張力と寿命までの繰返し数との関係を示す．図のように，負荷トルク Tq_2 に対して寿命が最も長くなる適切な取付張力 T_i が存在するため，メーカー推奨の取付張力で使用することが重要である．

一方，数値計算，FEM などの構造解析を活用した歯付ベルトの寿命予測の研究が進められている．これまでの多くの研究成果で，荷重分担における最大歯荷重と歯欠け寿命との相関が高いことが確認されていることより，有効張力，プーリ歯数，接触角などを変量させた FEM により最大歯荷重を計算し，実使用条件下での歯欠け寿命を予測する検討が行われている．

ただし，同じ歯欠けであっても上記のような応力（歯荷重）の繰返しによる疲労以外に，熱によるゴムの劣化が主原因になる場合や，極寒条件による瞬時の歯欠けなど様々な破損モード，破損メカニズムがある．また，加速試験（負荷や温度を過剰に与え短期間で破損させる試験方法）と実使用条件でベルト破損形態が異なる場合があるため，より精度の高い寿命予測を行うためには，実使用条件に即した破損実績データの積み上げと解析結果の活用が重要である．

3.4　使用上の注意

歯付ベルトに求められる要求性能は機械の種類やその使用条件などにより様々であるが，ベルトの使用条件に合わせて耐久性を維持し早期損傷を防がなければならない．そのため，ベルトの選定計算は重要であり，基本的な作業である．さらに，ベルトを問題なく使用するためには，以下の事項にも注意する必要がある．

3.4.1　ベルトレイアウト上の注意事項

(1)　ベルトの片寄り

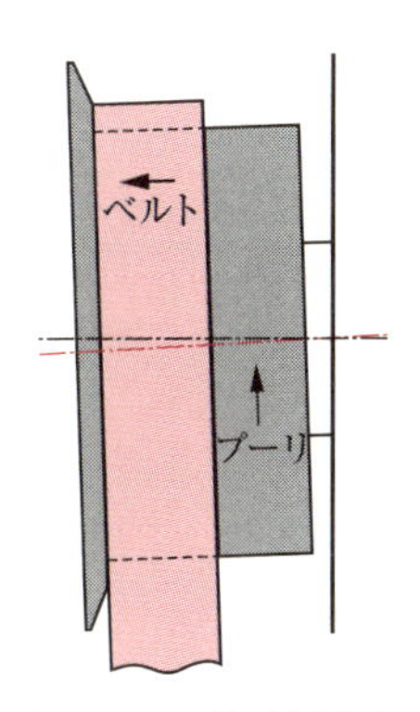

図 3.33　軸平行度と片寄り

歯付ベルトが走行するとき，その構成上ベルト幅方向への移動を規制するものがない場合，様々な原因により少しずつプーリ幅方向にずれていき，そのままではプーリから逸脱してしまう．このプーリ上でベルトが幅方向に移動する現象をベルトの片寄り（サイドトラッキング）という．

ベルトの片寄りの原因として，一般的には以下のことが考えられる．

① **図 3.33** に示すように，プーリの軸の平行度に狂い（ミスアライメント）がある場合，ベルトは走行方向にかかわらず，ベルト張力が低くなる方向に片寄る．また，軸，装置などの剛性が低い場合，取付張力や負荷により使用中に軸の平行度に狂いを生じ，片寄りを発生する．なお，プーリアライメントに関する台形歯形タイプの規格値を**図 3.34** に示す．

② **図 3.35** に示すように，プーリの円筒度が悪い場合には，ベルトに片寄りが発生する．ベルトは，プーリの表面を直進しようとして，プーリ歯先円直径の大きい方向へ移動する．基本的には平ベルトにおけるクラウン付プーリと同じ原理である．なお，成型プーリの円筒度については，成型後のヒケによる影響も考慮する必要がある．

③ ベルト心線は，**図 3.36** に示すように，解撚（撚りが戻される）方向に片

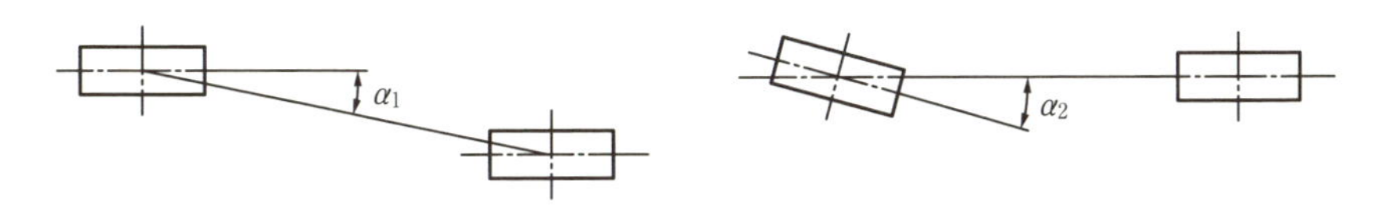

ベルト呼び幅，mm	100 以下	150～200	300 以上
$\tan\alpha_1$, $\tan\alpha_2$	$\frac{6}{1000}$ 以下	$\frac{4.5}{1000}$ 以下	$\frac{3}{1000}$ 以下

図 3.34　プーリアライメント許容差（JIS 6372 から抜粋）

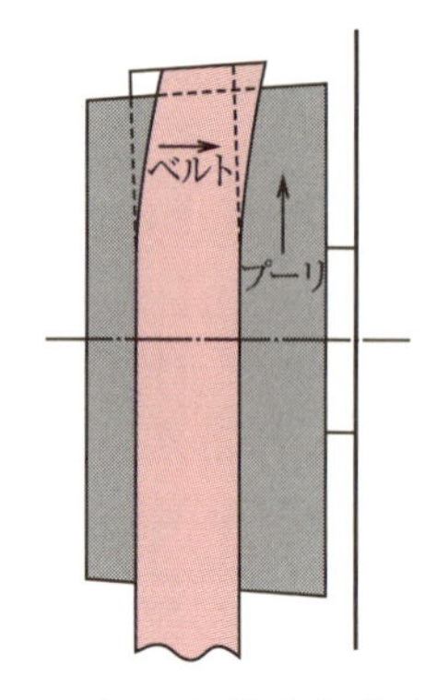

図 3.35　プーリ円筒度と片寄り

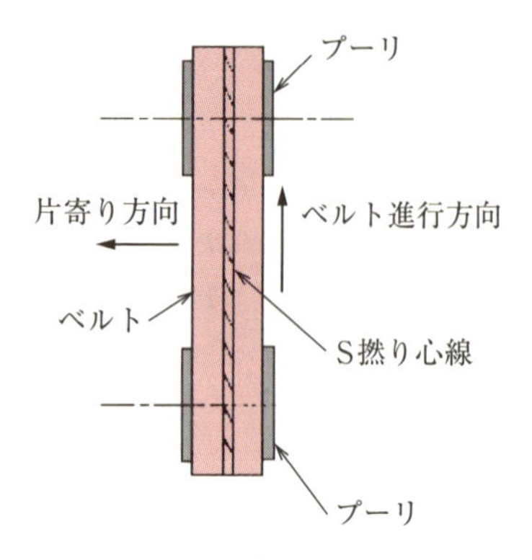

図 3.36　心線の撚りと片寄り

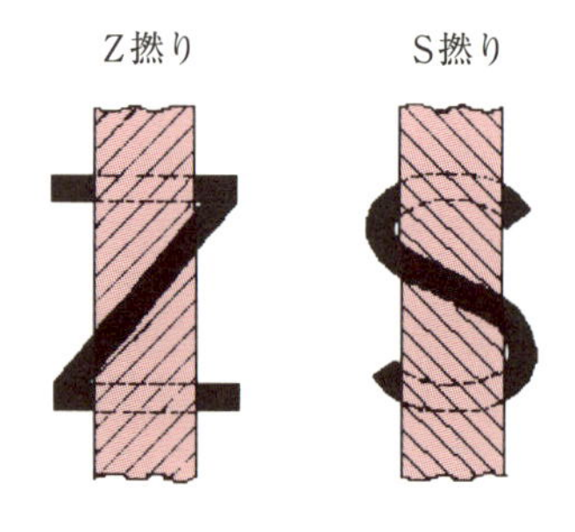

図 3.37　心線の撚り

寄りする性質があり，ほとんどが**図 3.37** のようにS撚りとZ撚りの心線を交互に配列し，心線の片寄り力を相殺してベルト全体としての片寄りぐせが少なくなるよう製作されている．

④ 心線の巻き付け方向や歯面布の織目の方向によっても片寄りの発生が認められるが，その影響度は小さい．

(2) プーリ径とベルト幅

プーリ径とベルト幅の関係については，ベルト側面の保護のため，目安としてベルト幅は，プーリ径より大きくならないことが望ましい．ベルト幅が大きいほどプーリと接する面積が増加することで片寄り力は大きくなる傾向があり，片寄り力が作用するフランジと，ベルト側面の接触面積はプーリ径が小さくなるほど減少し，面圧は増加する．このように，過大な片寄り力あるいは面圧が加わると，ベルト側面の損傷や摩耗の原因となる．

(3) オーバーハング

プーリの支持方法として，一般的に両持ち支持または片持ち支持に分かれるが，コスト低減やレイアウト設計，ベルト交換の簡便性を考慮して片持ち支持（オーバーハング）が選択される場合が多い．片持ち支持方法の注意事項として，オーバーハング量が大きい場合，ベルトの取付張力の影響によって軸にたわみが発生し，ベルト片寄り力の増加によるベルト側面損傷や歯飛びを生じるトルクの低下を招くなどの不具合が生じる．特に，歯飛び発生の場合，その対策としてさらに取付張力の張り増しを行うと，ベルト早期損傷に至る場合がある．

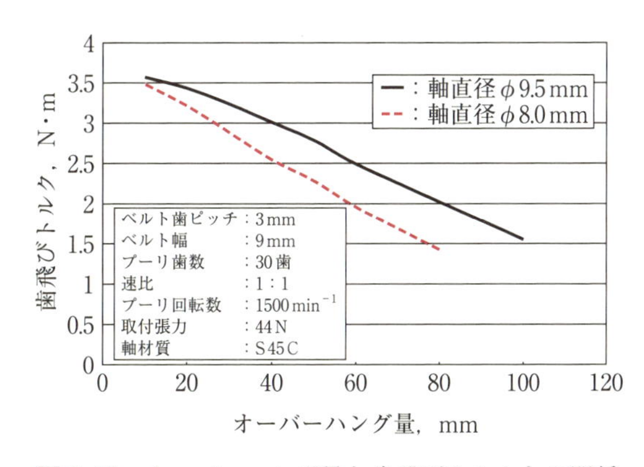

図 3.38 オーバーハング量と歯飛びトルクとの関係

図 3.38 に，オーバーハング量と歯飛びトルクの関係を示す．歯飛びトルクは軸直径が小さいほど，また，オーバーハング量が大きいほど低下する．これは軸のたわみが大きくなり，結果的に軸間距離が短くなってベルト歯がプーリ歯から浮き上がりやすくなることによる．オーバーハング量とベルトの取付張力からもプーリ軸径の設計・選定を行う必要がある．

(4) プーリフランジ

歯付ベルトは，運転中にプーリのどちらかに片寄っていくことは避けられない．したがって，ベルトがプーリから外れないようにプーリ側面にフランジを取り付ける必要がある．また，平ベルトのようにプーリにクラウン（中高）を施し，片寄りを規制する方法も市場実績として一部用途で見られるが，一般的に歯付ベルトは極めて伸びの少ない心線を採用しているため，ベルト幅方向での張力差によりベルトに縦裂けが生じてしまうこともあるため，クラウン付プーリの使用は基本的に推奨できない．

プーリ 2 軸の場合のフランジ取付位置は，**図 3.39** が基本である．軸間距離 C が小プーリの歯先円直径 D_0 の 8 倍以上になったときは，**図 3.40** に示すように，両プーリの両側にフランジを取り付ける．フランジの取付はカシメ加工が一般的であるが，引抜力を上げる目的でネジ止めや溶接を行う場合がある．引抜力に関しては規格化されていないが，歯付ベルトの側面が損傷するような

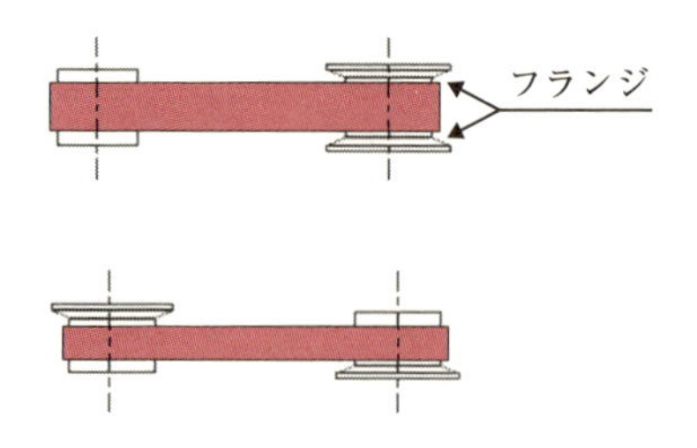

図 3.39　プーリ2軸の場合のフランジ取付位置

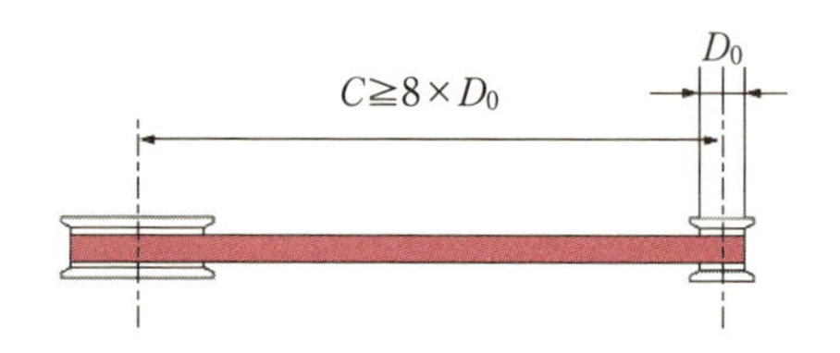

図 3.40　プーリ軸間距離が小プーリ歯先円直径の8倍以上の時のフランジ取付位置

強い片寄り力が発生している場合は，3.4.1項の(1)で述べたように，アライメントの調整などにより片寄り力を低減させることが得策である．フランジの外れ対策のためのネジ止めや溶接などの加工対策は，かえってベルト側面の損傷を増長することもあり，注意が必要である．

3.4.2　取付張力

(1)　取付張力の考え方

一般に，歯付ベルトの取付張力は，ベルトの性能を100%発揮するために推奨値が定められている．歯付ベルトはかみ合い伝動のため，ベルト歯とプーリ歯がかみ合えば動力伝達が可能で，摩擦伝動と比較して取付張力によって伝達力が大きく影響を受けることはない．したがって，取付張力は，推奨値に対して比較的広い範囲で使用されているのが実情である．

通常，一般伝動用途では推奨取付張力で使用されることが望ましいが，OA機器などの低負荷や張力調整ができないレイアウトでは，各推奨取付張力に対して比較的低めに，ロボットや実装機などの位置決め精度を要求する用途では比較的高めの取付張力で使用している．

(2)　取付張力の影響

市場でのベルト不具合要因の中で，最適なベルト選定がなされているにもかかわらずベルトに早期損傷などの不具合が発生する場合，まず，取付張力の管理が適切であるかどうかを確認する必要がある．

(a)　取付張力が高すぎる場合

① ベルト歯底部がプーリ歯先を頂点とした多角形状に曲げられ，心線の屈曲疲労が促進される．

② ベルト歯底部に加わる面圧が高くなり，歯底摩耗を促進するとともにプーリの摩耗も早め，さらにベルト寿命を短くする原因となる．

③ ベルトピッチがプーリピッチに対して長くなり，かみ合い干渉が生じてベルト歯元クラック・歯摩耗を早める．

④ 発生騒音が大きくなる．

⑤ 軸荷重が大きくなり，ベアリングの損傷を早める．

⑥ ベルトのかみ合い干渉により伝達効率が悪くなる．

(b) 取付張力が低すぎる場合

① 歯飛びしやすくなる．歯飛びすると，ベルト歯がプーリ歯先に乗り上げ，過大な張力が発生することによる切断や歯欠けを生じる場合がある．たとえ，直ちにベルト損傷に至らなくても，過大な衝撃力によりベルトに大きなダメージを与えている恐れがある．

② ベルトの回転伝達精度・位置決め精度を悪くする．

③ ベルト振動時の振幅が大きくなり，騒音を発生する場合がある．

④ ベルトピッチがプーリピッチに対して短くなり，大歯数のプーリとの組み合わせの場合，かみ合い干渉を生じて歯摩耗を早めることがある．

(3) ベルトの張り直し

一般的に，歯付ベルトの取付張力は，適正なかみ合いや走行によるベルトの伸びの吸収を考慮して設定されているため，使用により多少張力が低下してきても張り増しの必要はない．張り増しは，機械の分解・調整時などベルトの脱着が避けられない場合のみでよい．むしろ頻繁な張り増しは，以下の理由によりベルト損傷を早めることがある．

① ベルトピッチの伸びが促進され，かみ合い干渉による歯元クラック・歯摩耗を早める．

② 使用により疲労を生じている心線・歯布の急激な劣化を招く．

なお，ベルトに顕著なゆるみが認められた場合，まず，ベルト外観・装置の運転状態を観察し，異常のないことの確認が必要である．外観に疲労・損傷の兆候が認められたベルトは，張り増しを行った直後に破損してしまうこともあるため，張り増しをせず，新しいベルトと取り替えることが望ましい．

一方，位置決め精度や送り精度を重視する用途において，組み付け初期に発生する張力緩和（なじみ）が問題となるケースがある．通常，100～200 h 程度の走行で安定するが，実機では1～2日程度の慣らし運転（エージング）を行い，ある程度ベルトがなじんだ後で張力調整をするなどの対応をとっている．また，必要に応じて再度張り増しを行う場合もある．これらの作業は，経時によるベルトの張力変化の影響を少なくすることを目的としている．

機械の分解などで一時的にベルトを取り外す場合，ベルトに使用中の進行方向を明示しておき，再組み付け後も同一進行方向となるよう組み付ける．使用中のベルトは，心線・歯布などの初期なじみが終わっているので，取付張力は初期取付張力の70%前後とすることが望ましい．

3.4.3　使用環境

通常のベルト（以下，標準ベルトと呼ぶ）は，様々な条件，環境下での使用を想定しているが，標準ベルトのみで全ての環境に対応することは困難である．そこで，水（多湿），油（クーラント液）の付着，高温，低温，クリーン環境などの一般的に想定される使用条件下であっても，ベルトにとって特殊と判断される場合には，**表3.3**に示す標準ベルトと異なる材料で作られたベルトが用意されている．ただし，特殊な環境の中でも，その特殊さの度合いにも大きな開きがある．例えば，水の付着といっても水中での使用（ほとんどのベルトは，まず使用不可能）から，微少量の水が付着する場合や，高湿度中（ベルト表面が濡れる状態でなければ標準ベルトで使用可能）など，いろいろなケースがあり，使用可能なベルトの種類や寿命も著しく異なることがある．したがって，特殊環境で使用する場合は，まず，ベルトメーカーと相談することが望ましい．

次に，特殊環境用のベルトについて紹介する．ただし，これらのベルトは，特殊な環境下で使用する場合，標準ベルトを使用したときに比べて寿命が長いと推定されるベルトであり，通常環境下での標準ベルトの寿命に比べて優れるものではない．

表3.3　標準ベルトの材料

	材　料
背ゴム，歯ゴム	クロロプレンゴム
心線	ガラス繊維
歯布	ポリアミド繊維

(1)　水（多湿）

水のかかる環境下では，**図3.41**に示すように，標準ベルトは，ガラス繊維を心線に使用しているため，走行時間とともに引張強さの低下が大きい．しかし，アラミド繊維を心線に使用したベルトは，引張強さの低下が小さい．

使用例：自転車の後輪駆動など

(2) 油（クーラント）

標準ベルトに使用されているCR（クロロプレンゴム）は，タイヤに使用されているNR（天然ゴム），BR（ブタジエンゴム）などと比較し，耐油性に富む．しかし，油がかかる環境では，ゴムが膨潤し，プーリとのかみ合いが悪くなり，破損に至る場合がある．

この油のかかる環境に対し，ゴムの膨潤を少なくしたNBR（ニトリルブタジエンゴム）やH-NBR（水素添加ニトリルブタジエンゴム）を使用したベルトがある．

図 3.42 に，ゴム単体の油に対する膨潤度を示す．なお，NBRやH-NBRを使用したベルトについても，以下の注意が必要である．

① NBRやH-NBRは耐油性が高いが，合成油の種類によって，耐油性に差があり，効果が期待できない場合がある．

② 油によっては，歯布，心線の接着剤が膨潤して弱くなり，破損に至る場合

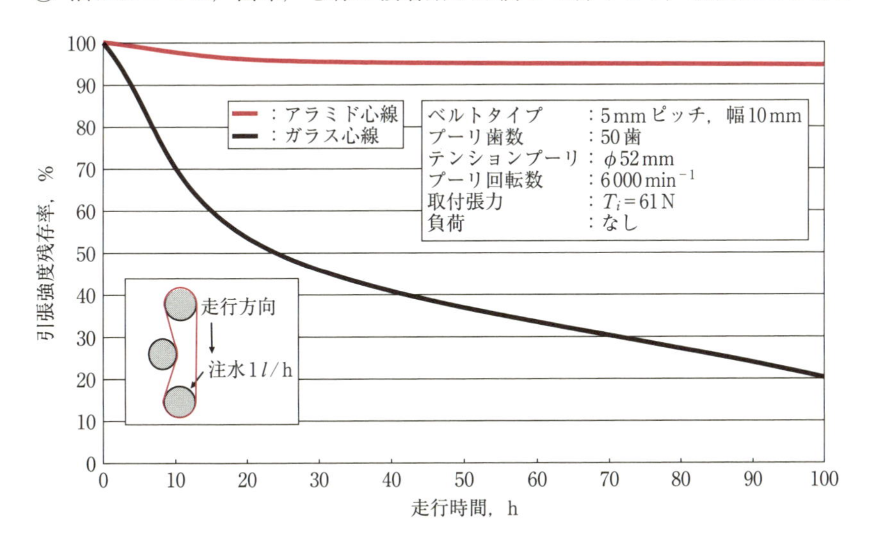

図 3.41　注水走行におけるベルト引張強度の低下

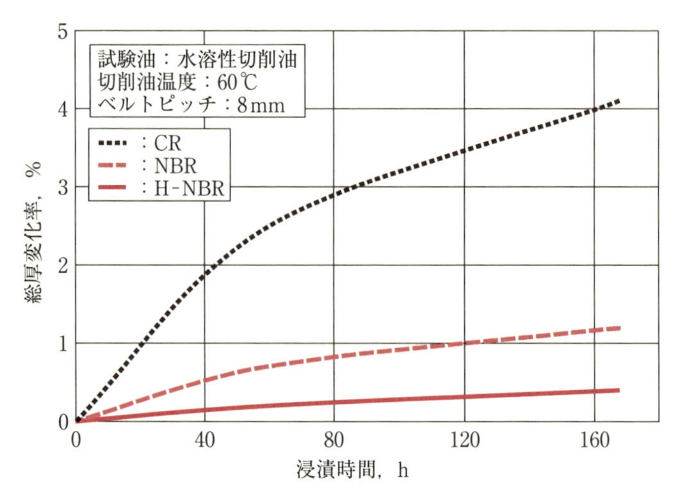

図3.42　ベルトの油に対する総厚変化

がある．また，ガラス繊維の心線では，心線の接着剤の膨潤によりベルト長さが収縮し，取付張力が増加することがある．

使用例：切削油がミスト状にかかる工作機械のボールねじ駆動など

(3) 高温

高温下で使用すると，背ゴム，歯ゴムが硬化し，最終的には背面にクラックが入る．また，歯ゴムに弾性がなくなり，歯欠けを生ずる場合がある．標準ベルトに用いられているCRでも配合により優れた耐熱性を持たせることができる．また，自動車用歯付ベルトとしては，ほとんどが耐熱性能に優れたH-NBRが使われている．**表3.4**（a）に，高温使用可能温度の目安を示す．

使用例：自動車エンジンのカムシャフト駆動など

(4) 低温

標準ベルトのゴムは低温になると硬くなり，−20℃以下では駆動抵抗の増加によって起動できなくなったり，背ゴムにクラックが入る場合がある．この低温環境に対し，低温でも柔らかさを保ち，背ゴムへのクラック発生限界温度を下げたSBRのベルトがある．**表3.4**（b）に，低温使用可能温度の目安を示す．

低温環境下でベルトを使用する場合，ベルトとプーリ，フレームなどとの線膨張係数の違いによりベルト張力が低くなり，歯飛びをおこす場合があるので注意を要する．

使用例：冷凍倉庫内のクレーン駆動など

表 3.4　使用可能温度の目安

(a) 高温時

	標準 CR	耐熱 CR	H-NBR
使用可能温度 max，℃	80	100	120

(b) 低温時

	標準 CR	SBR
使用可能温度 min，℃	−20	−40～−50

(5) クリーン環境

ゴム粉の飛散を嫌う用途に対しては，RFL 処理（表面にゴムが染み出ないような処理）された歯布を用いたベルトを使用する場合が多い．なお，クリーン度を要求される用途では，浮遊粉塵のバキューム処理やカバーで密閉するなどの機械側の対策が必要である．

使用例：半導体製造装置など

(6) 帯電防止

静電気の発生によるスパークや機械の誤作動を嫌うような用途では，歯付ベルトを構成しているゴムや歯布，心線に導電性の良いものや加工処理を行った材料から製造された帯電防止仕様のベルトが使用されている．

使用例：紙葉類搬送用ローラ駆動など

3.4.4　吊り下げ用

歯付ベルトは，吊り下げ用・牽引用としては安全対策上使用すべきではない．特に，人命にかかわるような用途には使用してはならない．歯付ベルトは鋼のように疲労限度がなく，心線の屈曲疲労や歯の摩耗が徐々に進行し，いずれは破損する．これを前提とした対策が施されていなければ，重大な事故を引き起こす可能性がある．しかしながら，破損したときの対策として安全装置を設置したうえで吊り下げ用・牽引用として歯付ベルトが使用されている例もある．

3.4.5　ベルトとプーリの交換

ベルトおよびプーリは，使用時間とともに摩耗などの劣化が進行するため，

表 3.5 に示す目安で定期的に交換が必要である．また，歯付ベルトの強度を保持している心線は，劣化が進行しても外観や伸びによる張力低下などでは判別が難しいため，多軸レイアウトや高速回転用途などの心線疲労が厳しい条件下での使用においては，あらかじめ定期交換時期を定めて交換する必要がある．
なお，ベルトの交換に際しては，ベルト心線や歯部の損傷を防ぐために，ドライバーなどで横からこじ入れたり，プーリ端にひっかけて回転しながらはめ込んだりする作業などは避け，充分にプーリ間距離を縮めた状態で組み付け交換しなければならない．

表 3.5　ベルト，プーリの交換の目安

	項　目	現象，外観	最終破損現象
ベルト	歯元クラック	歯元丸み部にクラックの発生が認められる	歯欠け
	歯布摩耗	圧力面の歯布が摩耗し，一部歯ゴムが露出している	歯欠け
		歯底の歯布が摩耗し，心線が一部露出している	歯欠けまたは切断
	背面クラック	背面からのクラックが一部心線に達している	切断
プーリ	摩耗，腐食	錆，薬品による腐食が，歯表面を侵している	ベルトの歯欠け
		ベルトとのかみ合いによる明らかな歯部の段付き摩耗	

3.4.6　不具合と原因およびその対策

使用中に，ベルトやプーリに比較的早期の損傷が生じ，予定外の交換が必要になる場合がある．このような場合，ベルトやプーリの交換とともに損傷原因を究明し，対策を講じることが重要である．**表 3.6** に，歯付ベルト伝動における損傷・不具合とこれらが起こる原因ならびにその対策を示す．

3.4.7　ベルトとプーリの保管環境および取扱い

ベルトとプーリを保管する場合，品質の劣化を避けるため，**表 3.7** に示す注意事項を順守する必要がある．

表 3.6　歯付ベルトの損傷・不具合とその対策

損傷・不具合状態	原　因	対　策
ベルトの切断	過負荷 小歯数プーリでの高速回転 水による心線の劣化（ガラス心線） 異物のかみ込み ベルトの折り曲げ（ガラス心線） 機械の故障	ベルト選定見直し プーリ歯数変更，アラミド心線への変更 アラミド心線への変更 防護カバーの設置 取扱いの注意 機械の点検
ベルト歯の摩耗，歯欠け	過負荷 取付張力過大 取付張力不足 起動，停止の慣性力が大きい ショックのある負荷が大きい プーリ歯部の表面粗さが大きい	ベルト選定見直し 推奨取付張力に変更 推奨取付張力に変更 ベルト選定見直し ベルト選定見直し 適正なプーリに変更
ベルト歯飛び	過負荷 取付張力不足 起動，停止の慣性力が大きい ショックのある負荷が大きい かみ合い歯数が少ない	ベルト選定見直し 推奨取付張力に変更 ベルト選定見直し ベルト選定見直し 推奨かみ合い歯数に変更
ベルト側面の摩耗	プーリアライメントの不良 軸，軸受の剛性不足 プーリフランジの形状，表面粗さ不良	プーリアライメントの調整 軸，軸受の補強 適正なフランジに変更
ベルトの縦裂き	プーリの端面よりはみ出し走行 フランジへの乗り上げ	プーリアライメントの調整，フランジの追加 プーリアライメントの調整，フランジの追加
ベルトの背面クラック	雰囲気温度が高い 雰囲気温度が低い 雰囲気中のオゾン濃度が高い	温度を下げる，耐熱ベルトに変更 温度を上げる，耐寒ベルトに変更 オゾン発生源からの隔離
ベルトの収縮	油の付着	カバーの設置，耐油ベルトに変更
ベルトの軟化	油の付着	カバーの設置，耐油ベルトに変更
異音・過大な騒音	プーリアライメントの不良 プーリ歯形，フランジ形状の不良 プーリ径に対しベルト幅が広い 過負荷 取付張力過大	プーリアライメントの調整 プーリの交換 ベルト選定見直し ベルト選定見直し 推奨取付張力に変更
プーリ歯の摩耗	過負荷 取付張力過大 粉じんの付着 プーリ材質の不適	ベルト選定見直し 推奨取付張力に変更 環境の改善，カバーの設置 材質の変更，表面処理の実施

表3.7 ベルトとプーリの保管環境および取扱い

	保管環境および取扱い
ベルト	ねじれた状態や大量に積み重ねた状態，あるいは小さく（ベルト歯ピッチの約4倍以上）曲げた状態にして保管しない 直射日光，高温，多湿の場所に保管しない 油や薬品などを付着させない
プーリ	防錆紙などに包み，錆びを発生させない 歯面の打痕傷やフランジの変形に注意する 樹脂製プーリは材質にもよるが，高温環境下で保管しない

3.5 歯付プーリ

歯付ベルトの性能を充分に発揮するためには，歯付プーリと正確かつ円滑にかみ合わなければならない．そのため，歯付プーリは精度良く仕上げるだけでなく，用途や材質に応じた組み付けを行う必要がある．

本節では，歯付プーリの基本と加工法，並びに使用する上で重要となる軸との締結方法について概説する．

3.5.1 プーリの基本

図3.43に，ベルトがプーリに巻き付いた状態を示す．ベルトがプーリに巻き付いた部分において，プーリピッチ円はベルトピッチ線と一致する．プーリのピッチ円は，プーリ歯先円直径からPLD（ピーエルディ）だけ外側に位置する仮想円となる．

ピッチ円直径D_pは式（3.5）により，また，プーリの歯先円直径D_0は式（3.6）により求められる．

$$D_p = P_p z_p / \pi \tag{3.5}$$

$$D_0 = D_p - 2a \tag{3.6}$$

ここで，P_p：プーリ歯ピッチ，z_p：プーリ歯数，a：PLDである．なお，プーリ歯形は各ベルト歯形に応じて設定されており，プーリ加工は設定された歯形で行う必要がある．

3.5.2　プーリ加工法

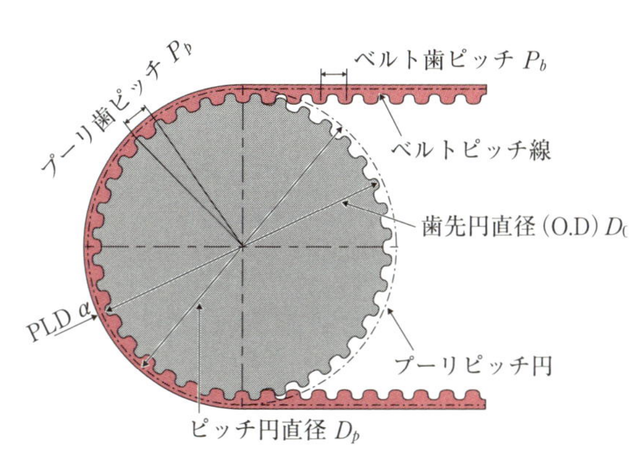

図 3.43　ベルトとプーリの巻き付き状態

プーリの加工法には切削加工と成形加工があり，一般的に少量および大径プーリには切削加工が，大量生産には成形加工が用いられる．以下に，それぞれの加工法について述べる．

(1)　切削加工プーリ

①　材料

表 3.8 に，切削加工プーリに用いられる代表的な材料を示す．表に示すように，用途に応じた適切な材料を選定する必要がある．

表 3.8　切削加工プーリの代表的な材質

種類	記号	用途
機械構造用炭素鋼	S35C～S55C	最も一般的な伝動
ねずみ鋳鉄	FC200～FC300	大径プーリなどでの軽量化
アルミニウム合金	A2017-T4 AC4A-T6	軽負荷伝動が中心，大径プーリの慣性力低減
ステンレス	SUS303，304	耐水性

②　加工手順

加工手順の概略は，製作するプーリ外径に加工代を加味した丸棒材を準備し，プーリ幅に応じた長さで切断，ブランク加工を施したのち，設定された歯形形状で歯切り加工を行う．その後，要求に合わせてフランジ取付，キー溝加工などを行う．

上記の歯切り加工には，主として，**図 3.44** に示すホブ切り加工が用いられる．切削工具として用いられるホブの切り歯はねじ状に取り付けられており，ホブとプーリブランク（歯切り加工前の材料）を回転させることで歯が形成される．以上に述べた一連の流れを**図 3.45** に示す．

③　表面処理

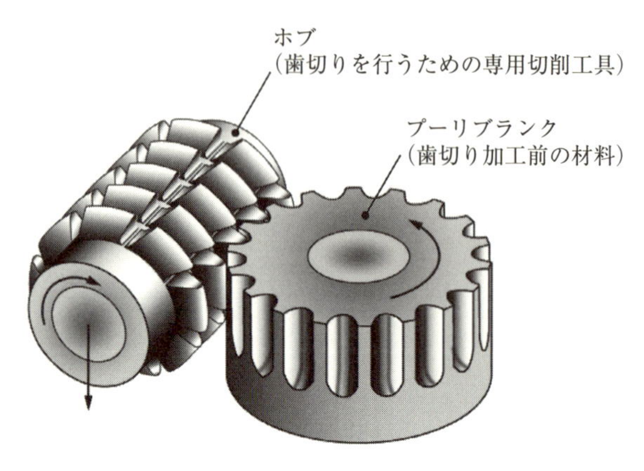

図 3.44　ホブ切り加工

表3.8に示した金属材は，防錆・耐摩耗性向上などを目的として，表面処理を行うことがある．**表 3.9** に，歯付プーリに用いられる一般的な表面処理を示す．

(2) 成形加工プーリ

プーリの成形加工は，その材質により次のような方法で行われる．

① 樹脂プーリ

樹脂プーリは，主に量産化・低価格化を目的として使用される．軽量・耐食性などの利点があり，事務機器，家庭電化製品など比較的軽負荷のものに多く使用されている．加工精度は，一般的に切削加工により製作されたプーリに比べて劣る．特に，成形収縮による変形を考慮した形状設計が必要であり，精度向上のためにガラス繊維，ビーズなどを添加することもある．樹脂プーリは，主に射出成形により製作され，使用される材料としてはポリアセタールが最も一般的である．

② ダイカストプーリ

ダイカストプーリは，樹脂プーリと同様に，小径のプーリなど軽負荷伝動用として用いられることが多い．樹脂プーリと比較すると，材質そのものの強度が高いため，ねじ止めなど軸との結合方法に自由度があることや，動力伝動用として使用できるなどの優位性がある．その反面，質量がやや大きいことや，

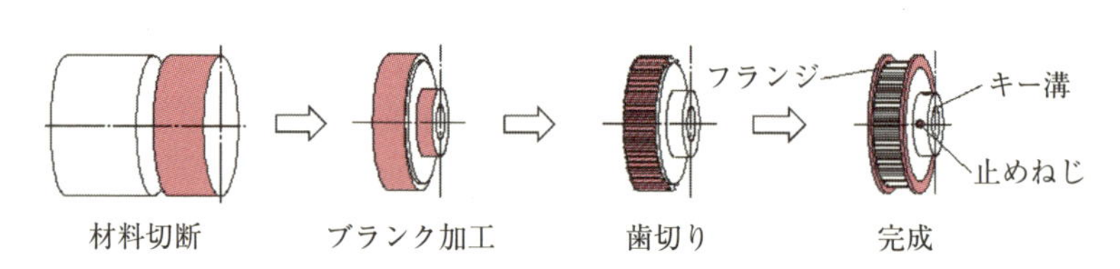

図 3.45　切削加工プーリ製作工程

表 3.9　金属製プーリの表面処理

名称	処理	適用材質	目的
有色クロメート	電気亜鉛めっき	鋼材	防錆
黒染め	酸化皮膜	鋼材	防錆
クロムめっき	工業用クロムめっき	鋼材	防錆，耐摩耗性向上
タフトライド	塩浴窒化	鋼材	耐摩耗性向上
硬質アルマイト	陽極酸化皮膜	アルミニウム	耐摩耗性向上
無電解ニッケルメッキ	無電解ニッケルメッキ	鋼材	防錆

表 3.10　ダイカストプーリの材質

種類	記号	合金系	引張強さ，MPa	伸び，%
アルミニウム合金ダイカスト 5 種	ADC5	Al-Mg	282	7.5
アルミニウム合金ダイカスト 12 種	ADC12	AL-Si-Cu	296	2.0
亜鉛合金ダイカスト 1 種	ZDC1	Zn-Al-Cu	325	7
亜鉛合金ダイカスト 2 種	ZDC2	Zn-Al	285	10

軸穴など一部追加工の必要性があるなどの点で樹脂プーリに劣る．**表 3.10** に，代表的なダイカスト用材質を示す．なお，亜鉛合金は，クリープ特性，寸法経年変化がアルミニウムなどと比較して劣るため，軸へのねじ止めは注意が必要である．

③ 焼結合金プーリ

焼結合金プーリは，切削プーリに対して加工性，トータルコストの利点から，量産向けに使用されることが多い．樹脂，ダイカストプーリと比較すると，強度，寸法精度に優れており，動力伝動などに適している．その反面，製作可能な形状には制限があり，金型費用も樹脂，ダイカストよりも高価となる．また，表面は微視的にはポーラス状であるため，鉄系材料では防錆用としてスチーム処理を行う場合がある．

(3) その他のプーリ成形法

成形加工法で製作されるプーリは，上記の他に次のようなものがある．

① 黄銅・アルミニウムなどの型引抜きによる歯部成形

② 冷間鍛造（プレス加工）によるプーリ成形

③ 転造による歯部成形

これらの成形は，量産性・加工性を目的に用いられている．

3.5.3 軸との締結方法

プーリと軸の締結は，プーリ材質や使用する用途により，**図 3.46** に示すような締結方法がある．

(1) キー締結

鋼・鋳物などの材質で最も多く使用される方法である．ただし，アルミ材で使用するときは，ベルト伝達トルクから発生するキーの応力がアルミ材の許容応力を超えないように注意する．

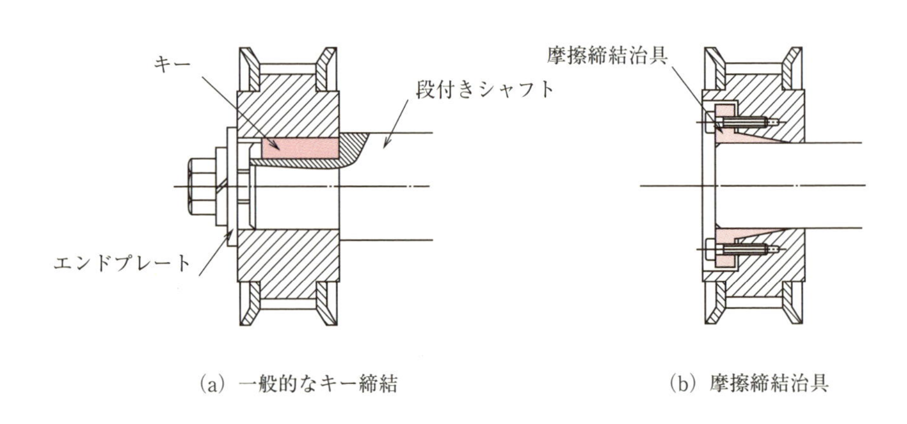

(a) 一般的なキー締結　　(b) 摩擦締結治具

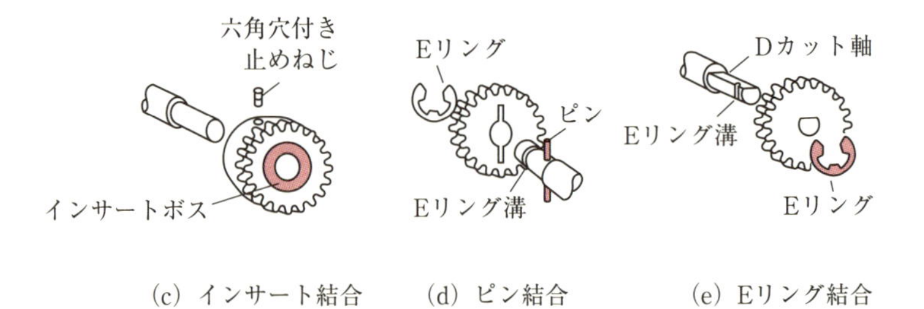

(c) インサート結合　　(d) ピン結合　　(e) Eリング結合

図 3.46　プーリ軸との締結方法

(2) 摩擦締結

キーとキー溝との間の微動（ガタ）を嫌う場合または位置決め，位相合せを要求する場合，摩擦式の締結治具を用いて固定する方法も多用されている．この場合，使用するベルトの伝達トルクを考慮した締結治具の選定および固定箇所の面圧を検討する必要がある．

(3) その他の締結

小型サイズでは，比較的負荷が小さくプラスチック製プーリが使用されることがある．この場合，回り止め・抜け止めとしてDカット軸・ピン・止めネジ・Eリングなどが使用される．

3.6 アプリケーション

3.6.1 電動プレス（図3.47）

油圧方式が主流であったプレス機において，電動モータ方式への変更に伴いボールねじの駆動に歯付ベルトが使用されている．モータは送り速度や加圧の力加減が微妙に設定できるサーボモータが多く，近年の大型プレスへの使用に伴い，歯付ベルトもより高負荷対応が可能な仕様を要求されている．

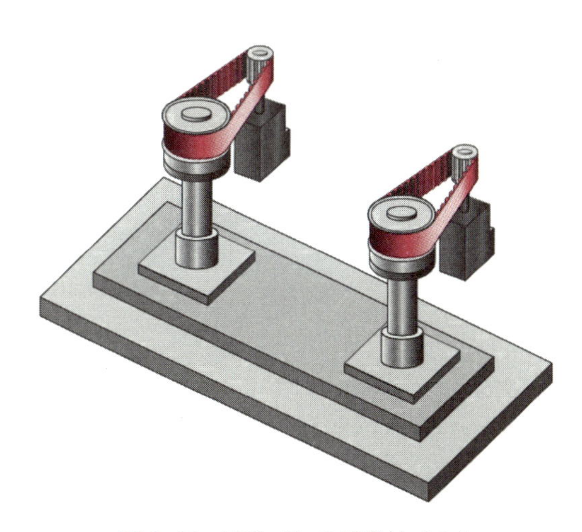

図3.47　電動プレス用歯付ベルト

3.6.2　監視カメラ（図 3.48）

監視カメラにおいて，カメラを上下・左右に動かすために歯付ベルトが使用されている．監視カメラには位置精度が要求される．ベルトとプーリのバックラッシを少なくするために，円弧歯形もしくは三角歯形などの歯ピッチの小さい歯付ベルトが採用されている．

図 3.48　監視カメラ用歯付ベルト

3.6.3　自動倉庫（図 3.49）

自動倉庫のラック駆動に長尺タイプの歯付ベルトが使用されている．レイアウト設計が容易で，かつ荷物の出し入れにおいてラック停止位置の制御の簡便さが要求される．歯付ベルトの構成はゴム仕様の他にウレタン仕様のベルトが使用されている．

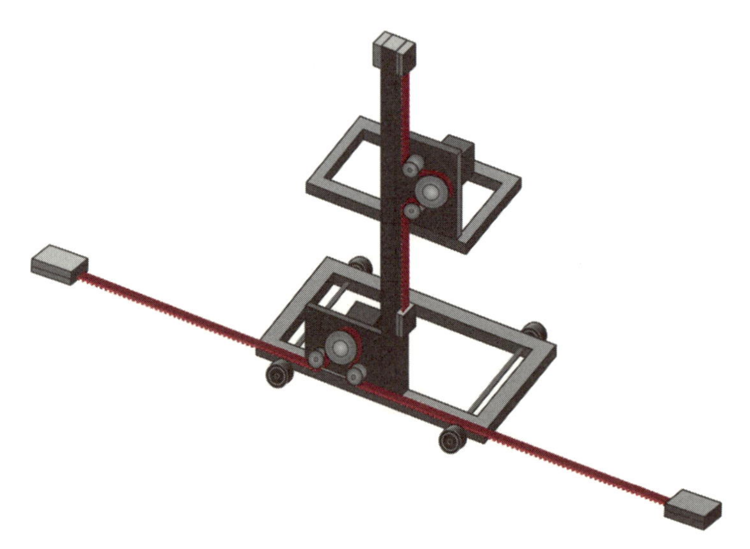

図 3.49　自動倉庫用歯付ベルト

3.6.4 組立てロボット（図 3.50）

ハンド型の組立・溶接ロボットのアーム駆動として歯付ベルトが採用されている．サーボモータが使用され，繰返しの位置精度要求が高く，また溶接ロボットなどでは耐熱性が要求される場合もあり，高伝動・耐熱性に優れたベルトが使用されている．

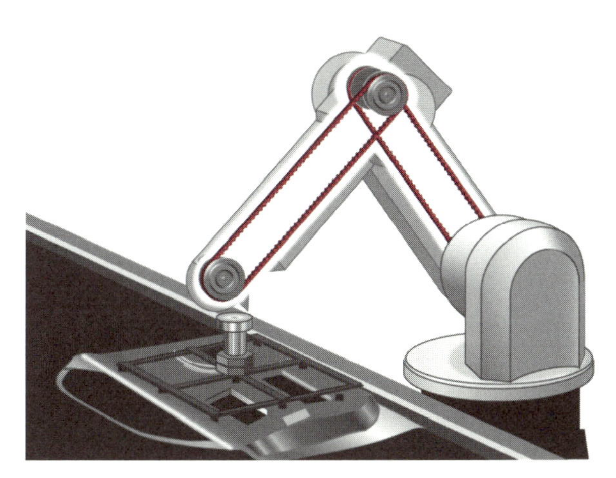

図 3.50　組立てロボット用歯付ベルト

3.6.5 実装機（図 3.51）

実装機の X，Y，Z 軸の駆動に歯付ベルトが使用されている（図は X，Y 軸の駆動例を示す．）．高速で移動するヘッドの動作に対し，正確な応答性，停止位置精度および停止時の振動低減が要求される．特に，停止時のベルトスパンの減衰性能を向上させることにより，停止時間が削減可能となり，生産性のアップに貢献できる．また，停止位置精度向上のためバックラッシを低減した組合せが一般的に使用されている．

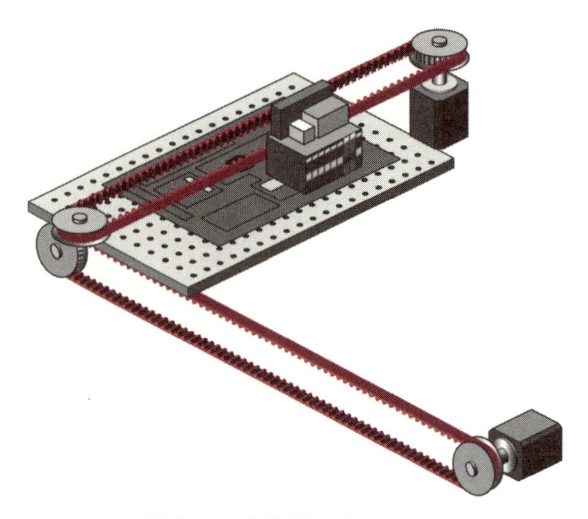

図 3.51　実装機用歯付ベルト

3.6.6　昇降機（図 3.52）

液晶パネルや大型ガラスなどの昇降駆動用に歯付ベルトが使用されている．昇降機の高さは 10 m 程度と高く，また昇降物も重いために，長尺で歯ピッチの大きい高弾性歯付ベルトが採用されている．

図 3.52　昇降機用歯付ベルト

3.6.7 ホームドア（図 3.53）

電車の駅に事故防止のために設置されているホーム柵とも呼ばれているものであり，自動ドアと同じくドア開閉用に歯付ベルトが採用されている．使用される場所の特性によっては，感電防止の一環としてベルトに電気抵抗値の高い仕様が要求される場合もある．

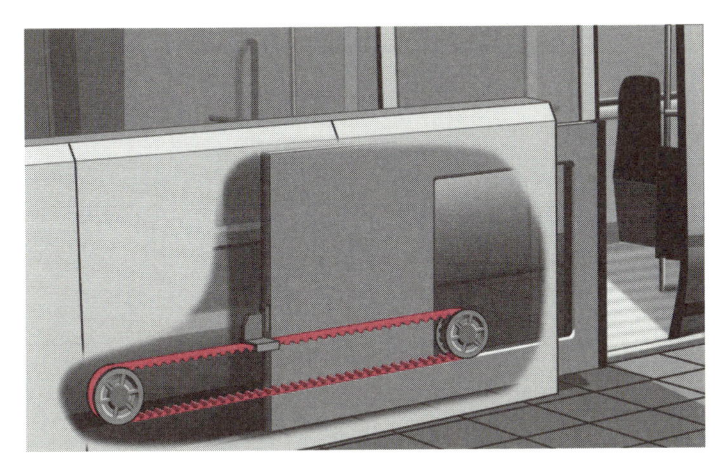

図 3.53　ホームドア用歯付ベルト

3.6.8 インクジェットプリンタ（図 3.54）

インクを吐出するキャリッジを駆動するために歯付ベルトが使用されている．プリンタには印刷データの高精細化や居住区域での印刷に適した静粛性が求められ，歯付ベルトは高弾性率化・小歯ピッチ化によって，高精度な位置決め・速度むら抑制・静音化を実現している．一般家庭だけでなくビジネス向けにもインクジェットプリンタ市場が拡大しており，性能とともに高い耐久性が求められている．

図 3.54　インクジェットプリンタ用歯付ベルト

3.6.9　掃除機（図 3.55）

掃除機の吸込部に組み込まれた回転ブラシを駆動するために歯付ベルトが使用されている．小さいヘッド内部に組み込む必要があるため，モータ容量が小さく減速レイアウトで使用されることが多い．また，ブラシはカーペットを掻き分けたり，ゴミを掻きこむため，高速度で回転しており，耐久性の高い歯付ベルトが使用されている．

図 3.55　掃除機用歯付ベルト

3.6.10　EPS（電動パワーステアリング）（図 3.56）

大型車や高級車向け EPS の一部に歯付ベルトが使用されており，操舵力アシスト用モータの動力伝達を担っている．歯付ベルトシステムは，他のシステムより大きな推力が得られることや，慣性と摩擦が低減されるため，よりダイレクトな操舵感が得られるメリットがある．

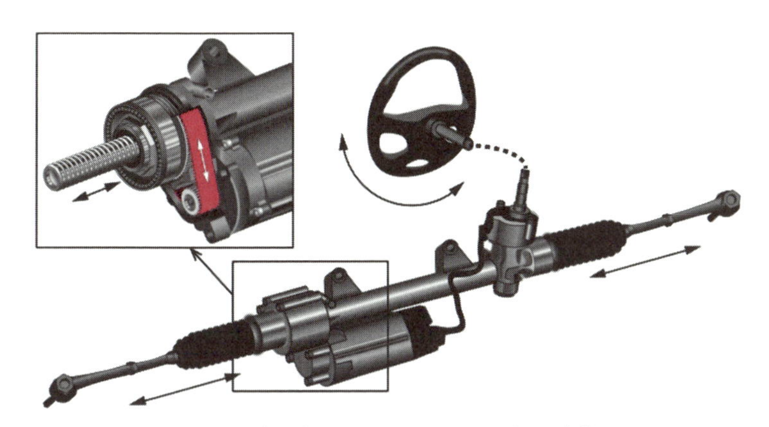

図 3.56　EPS（電動パワーステアリング）用歯付ベルト

3.6.11　電動射出成型機（図 3.57）

射出成形は樹脂ペレットをホッパーより供給し，スクリューにより金型内へ射出，成形する．成形後金型を開くと同時にエジェクタピンで製品を押し出す．この射出成形機に使用されるベルトは，伝動能力の高い歯付ベルトとバックラッシレスプーリにより高精度な位置決め，無給油，低騒音，高加減速への対応を要求される．

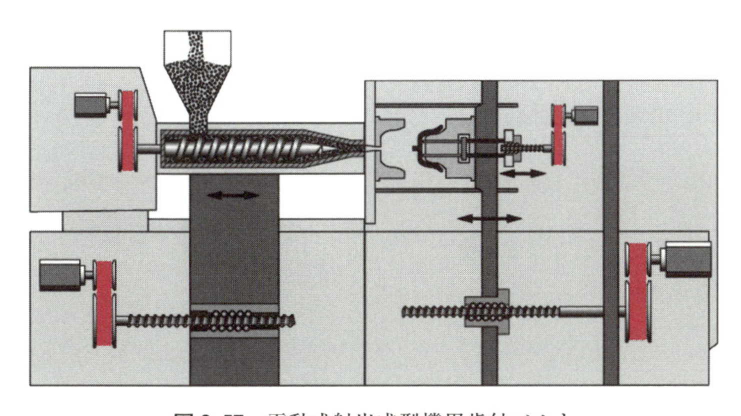

図 3.57　電動式射出成型機用歯付ベルト

3.6.12　モータサイクル後輪駆動（図 3.58）

モータサイクルの後輪駆動用に高強度ウレタンタイプの歯付ベルトを使用している．歯付ベルトを使用することで，変速時の衝撃が吸収でき，乗り心地が向上するとともに，張力の再調整や給油が不要なためメンテナンスフリーやクリーンなどのメリットがある．

図 3.58　モータサイクル後輪駆動用歯付ベルト

3.6.13　水力発電（図 3.59）

小水力発電システムの発電機駆動用に歯付ベルトを使用している．発電機の大型化に伴い，比較的大きな歯ピッチでの使用が多い．直接水がかかることはないため特別な仕様選定は不要であるが，伝動能力の高い高負荷タイプの歯付ベルトが使用されている．また，設置場所が住宅地に近い場合には発生騒音の低減が要求される．

図 3.59　水力発電用歯付ベルト

第4章 精密搬送ベルトの実用設計

近年，ベルトを使用した搬送用途は多様化しており，媒体を搬送する基本要素はベルトとローラである．特に，ベルトでの直接搬送においては，媒体と装置との間で情報の授受を行うため，高い位置決め精度，姿勢維持精度，搬送ピッチ精度，および送り精度などが要求される．これらの要求を満たすためには，通常の搬送用途とは区別して設計する必要がある．このような搬送は従来のベルト搬送と区別して精密搬送と位置づけ，精密搬送の対象は位置決め精度を ±1 mm 以下の搬送用途とする．

本章では，ベルトタイプの選定から，精密搬送の主な方法である挟持搬送のほか，歯付ベルトの蛇行調整方法の提案および，印刷機器でよく用いられるバキューム搬送について，アプリケーションを交えながら設計のポイントについて解説する．

4.1 ベルトタイプの選定

精密搬送に使用されるベルトとして，平ベルト，歯付ベルトがあり，それぞれに長所，短所があるため，要求特性に応じてベルトを選定する必要がある．平ベルトは「搬送レイアウトやプーリ形状の自由度が高い」，「低振動」，「低騒音」，「回転むらが少ない」ことより，ATM や郵便区分機，印刷機といった精密搬送が要求される様々な機械で使用されている．ただし，摩擦伝動で弾性滑りが発生するため，同期搬送に不適切であったり，多本掛けの際のずれが発生するといった短所がある．歯付ベルトは「同期伝達が可能であること」，「軸荷重が小さいこと」を活かし，包装機や液晶パネル製造ラインといった同期搬送が要求される機器で使用されている．しかし，平ベルトと比較した場合，「かみ合い振動（騒音）が大きくなる」，「フランジが必要である」，「挟持搬送では直線部分しか使用できない」など，歯付ベルト特有のデメリットがある

(1.2.2 項参照).

4.1.1　平ベルト使用上の注意点

平ベルトは摩擦により動力の伝達，搬送を行うため，原動と従動プーリ上で弾性すべりが発生し，プーリ1周毎の送り量の精度は歯付ベルトと比較して劣る傾向にあることから，搬送精度に応じて適切なベルトを選定する必要がある．平ベルトの設計上の留意点としては，経時による応力緩和や汚れの付着，摩耗などによる摩擦係数の低下が発生するため，精密搬送用途においては，搬送精度を維持できるようにこれらの影響を考慮した上で設計することが重要である．ただし，過剰設計により，必要以上の張力で取り付けるとベルトや軸受の損傷，軸のたわみが発生するため，これらの点については十分な注意が必要である．また，精密搬送用途において，紙幣などの紙葉類の搬送では連れ回りでの挟持搬送が多用されているが，挟持搬送においては，2本のベルトの速度差を小さくすることが重要となるため，ピッチ線の位置について十分に考慮したうえで設計を行う必要がある．

4.1.2　歯付ベルト使用上の注意点

平ベルトと歯付ベルトの特徴は，1.1.1 項と 1.1.4 項に記しているが，特に大きな違いは伸び特性にある．歯付ベルトは，かみ合い状態を適切な状態に保つため，平ベルトと比較すると伸びにくい心線を使用している．そのため，歯付ベルトは，プーリミスアライメントの影響を平ベルトより受けやすく，設計時や組立時に軸の倒れや組立誤差などに注意が必要である．プーリミスアライメントは，ベルトスラスト発生につながり，フランジとの強い接触や他部品との接触などによりベルト側面が損傷する原因となる．また，平ベルトと比較すると，テンションプーリの少ない移動量で張力変化が大きくなるため，取付張力管理に注意が必要である．歯付ベルトは取付張力が低すぎたり，高すぎたりした場合，「ベルト寿命の低下」，「想定した精度が確保出来ない」，「異常振動の発生」などの様々な不具合の原因となるため，ベルトメーカーのアライメント許容値やベルト取付張力を順守することが重要である．

4.1.3　要求特性からのベルト選定

ベルトを用いて動力伝達するだけであれば，どちらのベルトでも使用可能である．しかし，実際に精密搬送を行う場合には，様々な要求特性があり，より適切なベルトを選定する必要がある．

このような要望を取り入れた特定の要求に応じたベルト選定の例を**表 4.1** に

表 4.1　要求特性からの選定

精密搬送
歯付ベルト
平ベルト

要求特性	選定ベルト
1 レイアウトの自由度が高い ＊プーリ径を自由に設計出来る ＊多軸駆動 ＊ひねり搬送 ・郵便区分機	平ベルト
2 コーダルアクションによる回転むらを抑えたい ・印刷機	平ベルト
3 プーリの設計の自由度が高い ＊フランジレス ＊小プーリ径での使用 ＊プーリ径を自由に設計出来る	平ベルト
4 同期搬送が必要 ・包装機 ・液晶パネル製造ライン	歯付ベルト
5 多本掛け仕様 ＊左右のずれが無い ・梱包機	歯付ベルト
6 軸荷重を小さくする ・片持ち駆動	歯付ベルト
7 特殊加工 ＊搬送面の特性選択 ・穴あけ加工 ・歯研磨 ・蛇行防止ガイド	平ベルト 歯付ベルト

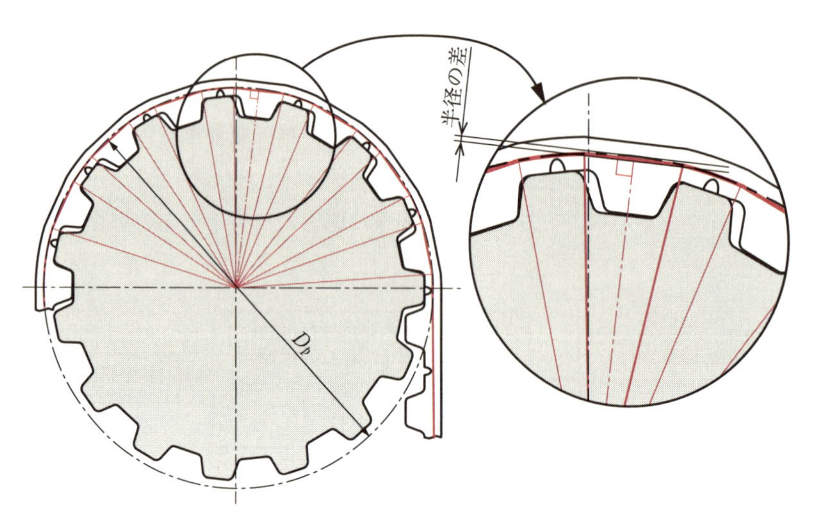

図 4.1　台形歯 T-10 におけるコーダルアクションの例

示す．

コーダルアクションとは，**図 4.1** の歯付ベルトの１ピッチを周期とする多角形挙動で半径の差により速度差が発生することである．プーリの歯数が増えることにより半径の差も小さくなり円運動に近くなる．最近の円弧歯形はそれを改善することができる．

4.2　ベルト挟持搬送の基礎

一般的に，挟持搬送機構では様々な機能を果たすため，複数のベルトが目的に応じて配列されている．基本構成は平ベルトが媒体を挟んで搬送することであるが，媒体搬送時の力学挙動は複雑である．本節の前半では，**図 4.2** に示す最も簡単なレイアウトを持つ挟持搬送機構を用いてベルトの張力と速度変動について解説する．後半では，実際の挟持搬送における共通の問題点を取り上げる．

4.2.1　ベルト張力の解析

図 4.2 に示すように，プーリ１は原動プーリで，下側のベルト１は駆動ベル

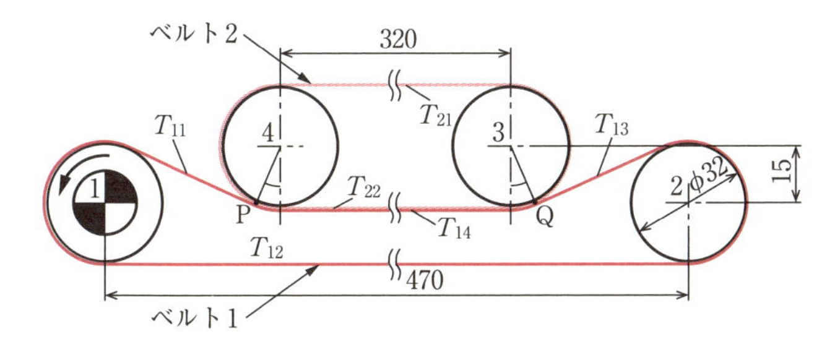

図 4.2　ベルト挟持搬送のレイアウトの簡単例

ト，上側のベルト 2 は原動プーリを持たない連れ回りベルトである．ベルト 1 はベルト 2 と P と Q の 2 箇所で接触し，これらの接触部の摩擦力でベルト 2 が駆動される．ベルトの厚さは，十分小さく無視できるものとする．また，準静的問題として，遠心張力の影響も無視する．図 4.2 ならびに解析に用いた記号の意味は，次の通りである．

l_{ij}：各スパン長さ；$i=1$：駆動ベルト，$i=2$：連れ回りベルト，$j=$ 各スパンの順番

T_{ij}：各スパンの張力

R：プーリの半径（すべてのプーリが同一半径とする）

T_{q1}：駆動トルク

T_{q2}〜T_{q4}：各プーリに作用する負荷トルク

L_1，L_2：ベルト 1 とベルト 2 の全長

T_{10}，T_{20}：ベルト 1 とベルト 2 の取付張力

各プーリとベルトの間に移動滑りが生じない場合，各プーリの静的つり合いの方程式は次のように表される．

$$T_{11}-T_{12}=\frac{T_{q1}}{R} \tag{4.1}$$

$$T_{13}-T_{12}=\frac{T_{q2}}{R} \tag{4.2}$$

$$(T_{14}+T_{22})-(T_{13}+T_{21})=\frac{T_{q3}}{R} \tag{4.3}$$

$$(T_{11}+T_{21})-(T_{14}+T_{22})=\frac{T_{q4}}{R} \tag{4.4}$$

ベルトのスパンが十分長く，プーリの巻き付け部のベルト伸びが無視できるとすれば，ベルトの張力とスパン長さの間に次の関係式が成立する．

$$\left.\begin{aligned} l_{11}T_{11}+l_{12}T_{12}+l_{13}T_{13}+l_{14}T_{14}=T_{10}l_1 \\ l_{21}T_{21}+l_{22}T_{22}=T_{20}l_2 \end{aligned}\right\} \tag{4.5}$$

ベルト1とベルト2の間において移動滑りが生じないとき，PQ間のベルト1とベルト2のスパンの伸びは等しいので，次の関係式が成立する．

$$T_{14}-T_{22}=T_{10}-T_{20} \tag{4.6}$$

式（4.1)～式（4.4）を用いて，負荷トルク T_{q2}～T_{q4} が与えられたとき，駆動トルク T_{q1} は，次式で得られる

$$T_{q1}=T_{q2}+T_{q3}+T_{q4} \tag{4.7}$$

また，式（4.1)～式（4.6）の連立方程式より，各ベルトのスパンの張力を求めることができる．

4.2.2　同一ベルト内の速度差

摩擦ベルト伝動機構では，ベルト1周において，各場所の張力差によってベルトの速度差が生じることは知られている．ベルトの運動時の連続条件より，速度 v と張力 T は，次の条件式を満足する．

$$\frac{v}{ES+T}=\text{const.} \tag{4.8}$$

ここで，ES はベルトの縦弾性係数とベルトの断面積の積である．

式（4.8）より，張力差のあるベルト上の2点間の速度変化率 Δv は，次のように導かれる．

$$\Delta v=\frac{v_t-v_s}{v_t}=\frac{T_t-T_s}{ES+T_t}\approx\frac{T_t-T_s}{ES} \tag{4.9}$$

v_{t}：張り側のベルトのピッチ線上の速度

v_{s}：ゆるみ側のベルトのピッチ線上の速度

T_{t}：張り側張力

T_{s}：ゆるみ側張力

同一ベルト内に生じる速度差は，ベルトの弾性伸びによるもので，弾性滑りという．式（4.9）より，同一ベルト内の速度差を抑えるため，張力差を小さ

くする必要があることがわかる.

4.2.3 ベルト間の速度差

実際の挟持搬送用ベルトは，厚みを持つため，2本のベルトが円弧上に重なる場合，ベルト間に速度差が生じる．**図 4.3**に，ベルト挟持搬送機構の中で円弧上に重なる箇所を示し，2本のベルト間に生じる速度差について考える.

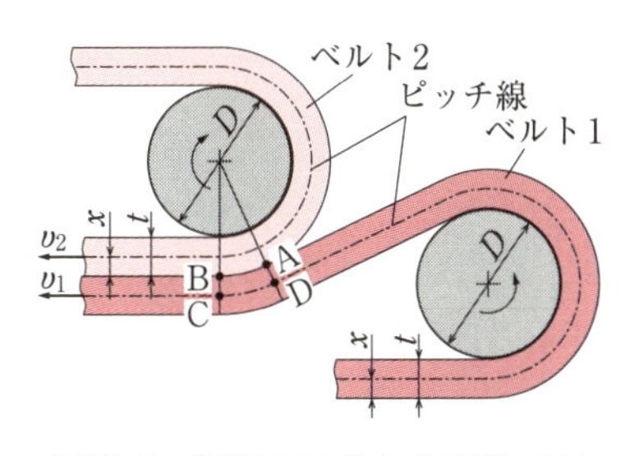

図 4.3 円弧上に重なる部分での速度差

ベルトの走行速度は，一般的にピッチ線上の速度とされる．図 4.3 で円弧上に重なる箇所でベルト間の移動滑りが生じないとき，2本のベルトの接触面（搬送面）の速度が同一となる．同一タイプのベルトがプーリに巻き付いているとすると，ベルトのピッチ線上の速度は，それぞれ次式で表される.

$$v_1 = \frac{D/2+t+x}{D/2+t} v_{\mathrm{out}} \tag{4.10}$$

$$v_2 = \frac{D/2+t-x}{D/2+t} v_{\mathrm{out}} \tag{4.11}$$

ここで，v_{out}：搬送面のベルト速度，D：プーリ直径，t：ベルト厚み，x：ベルト搬送面からピッチ線までの距離である.

これより，ベルト間の速度変化率 Δv は，次のように導かれる.

$$\Delta v = \frac{v_2 - v_1}{v_1} = \frac{-2x}{D/2+t+x} \approx -\frac{4x}{D} \tag{4.12}$$

式（4.12）より，ベルトのピッチ線が搬送面から離れている場合，ベルト間に速度差が生じることがわかる．4.1.2 項で述べた同一ベルト内の速度差が弾性滑りによるものに対して，ここでのベルト間の速度差はベルトの曲げ変形によるものであるので，屈曲滑りといえる．式（4.12）から明らかなように，ベルト間の速度差を小さく抑えるためには，搬送面とピッチ線の距離 x をゼロに近づけることが求められる.

4.2.4　有限要素法による解析

本項では，有限要素法による解析について述べる．図4.2に示したレイアウトと同じモデルを用いて解析を行う．**図4.4**に，有限要素法のモデルを示す．ここで，実際の挟持搬送用ベルトの構造を考慮して，ベルトの厚みおよび織布の位置をモデルに取り入れる．なお，パターンAは，織布が搬送面に近く，ベルトピッチ線も搬送面に近い構造になっている．それに対してパターンBは，織布が搬送面に遠く，ベルトピッチ線も搬送面に遠い構造になっている．**表4.2**と**表4.3**に，計算で用いた物性値を示す．

次に，有限要素法による計算結果について検討する．ここで，図4.2のプーリ2とプーリ3に同じ負荷トルクを作用させる．この負荷トルクはプーリ軸受における摩擦とその他の抵抗によるものとし，実際の挟持搬送機構においては，一般的にあまり大きな負荷トルクにはならない．

図4.5にパターンAにおける有限要素法による張力の計算結果を示す．図

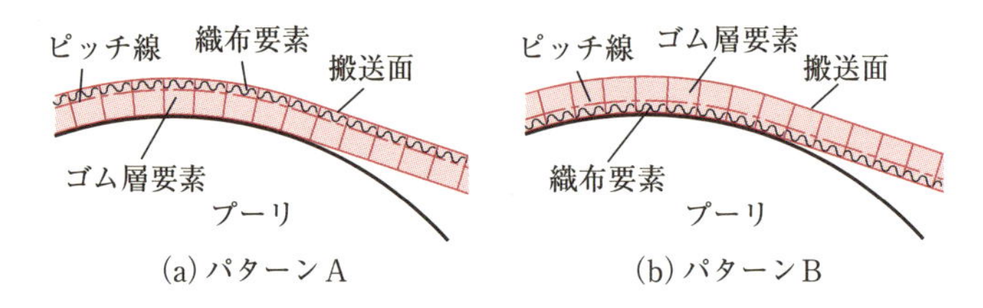

図4.4　有限要素法解析モデル

表4.2　ベルトの縦弾性係数

構成要素	縦弾性係数，MPa
ゴム層	7.2
織布層	62.7

表4.3　摩擦係数

接触対	摩擦係数
織布面と織布面	0.95
ゴム面とゴム面	0.87
織布面とプーリ	0.70
ゴム面とプーリ	0.63

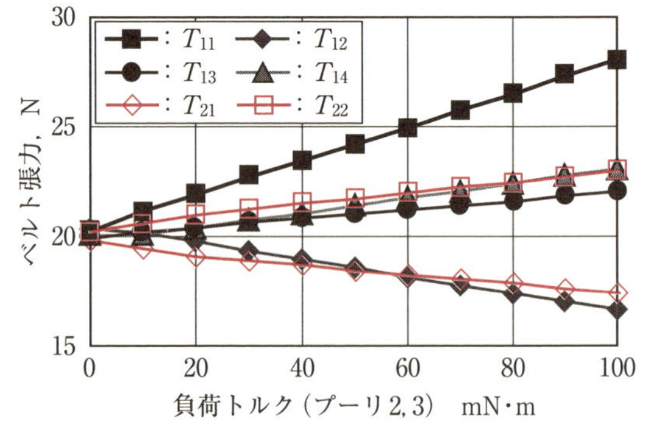

図4.5　有限要素法によるベルトの張力の計算結果

の縦軸にベルト張力，横軸にプーリ 2 とプーリ 3 に作用する負荷トルクを示す．各スパンの張力は負荷トルクの増加に伴ってリニアに増加し，T_{11} と T_{14} の張力差と T_{14} と T_{12} の張力差がほぼ同じ結果となった．これは，プーリ 2 とプーリ 3 に同じ負荷トルクを作用させた結果である．なお，パターン B の有限要素法および，4.2.1 項での理論解析による張力の計算結果は，ここに示していないが，有限要素法のパターン A とほぼ同じ結果になった．すなわち，織布の位置はベルトの張力に影響を及ぼさず，ピッチ線の位置による影響はないといえる．

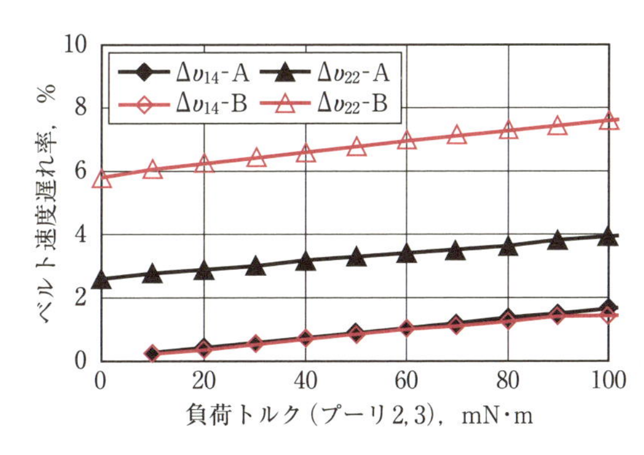

図 4.6 有限要素法によるベルト速度遅れ率の計算結果

図 4.6 に，有限要素解析より得られたパターン A とパターン B におけるベルトスパンの速度遅れと負荷トルクの関係を示す．ここで，縦軸は図 4.2 の搬送部のスパン 14 とスパン 22 における遅れ率（速度変化率）を示す．ここでの遅れ率は，原動プーリ上のベルトの速度に対するものである．

まず，負荷トルクによるベルト間の滑りによる遅れ率について考察する．図 4.6 より，同じパターン A あるいはパターン B において，ベルト 1 のスパン 14 とベルト 2 のスパン 22 の遅れ率が負荷トルクの増加につれて大きくなる．しかし，スパン 14 と 22 の差は負荷トルクによらずほぼ一定である．

一方，パターン A とパターン B における遅れ率の大きさは屈曲部におけるピッチ線の位置の差が大きくなりベルト間の速度差が広がることにより大きく異なる．これは，前述のようにベルト間の屈曲滑りによるものである．

以上の考察より，搬送部のベルトの遅れは屈曲滑りによる遅れと弾性滑りによる遅れの和であることがわかる．しかし，ベルト 1 と 2 の張力差が等しいため，弾性滑りによるベルト 1 と 2 の遅れは同じであることから，弾性滑りによってベルト間の滑りは生じない．ベルト間の滑りの発生原因は，屈曲滑りである．また，挟持搬送においては織布の位置の影響は大きく，屈曲滑りの少ないパターンAの方が精密搬送に適している．

4.2.5 ピッチ線位置による負荷トルクの比較

次に，**図4.7**のプーリBでピッチ線位置の違いによる負荷トルクの違いを比較する．**図4.8**，**図4.9**に，それぞれピッチ線が搬送面に近い構成と遠い構成を示す．また，図4.7のレイアウトでプーリBの押込み量（接触角 θ）を変えて，原動プーリAにかかる負荷トルクを測定した結果を**図4.10**に示す．

図4.10より，図4.8のピッチ線が搬送面に近い構成が，図4.9のピッチ線

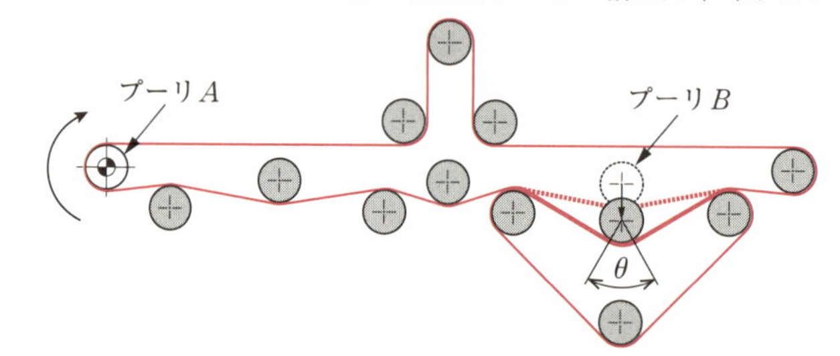

図4.7　実験の挟持搬送レイアウト

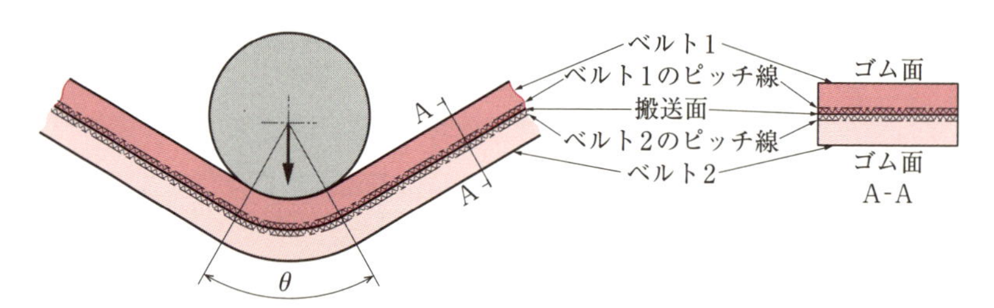

図4.8　ピッチ線が搬送面に近い構成

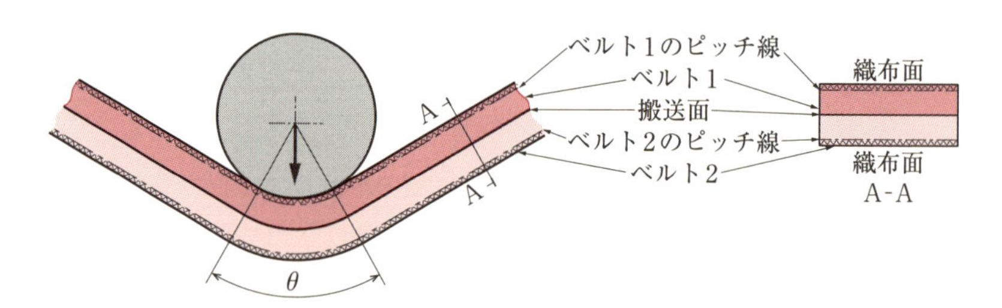

図4.9　ピッチ線が搬送面に遠い構成

が搬送面に遠い構成より負荷トルクを低く抑えることができる．また，ピッチ線が搬送面に近い構成の方が，押込み量を増しても負荷トルクの上昇は小さいことがわかる．

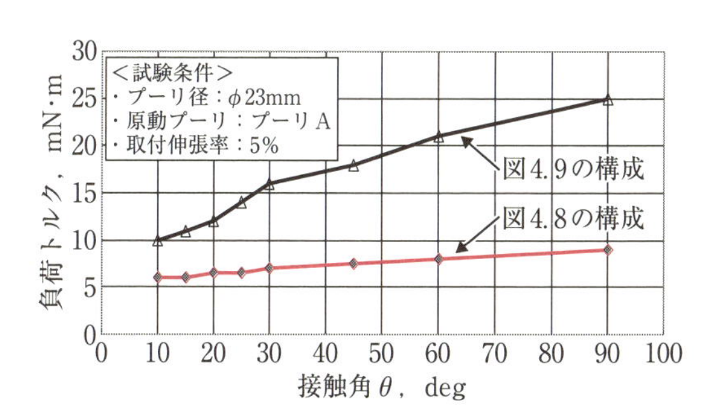

図 4.10　ピッチ線位置と負荷トルクの比較

ベルトの厚さ，張力，曲げ抵抗，摩擦係数，プーリ個数，プーリ径などによって原動プーリにかかる負荷は異なるため，図 4.10 の結果から一概に何パーセントの違いがあると断定することはできない．しかし，ピッチ線が搬送面に近いほど負荷トルクを小さくできるという傾向を確認することができる．

4.2.6　ベルトの構成

ゴム単体ベルトのように，単一材料で構成されるベルトのピッチ線は厚さの中央部にあるが，柔軟媒体を挟持搬送する用途で使用されている多くのベルトは，前述した理由からピッチ線を搬送面に近い位置に来るように構成されている．

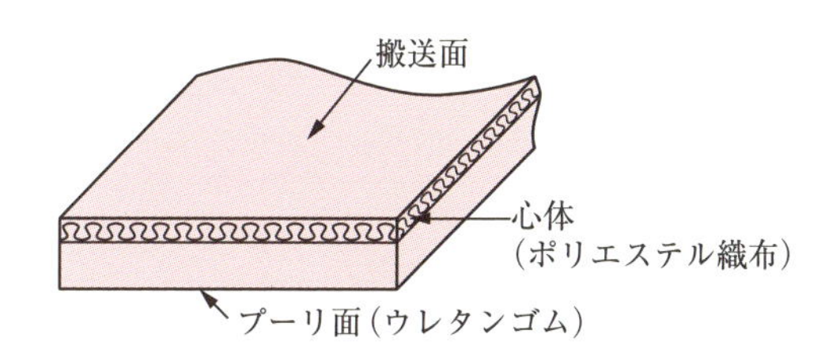

図 4.11　代表的な挟持搬送用ベルトの構成

ピッチ線を搬送面側に近づけるために，ベルトの張力を司る心体として，ゴムと比べて縦弾性係数の高いポリエステル織布を主に使用し，この心体を搬送面側に埋設させている．ピッチ線は縦弾性係数の高い心体位置に依存するため，ピッチ線を搬送面側に近づけることができる．**図 4.11** に，柔軟媒体の挟持搬送で使用されるベルトとしての代表的な構成を示す．

4.2.7　プーリ形状と配置

(1)　プーリ形状

実際の搬送ベルトの安定走行は，クラウンプーリを配置して確保しているのが一般的である．適正なクラウンプーリの形状は，使用ベルトの幅，長さ，剛性，摩擦係数や，プーリレイアウト，プーリ径などによって異なるので一概に決定できないが，図4.11に示した代表的な搬送ベルトを用いてクラウンの曲率半径とベルトの片寄り量との関係を測定した結果の一例を**図4.12**に示す．

図4.12より，クラウンの曲率半径が小さいほど安定するが，小さすぎるとベルトがクラウンプーリに沿わなくなり，走行性が悪くなる傾向がある．本実験条件では，クラウンの曲率半径は50〜200 mmが安定領域といえる．もちろん，クラウンの曲率半径は，ベルトタイプ，ベルト幅，用途に合わせて適切な大きさに設定する必要がある．

(2)　プーリ配置

図4.13に示すように，同一座標上にプーリが重なるレイアウトを設定した場合には，**図4.14**のように相対するベルトが押し合うことになり，クラウン

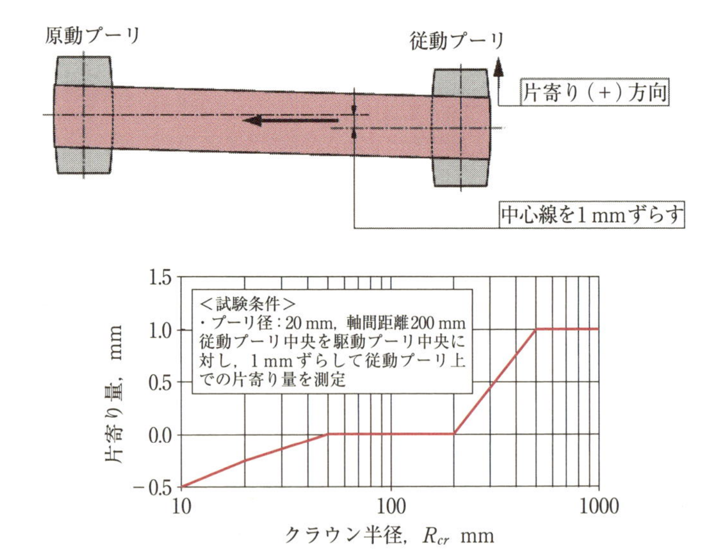

図4.12　クラウン曲率半径とベルトの片寄り量との関係

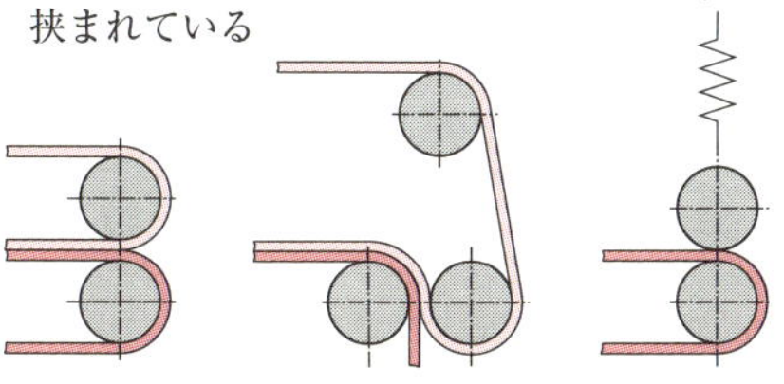

図 4.13　同一座標上のプーリ

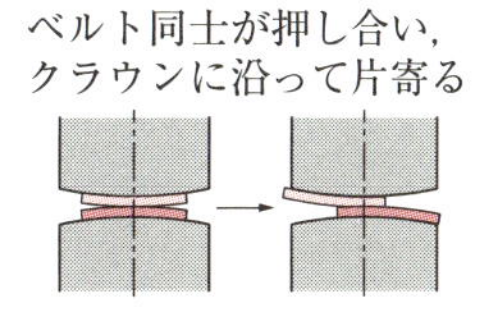

図 4.14　ベルトの押し合い

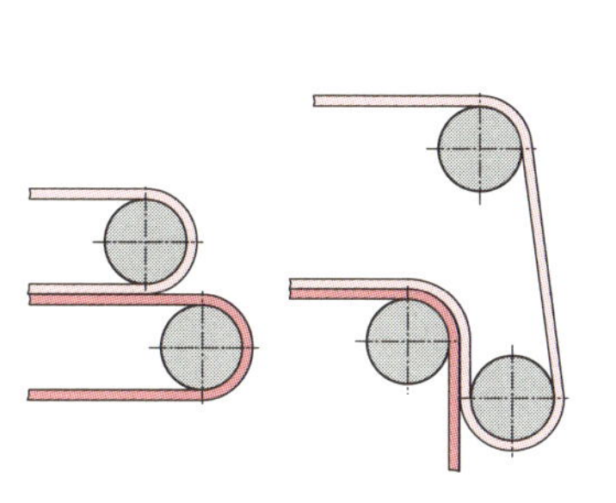

図 4.15　プーリ位置ずらし

の曲線に沿ってベルトが軸方向に片寄る現象を発生する．特に，各プーリ座標，プーリ外径，ベルト厚さの各許容差がこの現象を複雑にする．このような場合，**図 4.15** に示すように，プーリ位置をずらすことによって片寄りを抑制できる．

(3) 原動プーリの位置

挟持搬送のレイアウトが複雑な場合，ベルトの厚さによって各プーリ上およびプーリスパン間において速度差が生じ，搬送物のジャム（図 4.37 参照）が発生しやすくなるので，原動プー

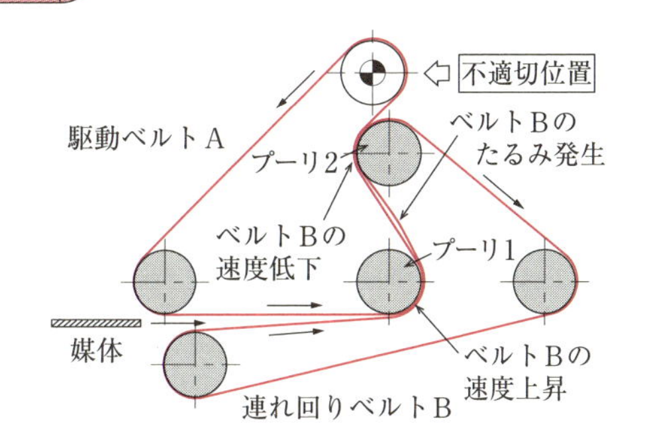

図 4.16　原動プーリ位置の例（不適切）

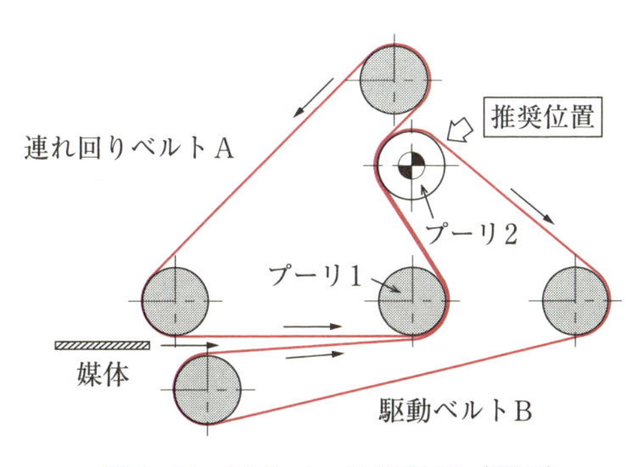

図 4.17　原動プーリ位置例（適切）

リを適切な位置に配置する必要がある．例えば，**図4.16**では，駆動ベルトAのプーリ1,2上の速度はほぼ一定であるのに対し，連れ回りベルトBは，プーリ1上では外側にあるので，ベルトAより速く走行し，プーリ2上では逆に内側にあるのでベルトAよりも遅く走行するため，プーリ1,2の間でベルトBにたるみが発生しやすくなる（4.2.3項参照）．これに対して，**図4.17**のように原動プーリの位置を変更することにより，連れ回りベルトAはプーリ2上でプーリ1上の速度よりも速く走行するため，たるみが発生しにくくなる．

4.3　精密搬送用歯付ベルトの蛇行調整法

4.2節では，主に平ベルトにおける精密搬送に関して説明してきた．しかし，搬送時に前後の機器との同期を取る必要性が増加し，歯付ベルトが多用されてきている．そのとき，問題となるのが蛇行調整である．伝動ベルトと違い，ワークがベルトの上はもちろん，プーリの上にも乗ることから基本的にはフランジを付けることは避けたい．そのため，**図4.18**に示すように，ライトコンベヤベルトで「ダゴーレス」と一般に呼ばれている蛇行防止ガイドをベルトの歯面に一体成型，もしくは歯面研磨後に台形のプロファイルを溶着して対応していた．しかし，「コストアップになる」，「納期が掛かる」，「幅の狭いベルトには採用できない」，「アライメント不良に伴う騒音と歯面の摩耗」，「プーリ径を大きくする必要がある」などの問題点が見られる．このため，新たに歯付ベルトを搬送用途に採用するに当たり，このような問題に対する解決策の一例について述べる．

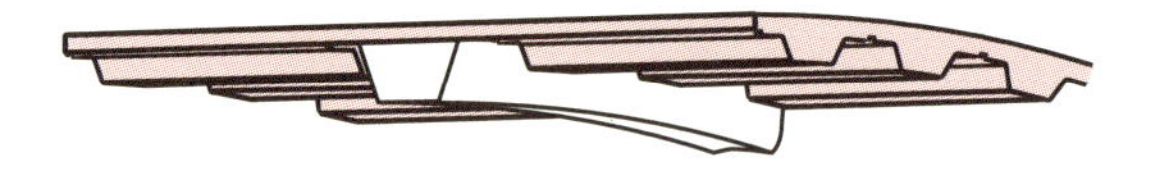

図4.18　歯付ベルトにおけるダゴーレス加工例

4.3.1　用途

用途としては，「液晶パネル・ソーラーパネルの生産ライン」，「包装機のフィルムの供給ユニット」，「衛生材料の生産ライン」などがあり，細幅単体での搬送，細幅多本掛けでの搬送，幅広でのバキューム搬送などに多用されている．

4.3.2 問題点

上記のような用途に用いる場合，次の問題点が発生する．

① 蛇行によるベルト歯面，エッジ部の早期故障

② プーリおよびフランジへの乗り上げによる早期故障

4.3.3 解決策の提案

図 4.19 のレイアウトを例に解決策として，次のようなことが考えられる．

① 歯付プーリは図 4.19 の原動プーリ 3 のみとし，他のプーリは全て平プーリとする．伝動ベルトと大きく違うのは，原動プーリは他のプーリと同期を取るためではなく，前後の機器と同期をとってワークを確実に送るために歯付プーリが必要なので，他のプーリは平プーリで十分である．結果として，ゆるみ側でのジャンピングの問題はもちろん，それに至るまでのかみ合い不良による騒音，歯面の摩耗も解消できる．

② 上述の用途では，ワークとの搬送面での滑り対策として，ベルトの歯面を研磨して平面にしたのち，穴を開けてバキューム搬送としているケースが多い．それに対して，①で提案した平プーリに替えた場合，図 4.19 のプーリ 1，プーリ 2 のように歯面部分（凹部分）と研磨部分（凸部分）に段差を付ける．結果として，研磨面を支える部分が蛇行防止ガイドの役目を果たすことができる．

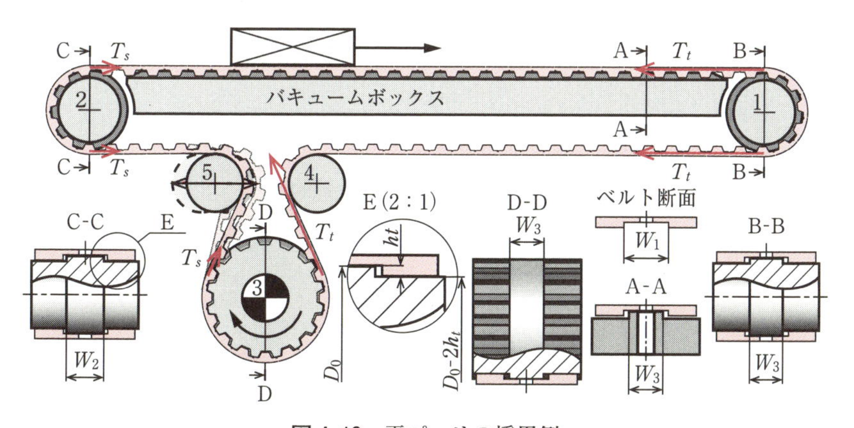

図 4.19 平プーリの採用例

プーリ2のように軸荷重の小さなプーリの凸部分の幅 W_2 と歯面の研磨幅 W_1 とのクリアランス（隙間）を狭くする．他の歯面に当たるプーリの幅 W_3 は広くすることにより，ベルト蛇行時に歯面の内側エッジ部との接触を避ける．寸法としては，$W_1 > W_2 > W_3$ の関係となる．

また，今回の例のようにバキュームボックス仕様に関しては，以下の事項を考慮することにより寿命を延ばすことが可能となる．

① バキューム用の穴は研磨部の歯の中心に開けることにより，屈曲疲労による穴開け部を起点とする早期故障を軽減できる．

② 穴径は，歯の下底部の幅よりも狭いほうが望ましい．

③ 穴のピッチは穴径の2倍以上空けることが望ましく．歯ピッチの倍数となる．

④ この機構において蛇行調整用プーリは，軸荷重の最も小さな原動プーリ3の後（ゆるみ側 T_s）のプーリ5が適している（図4.19参照）．

⑤ 平プーリの直径は，中央部が歯タイプ毎に推奨される最小歯数の歯先円直径（OD）とし，両側の径は，研磨部の歯の高さの2倍小さくすることが必須である．これは，研磨面およびベルトの歯先はプーリと常に接触することによりベルト幅全体に作用する負荷を均等に受けることができるためである．（図4.19のE参照）

⑥ バキュームによる負荷が大きい場合には，**図4.20**のように，ベルトの歯とプーリの歯のかみ合い幅がベルト幅に対して狭くなり，ベルトに作用する負荷はかみ合い部ではない研磨部に集中するため，ベルトの幅方向で歯部が内側に引っ張られる．結果として，「ジャンピング」，「歯の早期摩耗」

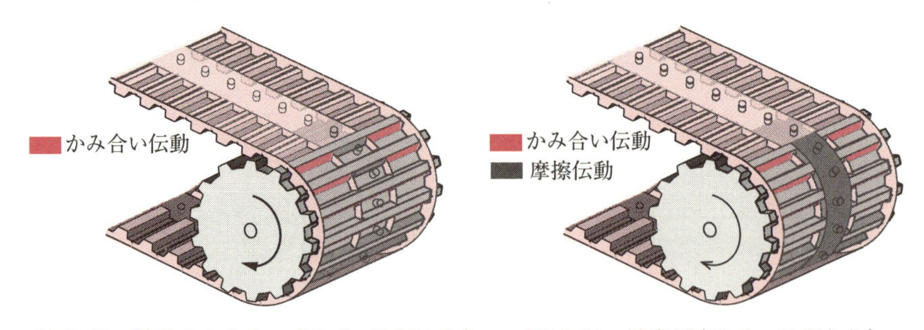

図4.20　通常のかみ合い(平プーリ部なし)　　**図4.21**　提案例(平プーリ部あり)

などがみられる．対策として，**図 4.21** のように，原動プーリの中央部に平プーリを挟むことにより歯同士のかみ合い伝動に，平プーリとの摩擦伝動が加わり，幅方向での変形を抑えることに貢献する．なお，平プーリ部の幅は，図 4.19 で右端のプーリ 1 の次に軸荷重が大きいことから，D-D ように W_3 とするのが望ましい．

4.4 バキューム搬送

印刷機械，製本機械などでは，軽量で薄い用紙，フィルムなどの精密搬送において確実な搬送と位置ずれを防ぐために，ベルトに穴を開けてベルトの裏側から負圧をかけてワークをベルトに固定して搬送する方法を取ることがある．このような搬送機構をバキューム搬送という．ここでは，バキューム搬送ベルトの設計上のポイントについて解説する．

4.4.1 問題点

ベルトに穴をあけることにより織布の経糸，緯糸が分断され，横剛性はもちろん，許容張力および引張剛性の低下を引き起こす．結果として，「伸びが大きくなる」，「縦じわができる」，「引裂きが起こる」などの問題が発生する場合がある．

直径 4 mm 以下の穴列は，ベルトに対して損傷箇所と同様の影響を与え，応力集中による引裂きの開始点となる可能性があるので避けた方がよい．また，角のない穴の方が角のあるもの（特に鋭角）よりも寿命が長くなる．

長穴については，幅方向では横剛性が落ち，進行方向では許容張力が減少するので伸びが大きくなる．結果として，長穴を中心にベルトの変形が起きるのでベルトの素材も含め，十分な検討が必要である．

4.4.2 許容張力の計算

許容張力の減少は，ベルトの断面積が減少することによる．また，**図 4.22** に示すように，穴の端部においては，切欠により 30% 程度の応力集中の増加が起こる，

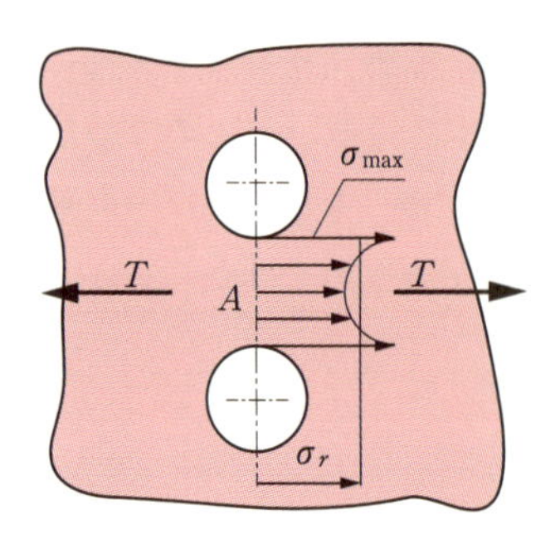

図 4.22　切欠による応力集中

T：断面における張力

σ_r：穴の間のベルトに作用する応力平均値

σ_{max}：穴の端部に作用する最大応力

$\sigma_{max} \fallingdotseq 1.3\,\sigma_r$

穴列ベルトの許容張力 T_{adm2} は次式で与えられる．

$$T_{adm2} = T_{adm}(b - n_s d_v)/1.3 \quad [\mathrm{N}] \quad (4.13)$$

T_{adm}：ベルト単位幅あたりの許容張力 [N/mm]

b：ベルト幅　[mm]

d_v：バキューム穴の直径　[mm]

n_s：幅方向の穴数

なお，この式は，長さ方向に対する長穴にも適用できる．

4.4.3　配列

(1)　ベルト端部から穴列までの距離

穴の直径 d_v に対して，**図 4.23** に示すベルト端部から穴列までの距離 e_1 は**表 4.4** の値を適用する．ただし，e_1 は計算結果よりも大きな整数とする．

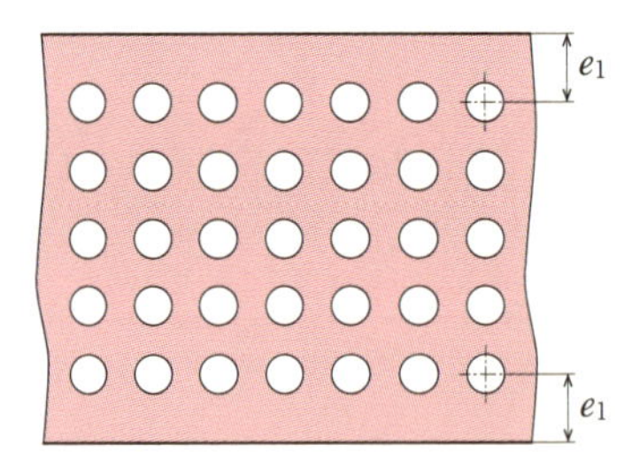

図 4.23　ベルト端部からの距離 e_1

表 4.4　穴径 d_v と e_1 の関係

d_v, mm	e_1, mm
4～10	$1.5\,d_v$
11～25	$1.3\,d_v$
26～50	$1.1\,d_v$
>50	$0.9\,d_v$

(2) 幅方向における穴列の間隔

穴径 d_ν に対し，少なくとも**表 4.5** に示す比率で開口部以外の有効ベルト幅 b_0 ($b_0 \geqq b - n_s d_\nu$) を保持しなければならない．これによって穴列間隔を決定する．

表 4.5 有効ベルト幅 b_0

d_ν, mm	保持すべき有効ベルト幅 b_0, mm
4～10	0.50 b
11～25	0.45 b
26～50	0.40 b
＞50	0.35 b

穴の最大数 n_s と**図 4.24** に示す幅方向の穴列間隔 e_2 は，穴径 d_ν とベルト幅 b から次のように求められる．

$$n_s = (b - b_0)/d_\nu \qquad (4.14)$$

$$e_2 = (b - 2e_1)/(n_s - 1) \qquad (4.15)$$

ここで，n は計算結果よりも小さな整数とする．また，e_2 は計算結果よりも大きな整数とする．

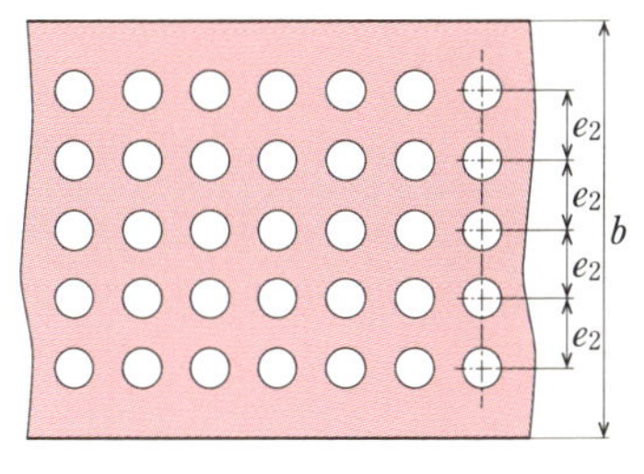

図 4.24 穴列の間隔 e_2

(3) 長さ方向における穴列の間隔

直交配列では，**図 4.25** に示す長さ方向における穴列の間隔 e_3 は，e_2 よりも大きく取る（$e_3 \geqq e_2$）．

図 4.26 に示す千鳥配列では，一般的に傾斜列の角度 β_e が 45° であり，このとき，$e_3 = e_2$ となる．ただし，β_e は 60° を超えないようにする．これより，$e_3 \geqq e_2/\tan 60°$ となる．

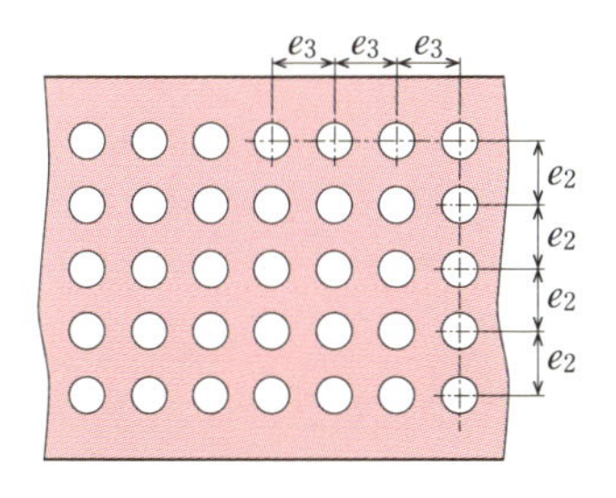

図 4.25 穴列の間隔 e_3

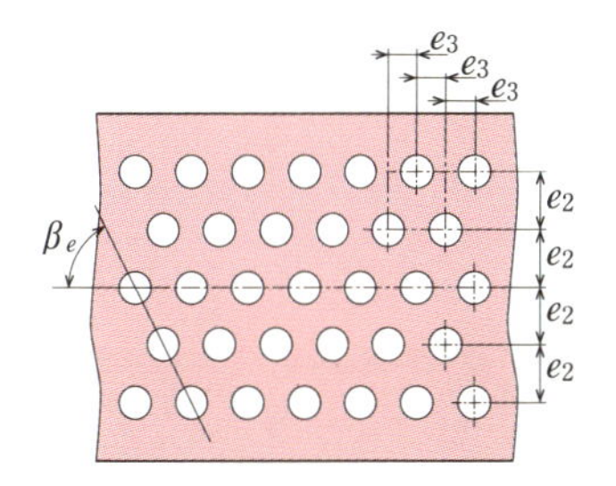

図 4.26 穴列の配置（千鳥配列）

4.4.4 設計の留意点

設計に当たって，次の点に留意する．

① ワークの素材とサイズによって穴径，間隔を決定する．これは，ワークを

確実に搬送するためと，穴の型がワークに残らないようにするためである．

② 支持板は，全体が平滑で凹凸がないようにする．

③ ワークはベルト中央に乗るように配置する．これは，ベルト蛇行の発生や左右のぶれによる送り精度の低下を回避するためである．

4.4.5 設計事例

穴あけパターンの決定と，有効幅に作用する張力の検証とベルト選定を行う．

【設計条件】

① 穴あけ仕様：直交配列にて穴径 d_b=12 mm をベルト幅 b=200 mm に対して，できるだけ沢山の穴を開けたい．

② 負荷条件：有効張力 T_e=280 N，摩擦係数 μ=0.15 およびプーリ接触角 θ=180° とする．

【手順1】ベルト幅に作用する最大張力の確認：

Euler の式より $e^{\mu\theta}=1.6$ となり，張り側張力 $T_t=T_e[1+1/(e^{\mu\theta}-1)]\fallingdotseq 747$ N となる．この値は有効ベルト幅に作用する最大張力である．

【手順2】幅方向における穴列の最大数 n_s の決定：

表4.5より，保持すべき有効ベルト幅の比率は45%なので，ベルト幅 b=200 mm に対して，有効ベルト幅 b_0=200×0.45=90 mm を保持すべきであり，その差 110 mm を穴列に提供することができる．これにより，式(4.14)を用いて幅方向における穴列の最大数 n_S を決定する．n_s=110／12=9.17 から，少ない方の整数を取り n_s=9 とする．

【手順3】ベルトの許容張力 T_{adm} の決定：

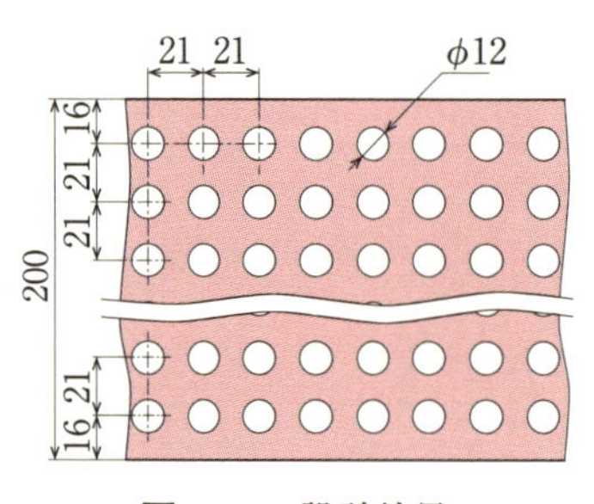

図4.27　設計結果

$T_{\mathrm{adm2}}=T_t$=747 N と式(4.13)より $T_{\mathrm{adm}}=747\times1.3/(200-9\times12)\fallingdotseq 10.6$ となり，ベルト単位幅の許容張力が 10.6 N/mm 以上のベルトを選定することが必要となる．許容張力が 10.6 N/mm 未満の場合，穴の数 n を減らす必要がある．

【手順4】e_1，e_2，e_3 の決定：

ベルト端から穴までの距離 e_1 は，表4.3よ

り $e_1=1.3\,d_v=1.3\times12=15.6$ mm となり，16 mm に決定する．次に，幅方向での間隔 e_2 は，$e_2=(200-16\times2)/(9-1)=21$ mm に決定する．小数点以下の寸法が出た場合は，e_1 を調整する．ここでは，長さ方向の間隔 $e_3=e_2=21$ mm とした．

以上より，設計結果は**図 4.27** に示すパターンとなる．

4.5 アプリケーション

4.5.1 ATM

銀行，郵便局，コンビニに設置されている ATM は，紙幣，カードを精密かつ高速にて搬送するためにベルトが採用されている．**図 4.28** に，紙幣搬送のレイアウト例を示す．この用途については，高速搬送途中にて搬送媒体との情報の授受および紙幣の鑑別が必要なことから精密搬送が要求される．**図 4.29** と**図 4.30** に，カードの搬送形態を示す．紙幣とカードの一般的な搬送速度は 2 m/s と高速である．ベルトには，平ベルトのほか歯付ベルトも使用される．

平ベルトはエラスティックタイプ，歯付ベルトは柔軟性のあるタイプが使用される．

ベルトの設計に当たって，通常の伝動機構と異なり，モータ出力や負荷から

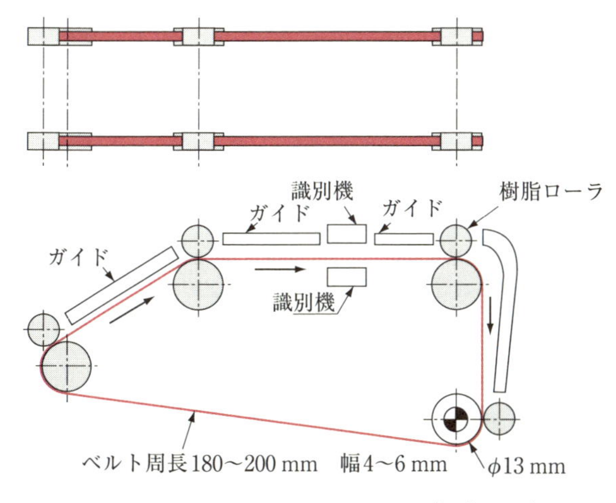

図 4.28　ATM のレイアウト例（紙幣搬送）

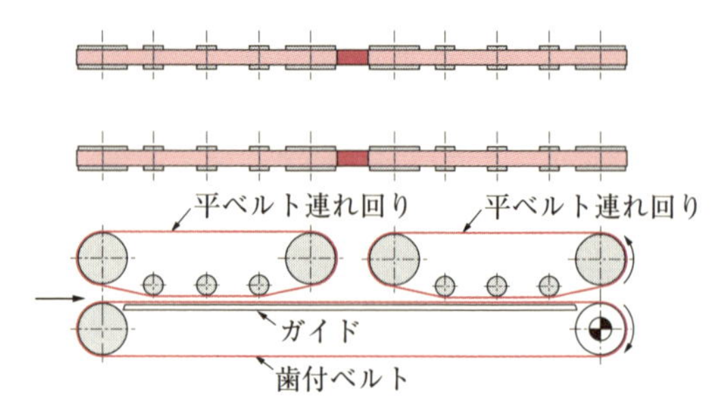

図 4.29　レイアウト例 (a)〔カード搬送/平ベルトと歯付きベルト〕

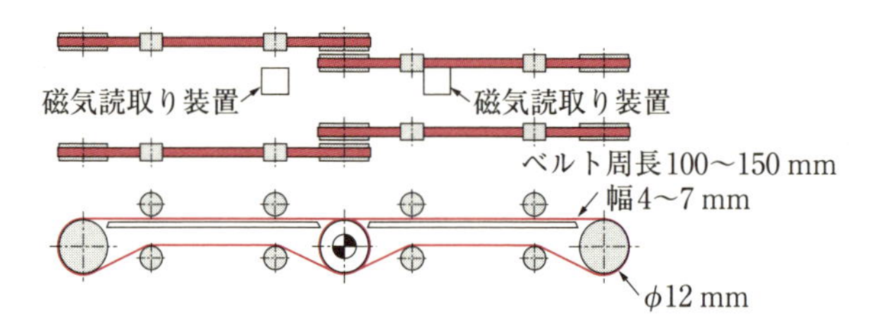

図 4.30　レイアウト例 (b)〔カード搬送/ベルトとローラ〕

ベルトを選定することは少なく，経験値よりベルトタイプ・構成を選定することがほとんどである．平ベルトは，固定軸に伸張率が約 3～10%になるように装着する．4.2.3 項と 4.2.5 項で述べたように，プーリ巻き付け部分でベルトのピッチ線が異なるため，ベルト間で速度差が発生し，また，負荷が大きくなる場合がある．結果として，搬送面の異常摩耗や，負荷の増加によりモータの回転異常の可能性がある．したがって，ピッチ線を搬送面近くに配したベルトの選定が望ましく，ベルト間の摩擦係数に注意が必要となる．

歯付ベルトは，歯飛び（ジャンピング）が発生しない程度の低張力にて使用されている．また，ベルト同士の挟持搬送で平ベルトのように 1 本のベルトで多軸駆動を行うと，ベルト間の速度差が大きくなり，紙幣がうまく搬送できなくなることがある．これは，ベルトピッチ線の違いの影響が大きいためである．したがって，歯付ベルトによる搬送の場合は，基本的には直線搬送が主となる．

ベルトとローラの挟持搬送については，ローラ位置およびローラの押付け力が搬送精度に大きく影響を及ぼす．通常，ローラはスプリングなどにより押付け力が常に一定となる方法が採用されている．ハードカード搬送時に，固定式ローラをプーリ上に設置すると，ベルト心線が部分的に圧縮され，強度劣化を来たし早期に切断することがある．

4.5.2 自動改札機

自動改札機の搬送部はハンドラーとも呼ばれ，設置環境の温湿度の影響や切符の状態（汚れ・折れじわ）に関係なく，磁気券を高速搬送しながら，その情報を正確に読み書きする過程で多くの挟持搬送ベルトが使用されている．挟持搬送の精度を満たすために，挟持搬送ベルトには，厚さ精度，耐摩耗性，安定した摩擦力および皮脂に対する耐薬品性などが求められる．

搬送形態には，下記の２通りがある．

① ベルト背面同士による挟持搬送

② ベルト背面とローラによる挟持搬送

(1) 投入分離部

図 4.31 に示す新幹線型自動改札機のように，一度に複数枚の乗車券を投入した場合，重なった状態ではそれぞれの磁気情報を読み取ることができないので，１枚ずつに分離する必要がある．このため，**図 4.32** に示すように，上下

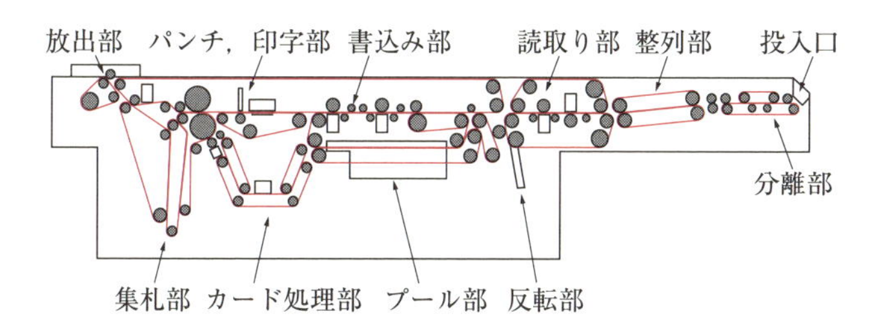

図 4.31 自動改札機の挟持搬送のレイアウト例

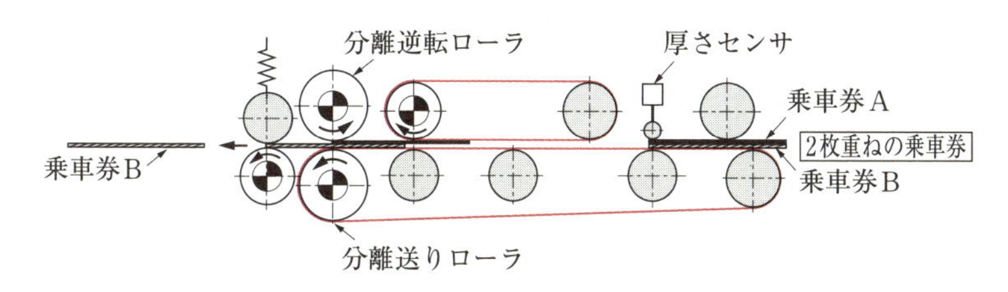

図 4.32 分離機構概要

の搬送速度の違うベルトで挟持し，速度差と逆転ローラを利用して重なった乗車券を前後に分離する．

(2) 整列部

図 4.33 に示す整列部では，磁気ヘッドにトラック位置が合うように乗車券を搬送しながら姿勢を矯正する位置決め精度が要求される．挟持搬送ベルトには，姿勢矯正できる適度な滑り性が搬送面に求められる．

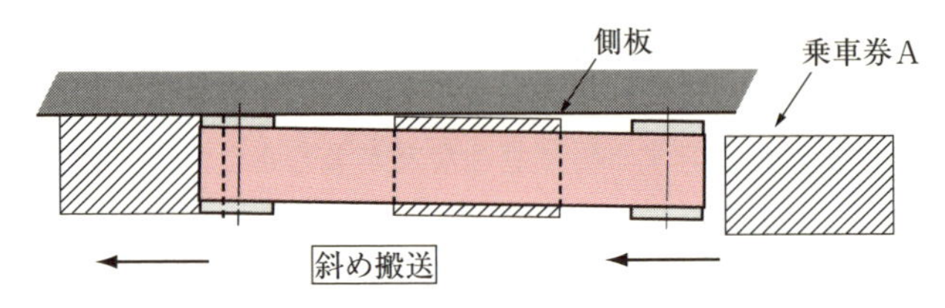

図 4.33　ベルトと側板による整列機構概要

(3) 読取り部

乗車券に記録されている日付，乗車駅などの磁気情報を磁気ヘッドで読み取る．乗車券は，6 mm 前後の細幅ベルトで挟持搬送されることが多い．ベルトには，高精度な搬送はもちろん，搬送面の耐摩耗性，走行帯電防止仕様が要求される．また，ベルトの速度差と負荷を減らすため，ベルトのピッチ線を搬送面に近づけたベルトが多用され，加えて搬送枚数が1枚から複数枚へ増えるに連れ，使用ベルトは搬送能力の高いものに移行している．

4.5.3　印刷機

印刷機には多くの種類があるが，この項では，**図 4.34** に示すように，その中で枚葉機と呼ばれる1枚ずつ印刷する機械のフィーダ部で使用されるベルトについて紹介する．

従来は，数本のベルトで用紙を搬送し，用紙の浮上がり防止策として上から金属のボールなどで押さえるケースが多かった．しかし，スキュー（図 4.36 参照），送りむらなどの問題が起こることが多く，また，押さえのボールなどで用紙の表面にマークがついてしまうことにより，印刷時のインクのにじみ，かすれなどが見られる．そのため，搬送精度を要求する場合は，バキューム搬

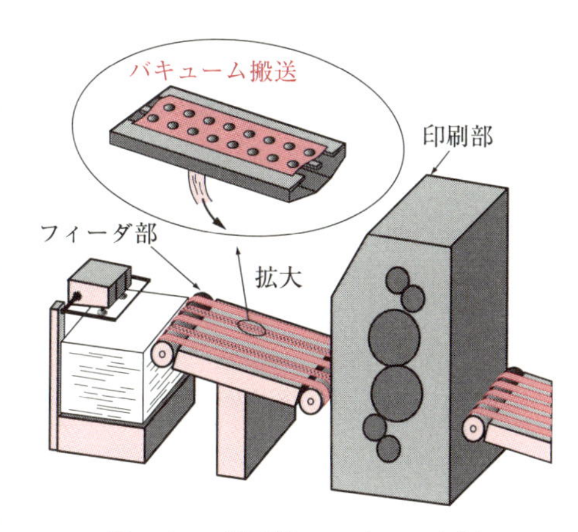

図 4.34　印刷機のレイアウト例

送が採用される．

バキューム搬送の場合，上からの押さえが不要となるほか，送り精度不良に伴う印刷不良も解消される．ただし，素材も含め，用紙の種類も多岐にわたるので，バキューム搬送のための穴形状により，穴のマークがついてしまうこともあるので穴形状を決めるうえでは，実際の用紙を使い，数種の穴形状での慎重な検討が必要となる．

枚葉機では，主に平ベルトが使われており，ベルト幅，本数も印刷機の大きさによって異なる．ベルト幅は 10～100 mm 位で，総本数は用紙の幅にもよるが，1～8 本位となる．そのうち，穴あけベルトは，1 本のみで搬送する機種もあるが，通常，多本掛けの場合は 1～2 本配置される．ベルトの厚みは，0.5～1.5 mm 程度までと種類も多く，帯電防止仕様は必須となる．

プーリの材質としては鋼製がほとんどで，総体的にクラウン量も大きいが，伸びの少ないベルトの場合，幅 30 mm，直径 30 mm のプーリに対して，曲率半径が 250 mm のプーリが適切である．ベルトの素材はエラスティックタイプから伸びの少ないタイプ，また，心体の材質もポリアミドからポリエステルまでといろいろなタイプのベルトが使われている．プーリ側ではテーブル支持との滑り抵抗を少なくするため摩擦係数を小さく，また，搬送面では用紙との滑りを少なくするために，摩擦係数が大きい方がよい．ただし，薄いコート紙などでは，サクション効果によりベルト表面に付着してベルト間での搬送物の乗り移りができずに回ってしまうことがある．このような場合，ベルト表面は織布面の方が好ましい．

4.5.4　郵便区分機

郵便局では，人に代わり高速ではがき，封書などを高精度の OCR（光学式

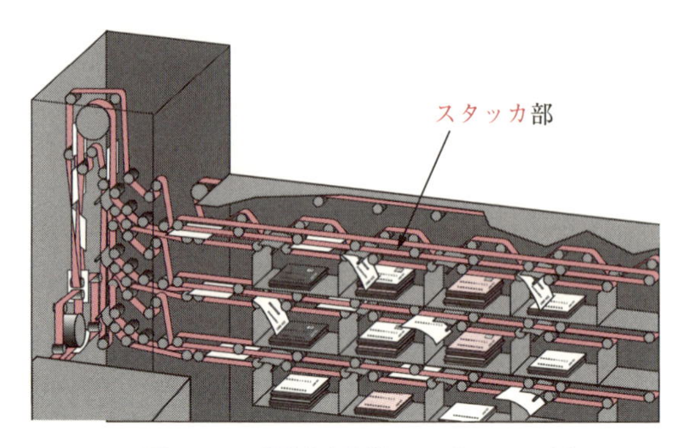

図 4.35　郵便区分機のレイアウト例

文字読取り装置）を使い，郵便番号はもちろん，住所，宛名を瞬時に読み取り，識別する．ここに用いられる自動化機械は，**図 4.35** に示す郵便区分機である．この機械では，郵便物の高速処理のために駆動ベルトはもちろん，搬送部で平ベルトが大量に使われている．搬送方法としては平ベルト同士による挟持搬送が殆どであり，搬送速度は 3～4 m/s である．

図 4.35 に示すように，ベルト交換が簡単にできるように，すべてのプーリが片持ち支持となっている．このため，軸荷重をあまり上げないように注意する必要がある．ベルトの素材はエラスティックタイプが採用されており，その選定に当たっては摩擦係数，軸荷重を考慮する必要がある．特に直線部では，**図 4.36** に示すスキューが問題となり，回転部では内側のベルトと外側のベルトの周速差により送り精度が問題となる．そこで，ベルト配置では，できるだけピッチ線を挟持面近くに持っていくことが重要である．

また，摩擦係数も同じではなく，どちらか一方を小さくすることにより周速差を逃がすこともベルト選定の大きなポイントとなる．ベルトの厚みは 0.8～1.5 mm 位，初期伸張率 2～6％程度で使用する．中間のガイドプーリは樹脂製が多く，静電気対策として，ベルトはもちろん，プーリの帯電防止機能は必須となる．

プーリの形状としては，ベルトの表裏に関係なくクラウン付プーリが用いられ，エラスティックタイプのベルトが多数のプーリに接触することから大きなクラウン量を必要とされている．郵便区分機で，上下，もしくは左右の複数本

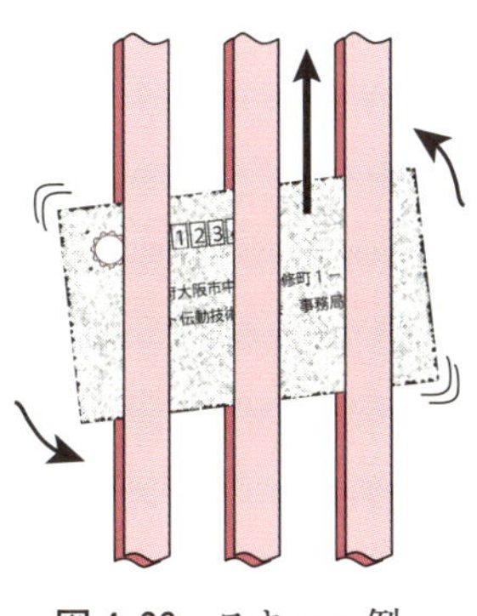

図 4.36　スキュー例

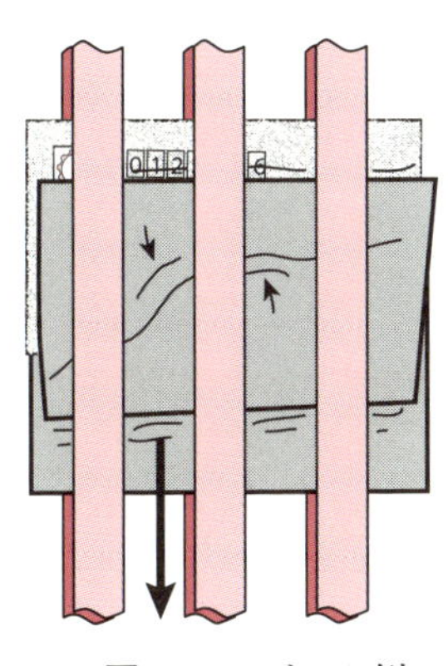
図 4.37　ジャム例

のベルトで挟持搬送を行う場合，主に問題となる現象が図 4.36 に示すスキューと，**図 4.37** に示すジャムである．このような問題が発生した場合，「ベルトのピッチ線」，「摩擦係数」，「プーリ形状」，「原動プーリの位置」，「初期伸張率」を確認して，「ベルトタイプ変更」も含めて再検討することにより解決の糸口が見つかる．

参 考 文 献

1) ベルト伝動技術懇話会 編：「新版 ベルト伝動・精密搬送の実用設計」，養賢堂 (2006).

2) 前田：「配合設計（Ｉ） 原料ゴムの種類と性質」，日本ゴム協会誌，**51**，8 (1978)，p.632.

3) 日本化学繊維協会 編：「化繊ハンドブック」，日本化学繊維協会 (2016).

4) G. Gerbert：“Traction Belt Mechanics, Flat belts, V-belts, V-rib belts”, Kompendiet-Göteborg (1999)，p.49.

5) 大倉・澤田・塚本：「ベルト片寄りの基本メカニズムに関する一考察」，日本機械学会講演論文集，No.04-07 (2004)，p.251.

6) 程・岩田・佐藤・小松崎・矢鍋・佐藤：「クラウニングローラのベルトセンタリング効果」，機械学会論文集 (C 編)，**68**，674 (2002)，p.2911.

7) 矢鍋・程：「ベルトスキュー」，日本機械学会誌，**108**,1044 (2005)，p.858.

8) R. Case：“Timing Belt Engineering Handbook”, McGraw-Hill (1954).

9) 網島・藤井：「タイミングベルトの歯における荷重分布について」，日本機械学会論文集，**42**，359 (1976)，p.2233.

10) G. Gerbert, H. Jonsson, U. Persson, & G. Stensson：“Load Distribution in Timing Belts”, Transactions of the ASME, Journal of Mechanical Design, **100** April (1978)，p.208.

11) 小山・籠谷・柴田・佐藤・保城：「歯付ベルトの強度に関する研究（第 4 報，不完全かみあい部を考慮した荷重分担）」，日本機械学会論文集（C 編)，**45**, 399 (1979)，p.1260.

12) 籠谷・小山・上田・會田・保城：「歯付ベルトの初張力作用時における荷重分担」，日本機械学会論文集 (C 編)，**49**，448 (1983)，p.2212.

13) T. Childs, I. Parker, A. Day, A. Coutzoucos & K. Dalgarno：“Tooth Loading and Life of Automotive Timing Belts”, 17th Leeds-Lyon Symposium on Tribology (1990)，p.341.

14) T. Uchida, Y. Yamaji, & N. Hanada：“Analysis of the Load on Each Tooth of a 4-Cycle Gasoline Engine Cam Pulley”, JSME International Journal Ser. C, **36**, 4 (1993)，p.530.

15) 清水・藤井・高・城戸：「有限要素法を用いた歯付きベルトの歯剛性解析」，日本機

械学会論文集（C 編），**61**，582（1995），p.462.

16）城戸・草野・藤井：「トルク変動下での歯付きベルトの荷重分担ならびに噛み合い解析」，自動車技術会論文集，**27**，1（1996），p.127.

17）T. Johannesson & M. Distner：“Dynamic Loading of Synchronous Belts”, Transactions of the ASME, Journal of Mechanical Design, **124** March（2002），p.79.

18）T. Koyama, W. Zhang, M. Kagotani & H. Ueda：“A Study on Jumping Characteristics in Synchronous Belt Drives（Experimental Results and FEM Analysis at Driven Pulley Jumping）”，Proceedings of the ASME 2003 International Design Engineering Technical Conferences and Computers and Information in Engineering Conference, September（2003）, DETC 2003/PTG-48009.

19）籠谷・會田・小山・佐藤・保城：「歯付きベルトの回転伝達特性に関する研究（第 2 報，初張力作用時の回転伝達誤差・理論解析）」，日本機械学会論文集（C 編），**48**，429（1982），p.700.

20）籠谷・會田・小山・佐藤・保城：「歯付ベルトの回転伝達特性に関する研究（第 3 報，初張力作用時の回転伝達誤差・実験結果）」，日本機械学会論文集（C 編），**48**，435（1982），p.1806.

21）籠谷・蒔田・上田・小山：「歯付ベルトの回転伝達誤差に及ぼすアイドラの影響（無負荷の場合）」，日本機械学会論文集（C 編），**67**，663（2001），p.3589.

22）K. Makita, M. Kagotani, H. Ueda & T. Koyama：“Influence of Idler on Transmission Error in Synchronous Belt Drives（Under Transmission Force）”, Transactions of the ASME, Journal of Mechanical Design, **125** June（2003），p. 404.

23）K. Makita, M. Kagotani, H. Ueda, & T. Koyama：“Transmission Error in Synchronous Belt Drives With Idler（Influence of Thickness Error of Belt Back Face Under No Load Conditions）”, Transactions of the ASME, Journal of Mechanical Design, **126** January（2004），p. 148.

24）籠谷・上田・小山：「伝達力作用時における歯付ベルトの回転伝達誤差（ベルトの浮き上がりを考慮した場合）」，日本機械学会論文集（C 編），**66**，643（2000），p.951.

25）H. Tai & C. Sung：“Effects of Belt Flexural Rigidity on the Transmission Error of a Carriage-driving System”, Transactions of the ASME, Journal of Mechanical Design, **122** June（2000），p.213.

26) M. Kagotani, H. Ueda, & T. Koyama：“Transmission Error in Helical Timing Belt Drives (Case of a Period of Pulley Pitch)”, Transactions of the ASME, Journal of Mechanical Design, **123** March (2001), p.104.
27) 籠谷･上田･小山･西岡：「はすば歯付ベルトの回転伝達誤差に関する研究（ベルトの片寄りによる影響）」, 日本機械学会論文集（C 編）, **63**, 614 (1997), p.3612.
28) 籠谷･小山･K. Marshek：「偏心プーリを持つ歯付ベルトの回転伝達誤差に関する研究（初張力の影響）」, 日本機械学会論文集（C 編）, **55**, 519 (1989), p.2831.
29) M. Kagotani, T. Koyama, & H. Ueda：“A Study on Transmission Error in Timing Belt Drives (Effect of Production Error in Polychloroprene Rubber Belt)”, Transactions of the ASME, Journal of Mechanical Design, **115** December (1993), p.1038.
30) 籠谷･會田･小山･佐藤･保城：「歯付ベルトの回転伝達特性に関する研究（第 4 報, 初張力作用の正逆回転時における回転伝達誤差）」, 日本機械学会論文集（C 編）, **50**, 451 (1984), p.529.
31) M. Kagotani & H. Ueda：“Factors Affecting Transmission Error in Helical Synchronous Belt With Error on Belt Side Face Under Bidirectional Operation”, Transactions of the ASME, Journal of Mechanical Design, **132** July (2010), p.071005.
32) M. Kagotani & H. Ueda：“Transmission Error in Synchronous Belt With Resonance Under Installation Tension”, Transactions of the ASME, Journal of Mechanical Design, **134** June (2012), p.061003.
33) M. Kagotani & H. Ueda：“Influence of Installation Tension on Transmission Error Due to Resonance in a Synchronous Belt”, Transactions of the ASME, Journal of Mechanical Design, **137** August (2015), p.083301.
34) 久保･安藤･佐藤･會田･保城：「歯付ベルトの運転騒音に関する研究（第 1 報, 運転騒音の発生機構）」, 日本機械学会論文集, **37**, 293 (1971), p.197.
35) W. Zhang & T. Koyama：“A Study on Noise in Synchronous Belt Drives (Experimental and Theoretical Analysis of Impact Sound)”, Transactions of the ASME, Journal of Mechanical Design, **125** December (2003), p.773.
36) M. Kagotani & H. Ueda：“Transmission Error Due to Resonance in Synchronous Belt Drive With Eccentric Pulley”, Transactions of the ASME,

Journal of Mechanical Design, **139**, December (2017), p.123301.

37) K. Watanabe, T. Koyama, K. Nagai & M. Kagotani："A Study on Timing Belt Noise (Theoretical Analysis for Forced Transverse Vibration of Timing Belt With Parametric Excitation)", Transactions of the ASME, Journal of Mechanical Design, **112**, September (1990), p.424.

38) 籠谷·會田·小山·佐藤·保城：「歯付ベルトの騒音低減に関する一，二の方法」，日本機械学会論文集（C編），**46**，408（1980），p.942.

39) 小山·籠谷·保城：「タイミングベルトの騒音（台形歯形ベルトと円弧歯形ベルトの比較）」，日本機械学会論文集（C編），**54**，505（1988），p.2278.

40) T. Koyama, K. Watanabe, K. Nagai & M. Kagotani："A Study on Timing Belt Noise (How to Reduce Resonant Noise)", Transactions of the ASME, Journal of Mechanical Design, **112**, September (1990), p.419.

41) H. Ueda, M. Kagotani, T. Koyama, & M. Nishioka："Noise and Life of Helical Timing Belt Drives", Transactions of the ASME, Journal of Mechanical Design, **121** June (1999), p.274.

42) 飯塚：「歯付ベルトの破損機構解明に関する研究」，日本ゴム協会誌，**70**，12（1997），p.715.

43) 鈴木：「特集"OA機器紙送りにおけるゴムのトライボロジー"」，日本ゴム協会誌，**74**，8（2001），p.299.

44) 張・小山・井本・崔：「ベルト挟持搬送機構に関する基礎的研究」，日本機械学会講演論文集，No.04-08（2004），p.13.

45) 橋本：「小特集号　紙ハンドリングのからくり」，日本機械学会誌，**108**，1044（2005），p.839.

46) 椎橋：「自動改札のひみつ」，交通ブックス114，成山堂書店（2005）.

索　引

数字・英字

1/2 ピッチ周期の回転むら／transmission error with a period of half pitch……142
1 ピッチ周期の回転むら／transmission error with a period of pitch……138
A ランク故障／A ranke failure……86
B ランク故障／B ranke failure……86
CVT／continuously variable transmission……112
C ランク故障／C ranke failure……87
D ランク故障／D ranke failure……87
Euler の摩擦伝動理論／Euler's theory of frictional transmission……23
E ランク故障／E ranke failure……87
PLD／pitch line differential……130, 172
RFL 処理／RFL treatment……169
V ベルト／V-belt……1
V リブドベルト／V-ribbed belt……1

ア　行

アーム方式／arm tensioning system……98
アイドラ／idler……138
アイドラプーリ／idler pulley……76
アライメント／alignment……12
アラミド繊維／aramid fiber……167
位置決め／positioning……129
位置決め精度／accuracy of positionimg……165
逸脱／deviance……68
一般用 V ベルト／classical V-belt……7
移動滑り／sliding slip……30
浮き上がり／belt climbing……132
薄形 V ベルト／thin V belt……7

エラスティックタイプ／elastic type……205
円弧歯形／curvilinear prifile……14
円弧歯形歯付ベルト／curvilinear profile synchronous belt……150
遠心張力／centrifugal tension……3
円筒金型／cylindrical mold……3
横転／over turning……73
オートテンショナ／automatic belt tensioner……63
オーバーハング量／overhang length……163
送り精度／conveying accuracy……185，209，210
押込み量／pusshing depth……194

カ　行

回転伝達／rotation transmission……129
回転伝達精度／accuracy of rotation transmission……15，165
回転むら／transmission error……137
角加速度／angular acceleration……68
角速度／angular velocity……68
カシメ加工／caulking……163
荷重分担／load distribution……132
片寄り／side tracking……141
片寄り力／side tracking force……162
かみ合い終わり／end of meshing……129
かみ合い干渉／meshing interference……130
かみ合い周波数／meshing frequency……141
かみ合い衝撃音／meshing impact sound……144
かみ合い伝動／synchronous power transmission……1
かみ合い始め／beginning of meshing……129
かみ合い摩擦音／meshing friction noise……144
ガラス繊維／grass fiber……167
慣性モーメント／moment of inertia……67，152
基準伝動容量／basic power rating……52
気柱共鳴音／pipe resonance sound……149

気柱の基本固有振動数／pipe fundamental natural frequency……145
逆回転時の回転むら／transmission error in reverse rotation……141
逆曲げ／reverse bending……49
急激な起動停止／rapid start and stop……152
休止角／dead angle……26
挟持搬送／sandwich transportation……185
共振／resonance……142
き裂／crack……81
金属ベルト式／metal belt type……113
クォーターターン掛け／quarter turn drive……4
くさび効果／wedge effect……4，34
屈曲滑り／bending slip……191
屈曲損失／flexion loss……3
屈曲疲労／bending fatigue……164
駆動抵抗／driving resistance loss……168
駆動ベルト／transmission belt……188
クラウン／crown……161
クラウン効果／crown effect……68，76
クリープ角／creep angle……26
結合Vベルト／joined V-belt……10
限界速度／limit speed……78
弦振動／string vibration……146
弦振動音／string vibration sound……144
弦振動修正係数／string vibration correction factor……146
減衰固有振動数／damped natural frequency……144
原動プーリ／driving pulley……11
広角Vベルト／wide angle V-belt……10
コーダルアクション／chordal action……188
コード平ベルト／cord core flat belt……2
誤組／wrong assembly……84
固有振動数／natural frequency……100

サ 行

最小プーリ径／minimum pulley diameter …… 70
最大張力／maximum drive tension …… 51
最大動力／maximum power …… 152
三角歯形／triangle tooth …… 16
シームレス／seamless …… 3
軸荷重／shaft load …… 39, 80
軸間距離／center distance …… 45
軸間セット方式／center distance set system …… 63
姿勢維持精度／posture keeping accuracy …… 185
実負荷／actual load …… 152
自動車補機駆動用Ｖベルト／automotive accessory drive V belt …… 9
射出成形／injection molding …… 174
ジャム／jam …… 197
十字掛け／cross drive …… 4
従動プーリ／driven pulley …… 11
樹脂プーリ／resin pulley …… 174
焼結合金プーリ／sintered alloy pulley …… 175
小プーリ径／small pulley diameter …… 3
初期なじみ／break in …… 166
初張力／initial tension …… 24
ショックロード／shock load …… 155
心線／cord …… 152
心線の縦弾性係数とその断面積の積
／product of longitudinal modulus times cross-sectional area of cords …… 134
心線の巻き張力／cord winding tension …… 130
心線疲労／fatigue of cords …… 170
心体／tension member …… 2
伸張率／elongation rate …… 63
水平駆動／verical shaft drive …… 10
スキュー／skew …… 208
スタッカ／stacker …… 210

スパン長さ／span length ……… 46
スライド方式／slide tensioning system ……… 98
スリップ率／slip ratio ……… 52
成形加工／forming ……… 173
静軸荷重／static shaft load ……… 80
静止張力／static tension ……… 24
正転逆転／bidirectional operation ……… 152
精密搬送／precise transportation ……… 3，185
積層式平ベルト／laminated flat belt ……… 2
背ゴム／backing rubber ……… 152
設計動力／design power ……… 52，150
切削加工／cutting work ……… 173
接触角／angle of contact ……… 18，24
接触角補正係数／angle of contact correction factor ……… 56
切断／cutting, breaking ……… 84，154
せん断強さ／shear strength ……… 15
騒音／noise ……… 144
騒音対策／noise reduction method ……… 148
速度差／speed difference ……… 31
速度変化率／speed change rate ……… 190
側面摩耗／side face wear ……… 155

タ　行

ダイカストプーリ／die casting pulley ……… 174
台形歯形／trapezoidal prifile ……… 14
台形歯形歯付ベルト／trapezoidal profile synchronous belt ……… 150
耐側圧性／side pressure resistance ……… 9
帯電防止仕様／antistatic type ……… 169
多軸伝動／multi-pulley drive ……… 3
縦裂け／split ……… 163
縦弾性係数／longitudinal modulus ……… 31
多本掛け／multiple belt drives ……… 10

たわみ量／deflection……99
弾性滑り／elastic slip……30，190
短繊維補強ゴム／short fiber reinforced rubber……9
単体式平ベルト／monolithic flat belt……2
張力緩和／tension relaxation……166
張力差／deviation of the tension……190
継ぎ手加工／joining process……3
吊り下げ／hanging……169
連れ回りベルト／driven belt……189
定格動力／rated power……152
適正取付張力／appropriate install tension……99
デッドウェイト／deadweight……67
テンショナ／tensioner……137
テンションプーリ／tensioner (tension pulley)……64
伝達効率／transmission efficiency……165
伝動能力は経験上1.5倍以上／transmission capacity more than 1. 5 times……66
伝動容量／power rating……17，52，150
動軸荷重／dynamic shaft load……80
特殊ピッチ歯形／special pitch tooth form……16
トラクション係数／traction coefficient……28
取付張力／installation tension……51，131，164

ナ　行

長さ補正係数／length correction factor……55
ねじれ角／helix angle……139
ねじれ率／helix ratio……139

ハ　行

媒体搬送／media feeding……188
背面アイドラ／back side idler……10
背面駆動／back side drive……10

背面クラック／back face crack ……154
背面摩耗／back face wear ……157
歯欠け／tooth share ……154
バキューム搬送／vacuum conveyance ……185
歯切り／tooth generating ……173
はく離／separation ……82
歯ゴム／tooth rubber ……152
歯先円直径／outside diameter ……172
はすば歯付ベルト／helical synchronous belt ……139
歯底摩耗／bottom land wear ……156
歯付プーリ／synchronous pulley ……172
歯付ベルト／synchronous belt ……1，13
バックラッシ／backlash ……15，152
歯飛び／jumping ……132，135，155，206
歯飛びトルク／teeth jumping torque ……14
歯布／facing fabric ……153
歯ピッチ／tooth pitch ……13
歯摩耗／tooth wear ……154
歯元／tooth root ……15
歯元クラック／tooth root crack ……154
張り側張力／tight side tension ……24，131
張り増し／tension increase ……165
搬送ピッチ精度／feeding pitch accuracy ……185
ハンドラー／handler ……207
引抜力／pull-out force ……163
ひずみ／distortion/strain ……10
ピッチ円／pitch circle ……129
ピッチ円直径／pitch circle diameter ……172
ピッチ径／pitch diameter ……11
ピッチ差／pitch difference ……132，134
ピッチ線／pitch line ……3，129
ピッチ線上の速度／speed on the pitch line ……191
標線／marked line ……63

平ベルト／flat belt……1
フィルムコア平ベルト／film core flat belt……2
プーリ１回転周期の回転むら／transmission error with a period of pulley rotation……140
プーリずれ／pulleys parallel discrepancy……70
プーリ倒れ／pulley incline……70
プーリと軸の締結／fixing between pulley and shaft……176
プーリ歯ピッチ／pulley tooth pitch……129
プーリ表面粗さ／pulley surface roughness……72
付加伝動容量／additional power rating……54
負荷変動／load fluctuation……10
負荷補正係数／service correction factor……52
不完全かみ合い部／incomplete meshing……130，138
フライホイール効果／flywheel effect……67
フランジ／flange……156
フランジこすれ音／flange rubbing noise……144
ベルト１周周期の回転むら／transmission error with a period of belt rotation……140
ベルト風切り音／belt wind noise……144
ベルト式CVT／belt type CVT……113
ベルト速度／belt speed……57
ベルトの弾性伸び／elastic modulus……30
ベルト張力計／belt tension meter……96
ベルトの片寄り／side tracking……161
ベルト歯ピッチ／belt tooth pitch……129
ベルト歯荷重／belt tooth load……133
変速用Ｖベルト／variable speed V–belt……11
細幅Ｖベルト／narrow V–belt……7

マ　行

曲げ応力／bending stress……32
曲げ変形／bending deformation……191
摩擦係数／coefficient of friction……24，104
摩擦伝動／frictional forced power transmission……1

摩擦力／friction force …… 36
磨耗／wear, abrasion …… 125
見かけの摩擦係数／apparent coefficient of friction …… 36
ミスアライメント／misalignment …… 70, 156, 161, 186
ミリピッチ／metric pitch …… 14

ヤ　行

有効張力／effective tension …… 24
有効溝幅／effective groove width …… 73
有効溝深さ／effective groove depth …… 73
ゆるみ側張力／slack side tension …… 24
横振動固有振動数／transverse natural frequency …… 141

ラ　行

ラップドＶベルト／wrapped V-belt …… 7
リブピッチ／rib pitch …… 11
両面歯付ベルト／double-sided synchronous belt …… 16
理論初張力／theoretical minimum initial tension …… 27
ローエッジコグド／raw edge cogged V-belt …… 7
ローエッジＶベルト／raw edge V-belt …… 7
ローエッジプレーン／raw edge plane V-belt …… 7
ローエッジラミネーテッド／raw edge laminated V-belt …… 7
六角ベルト／hexagonal belt …… 10

伝動ベルト関係主要規格

1. ISO（国際標準化機構）

1.1 摩擦伝動

No.	規格番号	発行年	規格名称（和文は略名称）	関連規格
1	ISO 22	1991	Belt drives-Flat transmission belts and corresponding pulleys-Dimensions and tolerances（平ベルト及びプーリの寸法と許容差）	JIS B 1852
2	ISO 155 DIS[b] 155	1998 改正中	Belt drives-Pulleys-Limiting values for adjustment of centres（プーリの軸間距離調整しろ）	無
3	ISO 254	2011	Belt drives-Pulleys-Quality, finish and balance（プーリの品質，仕上げ及びバランス）	無
4	ISO 255	1990	Belt drives-Pulleys for V-belts (system based on datum width) -Geometrical inspection of grooves（V プーリ溝の幾何学的検査－データム幅に基づくシステム）	無
5	ISO 1081	2013	Belt drives-V-belts and V-ribbed belts, and corresponding grooved pulleys-Vocabulary（V ベルト，V リブドベルト及びプーリの用語）	JIS B 1860
6	ISO 1604	1989	Belt drives-Endless wide V-belts for industrial speed-changers and groove profiles for corresponding pulleys（工業用変速ベルト及びプーリの溝形状）	無
7	ISO 1813	2014	Belt drives-V-ribbed belts, joined V-belts and V-belts including wide section belts and hexagonal belts-Electrical conductivity of antistatic belts : Characteristics and methods of test（V ベルト，V リブドベルトの導電率の特性及び測定方法）	無
8	ISO 2790 NP[a] 2790	2004 改正中	Belt drives-Narrow V-belts for the automotive industry and corresponding pulleys-Dimensions（自動車用細幅 V ベルト及びプーリの寸法）	JASO E 107
9	ISO 3410	1989	Agricultural machinery-Endless variable-speed V-belts and groove sections of corresponding pulleys（農機用変速ベルト及びプーリの溝断面）	無
10	ISO 4183	1995	Belt drives-Classical and narrow V-belts-Grooved pulleys (system based on datum width)（一般及び細幅 V ベルトのプーリ）	JIS B 1854 JIS B 1855

11	ISO 4184	1992	Belt drives-Classical and narrow V-belts-Lengths in datum system（一般及び細幅Vベルトの長さ）	JIS K 6368
12	ISO 5287	2003	Belt drives-Narrow V-belts for the automotive industry-Fatigue test（自動車用細幅Vベルトの疲労試験）	JASO E 121
13	ISO 5289	1992	Agricultural machinery-Endless hexagonal belts and groove sections of corresponding pulleys（農機用六角ベルト及びプーリ溝断面）	無
14	ISO 5290	2001	Belt drives-Grooved pulleys for joined narrow V-belts-Groove sections 9N/J, 15N/J and 25N/J (effective system)（結合細幅Vベルト用プーリの溝断面）	無
15	ISO 5291	2011	Belt drives-Grooved pulleys for joined classical V-belts-Groove sections AJ, BJ, CJ and DJ (effective system)（結合一般Vベルト用プーリの溝断面）	無
16	ISO 5292	1995	Belt drives-V-belts and V-ribbed belts-Calculation of power ratings（Vベルト及びVリブドベルトの伝動容量の計算）	無
17	ISO 8370-1	1993	Belt drives-Dynamic test to determine pitch zone location-Part1：V-belts（Vベルトのピッチゾーン決定のための動的試験）	無
18	ISO 8370-2	1993	Belt drives-Dynamic test to determine pitch zone location-Part2：V-ribbed belts（Vリブドベルトのピッチゾーン決定のための動的試験）	無
19	ISO 8419	2003	Belt drives-Narrow V-belts-Sections 9N/J, 15N/J and 25N/J (lengths in the effective system)（細幅結合Vベルトの長さ）	無
20	ISO 9608	1994	V-belts-Uniformity of belts-Test method for determination of centre distance variation（Vベルトの軸間距離変量決定のための試験方法）	JIS B 1861
21	ISO 9980	2012	Belt drives-Grooved pulleys for V-belts (system based on effective width) -Geometrical inspection of grooves（Vプーリ溝の幾何学的検査－有効幅に基づくシステム）	無
22	ISO 9981 NP[a] 9981	1998 改正中	Belt drives-Pulleys and V-ribbed belts for the automotive industry-PK profile：Dimensions（自動車用プーリ及びVリブドベルトの寸法－PK形）	JASO E 109

23	ISO 9982 NP[a)]9982	1998 改正中	Belt drives-Pulleys and V-ribbed belts for industrial applications-PH, PJ, PK, PL and PM profiles：dimensions（工業用プーリ及びVリブドベルトの寸法－PH～PM形）	JIS B 1858
24	ISO 11749	2014	Belt drive-V-ribbed belts for the automotive industry-Fatigue test（自動車用Vリブドベルトの疲労試験）	JASO E 122
25	ISO 24035	2014	Belt drives-V-belts and the corresponding pulleys for agricultural machineries-Dimensions（摩擦ベルト伝動－農業用摩擦伝動ベルトと相当プーリの寸法）	無

1.2 かみ合い伝動

No.	規格番号	発行年	規格名称（和文は略名称）	関連規格
1	ISO 5288 DIS[b]5288	2001 改正中	Synchronous belt drives-Vocabulary（歯付ベルト伝動の用語集）	JIS B 1859
2	ISO 5294	2012	Synchronous belt drives-Pulleys（歯付ベルト用プーリ）	無
3	ISO 5295	2017	Synchronous belt drives-Calculation of power rating and drive center distance（歯付ベルトの伝動容量と軸間距離の計算）	無
4	ISO 5296	2012	Synchronous belt drives-Belts with pitch codes MXL, XXL, XL, L, H, XH, and XXH-Metric and inch dimensions（歯付ベルト MXL～XXH の寸法－メトリックとインチ表示）	JIS K 6372 JIS K 6373
5	ISO 9010 NP[a]9010	1997 改正中	Synchronous belt drives-Automotive belts（自動車用歯付ベルト）	JASO E 105
6	ISO 9011 NP[a]9010	1997 改正中	Synchronous belt drives-Automotive pulleys（自動車用歯付プーリ）	JASO E 106
7	ISO 9563	2015	Belt drives-Electrical conductivity of antistatic endless synchronous belts-Characteristics and test method（耐静電性歯付ベルトの導電性特性及び試験方法）	無
8	ISO 12046	2012	Synchronous belt drives-Automotive belts-Determination of physical properties（自動車用歯付ベルトの物性測定）	JASO E 110
9	ISO 13050	2014	Synchronous belt drives-Metric pitch, curvilinear profile systems G, H, R and S, belts and pulleys{メトリックピッチ円弧歯形（G・H・R・S）歯付ベルト伝動（ベルト及びプーリ）}	JIS B 1857-1 JIS B 1857-2
10	ISO 17396	2014	Synchronous belt drives-Metric pitch, trapezoidal profile systems T and AT, belts and pulleys {メトリックピッチ台形歯形（T・AT）歯付ベルト伝動（ベルト及びプーリ）}	無
11	ISO 19347	2015	Synchronous belt drives-Imperial pitch trapezoidal profile system-belts and pulleys（インチピッチ台形歯形歯付ベルト及びプーリ）	JIS B 1856

1.3　精密搬送（樹脂コンベヤベルト・ライトコンベヤベルト）

No.	規格番号	発行年	規格名称（和文は略名称）	関連規格
1	ISO 15147	2012	Light conveyor belts-Tolerances on widths and lengths of cut light conveyor belts（幅及び長さの許容差）	JIS K 6374
2	ISO 21178	2013	Light conveyor belts-Determination of electrical resistances（電気抵抗の求め方）	JIS K 6378-4 JIS K 6378-5
3	ISO 21179	2013	Light conveyor belts-Determination of the electrostatic field generated by a running light conveyor belt（走行帯電圧の求め方）	JIS K 6378-3
4	ISO 21180	2013	Light conveyor belts-Determination of the maximum tensile strength（最大引張強さの求め方）	JIS K 6376
5	ISO 21181	2013	Light conveyor belts-Determination of the relaxed elastic modulus（応力緩和後の弾性係数の求め方）	JIS K 6378
6	ISO 21182	2013	Light conveyor belts-Determination of the coefficient of friction（摩擦係数の求め方）	JIS K 6378-2
7	ISO 21183-1	2005	Light conveyor belts-Part 1：Principal characteristics and applications（基本特性と適用）	無
8	ISO 21183-2 NP[a)] 21183-2	2005 改正中	Light conveyor belts-Part 2：List of equivalent terms（用語の対比）	無

注 a）NP：New Work Item Proposal（新業務項目提案）

b）DIS：Draft International Standard（国際標準化機構案）

2. JIS（日本工業規格）

No.	規格番号	発行年	規格名称	対応規格
1	B 1852	1980	平プーリ（Pulleys for Flat Transmission Belts）	ISO 22
2	B 1854	1987	一般用Ｖプーリ（Grooved Pulleys for Classical V-belts）	ISO 4183
3	B 1855	1991	細幅Ｖプーリ（Grooved Pulleys for narrow V-belts）	ISO 4183
4	B 1856	2017	一般用台形歯形歯付ベルト伝動－ベルト及びプーリ（Synchronous belt drives-Imperial pitch trapezoidal profile system-belts and pulleys）	ISO 19347
5	B 1857-1	2015	一般用円弧歯形歯付ベルト伝動―第１部：ベルト（Curvilinear toothed synchronous belt drive systems for general power transmission-Part 1：Belt）	ISO 13050
6	B 1857-2	2015	一般用円弧歯形歯付ベルト伝動―第２部：プーリ（Curvilinear toothed synchronous belt drive systems for general power transmission-Part 2：Pulley）	ISO 13050
7	B 1858	2005	Ｖリブドベルト伝動―一般用プーリ及びベルト（Belt drives-Pulleys and V-ribbed belts for industrial applications）	ISO 9982
8	B 1859	2009	歯付きベルト伝動―用語（Synchronous belt drives-Vocabulary）	ISO 5288
9	B 1860	2013 改正中	摩擦ベルト伝動―Ｖベルト，Ｖリブドベルト，Ｖプーリ及びＶリブドプーリ―用語（Belt drives-V-belts and V-ribbed belts, and corresponding grooved pulleys-Vocabulary）	ISO 1081
10	B 1861	2016	Ｖベルト及びＶリブドベルト―軸間距離の変動の測定方法（V-belts and V-ribbed belts-Test method for determination of centre distance variation）	ISO 9608
11	K 6323	2008	一般用Ｖベルト（Classical V-belt for power transmission）	無
12	K 6368	1999	細幅Ｖベルト（Narrow V-belt for power transmission）	ISO 4184
13	K 6372	1995	一般用歯付ベルト（Synchronous belts for general power transmission）	ISO 5296
14	K 6373	1995	軽負荷用歯付ベルト（Synchronous belts for light duty power transmission）	ISO 5296
15	K 6374	2008 改正中	樹脂コンベヤベルトの幅及び長さの許容差（Light conveyor belts-Tolerances on widths and lengths of cut light conveyor belts）	ISO 15147

16	K 6376	2009	樹脂コンベヤベルトの最大引張強さの求め方(Light conveyor belts-Tolerances on widths and lengths of cut light conveyor belts)	ISO 21180
17	K 6378	2010	ライトコンベヤベルト—応力緩和後の弾性係数の求め方 (Light conveyor belts-Determination of the relaxed elastic modulus)	ISO 21181
18	K 6378-2	2012	ライトコンベヤベルト—摩擦係数の求め方 (Light conveyor belts-Determination of the coefficient of friction)	ISO 21182
19	K 6378-3	2013	ライトコンベヤベルト—走行帯電圧の求め方(Light conveyor belts-Determination of the electrostatic field generated by a running light conveyor belt)	ISO 21179
20	K 6378-4	2015	ライトコンベヤベルト—表面電気抵抗の求め方(Light conveyor belts-Determination of electrical surface resistances)	ISO 21178
21	K 6378-5	2016	ライトコンベヤベルト—体積電気抵抗の求め方(Light conveyor belts-Determination of electrical volume resistances)	ISO 21178

3. JASO（自動車技術会規格）

No.	規格番号	発行年	名称	関連規格
1	E 105	1999	自動車用歯付ベルト（Automotive parts-Synchronous belts）	ISO 9010
2	E 106	1999	自動車用歯付プーリ（Automotive parts-Synchronous pulleys）	ISO 9011
3	E 107	2001	自動車用Ｖベルト及びＶプーリ溝部―形状・寸法（Automotive parts-V-belt and corresponding V-pulley grooves-Dimensions）	ISO 2790
4	E 109	2011	自動車部品―Ｖリブドプーリ溝及びベルト―形状・寸法（Automotive parts-V-ribbed pulley grooves and belts-Dimensions）	ISO 9981
5	E 110	2000	自動車用歯付ベルトの試験方法（Test methods of automotive synchronous belts）	ISO 12046
6	E 121	2002	自動車用Ｖベルト―耐久試験方法（Automotive parts-V-belt-Fatigue test）	ISO 5287
7	E 122	2011	自動車部品―Ｖリブドベルト―試験方法・性能（Automotive parts − V-ribbed belts − Test methods and properties）	ISO 11749

主な記号一覧

記号	初出ページ	記号の意味
A	69	片振幅回転変動率
$A_{\Delta\theta}$	143	回転むらの振幅
a	172	PLD
b	27	ベルト幅
b_0	202	保持すべき有効ベルト幅
b_p	75	プーリ幅
b_{pe}	73	プーリ有効幅
C_{ij}	45	プーリ i と j 間の軸間距離
D	33	大プーリ径
D_0	163	歯先円直径
D_p	172	ピッチ円直径
d_v	202	バキューム穴の直径
E	31	ベルトの縦弾性係数
ES	133	心線の縦弾性係数と断面積の積
e_1	202	ベルト端部から穴列までの距離
e_2	203	幅方向の穴列間隔
e_3	203	長手方向の穴列間隔
F	34	ベルトを押し込む力
F_c	39	軸荷重
F_{fk}	133	1ピッチ当たりの摩擦力
F_i	115	一つのブロックに作用する半径方向の力
F_{Lk}	133	1ピッチ当たりの伝達力
F_{tk}	133	1歯当たりのベルト歯荷重
f_a	145	気柱の基本固有振動数
f_b	141	ベルトの横振動固有振動数
f_d	144	減衰固有振動数
f_z	144	かみ合い周波数
$f_{\Delta\theta}$	143	回転むらの周波数
G_R	133	ゴムの剛性率

H_i	115	半径方向内側に入るブロックを静止させる摩擦力
h_{cr}	75	クラウン高さ
h_g	74	プーリ有効溝深さ
I	42	断面2次モーメント
I	68	従動側慣性モーメント
i_r	114	変速比
j	132	$j=1$ は原動側，$j=2$ は従動側
K	78	過負荷補正係数
K_0	78	負荷補正係数
K_{1i}	78	アイドラ使用による補正係数
K_e	78	環境補正係数
K_f	146	弦振動修正係数
k	133	ベルト歯番号
L	46	ベルト長さ
l_a	145	空気柱の長さ
l_c	145	開口端の補正
l_{ij}	189	各スパン長さ
m	147	ベルトの単位長さあたりの質量
N	35	ベルトがプーリを押す力
N	159	ベルト繰り返し数
N_i	115	ブロック1個あたりに生じる法線方向の反力
n	100	振動次数
n	116	CVT ブロック個数
n_1	142	原動プーリ回転数
$n_{\max}$	68	ある時間内の従動プーリ最大回転数
$n_{\min}$	68	ある時間内の従動プーリ最小回転数
n_{N0}	53	従動プーリ無負荷時の回転数
n_{Nt}	53	従動プーリ負荷時の回転数
n_{R1}	53	原動プーリ無負荷時の回転数
n_{Rt}	53	原動プーリ負荷時の回転数
n_s	202	幅方向の穴数
P	51	伝達動力
P_b	129	ベルト歯ピッチ
P_p	129	プーリ歯ピッチ

Q	114	プーリ推力
R	27	プーリ半径
R_1	114	原動プーリにおけるベルトの公称巻き付け半径
R_2	114	従動プーリにおけるベルトの公称巻き付け半径
R_{cr}	75	クラウン半径
r	31	プーリに巻き付いたベルト中立軸の曲率半径
r_a	145	空気柱の半径
r_t	74	V リブドプーリ先端丸み
S	30	ベルト断面積
S_0	30	ベルトに張力が作用していない状態での断面積
$SLIP$	52	スリップ率
S_t	75	片寄り率
s	61	接触長さ
T	25	ベルト張力
T_0	27	初張力または静止張力，理論初張力
T_{adm}	202	ベルト単位幅あたりの許容張力
T_{adm2}	202	穴列ベルトの許容張力
T_c	26	遠心張力
T_e	26	有効張力
T_{e1}	62	ベルト単位幅あたりの有効張力
T_i	64	スパン張力
T_i	94	取付張力
T_i	115	i 番目ブロックの手前のベルト張力
T_{ij}	189	各スパン張力
$T_{\max}$	51	最大ベルト張力
T_{q1}	189	駆動トルク
T_{q2}	189	負荷トルク
T_s	190	ゆるみ側張力
T_t	190	張り側張力
T_x	31	休止角を過ぎた点のベルト張力
t	32	ベルト厚さ
t	68	プーリ回転変化時間
t	141	プーリ回転時間
t_m	159	耐久時間

u	75	片寄り速度
v	25	ベルト速度（周速）
v_m	145	音速
v_{out}	191	搬送面のベルト速度
v_s	32	ゆるみ側ベルト中立軸上のベルト速度
Δv	190	ベルト上の 2 点間の速度変化率
v_{s1}	31	原動プーリ側滑り速度
v_{s2}	32	従動プーリ側滑り速度
v_{sx}	40	原動プーリ上の任意の点におけるベルトすべり速度
v_t	31	張り側ベルトの中立軸上のベルト速度
v_{xz}	31	中立軸から z だけ離れた断面上のベルト速度
v_z	31	張り側ベルトの中立軸から z だけ離れた点のベルト速度
x	191	ベルト搬送面からピッチ線までの距離
z_b	137	ベルト歯数
z_{pj}	137	プーリ歯数
α	35	プーリ V 溝角度
α_1	90	ミスアライメント角度
α_s	75	進入角
β	115	i 番目と $i+1$ 番目のブロックがなす中心角度
β_e	203	千鳥配列時の穴列傾斜角度
γ	139	はすば歯付ベルトのねじれ角
γ_r	139	はすば歯付ベルトのねじれ率
ΔP_j	139	ピッチ差
$\Delta\theta$	137	回転むら
$\Delta\theta_b$	140	ベルト 1 周周期の回転むら
$\Delta\theta_p$	140	プーリ 1 回転周期の回転むら
$\Delta\theta_R$	141	逆回転時の回転むら
$\Delta\theta_t$	138	1 ピッチ周期の回転むら
$\Delta\theta_{t/2}$	142	1/2 ピッチ周期の回転むら
ε	30	ベルトのひずみ
ε_b	33	ベルト表面に生じる最大ひずみ
ε_z	41	中立軸から z 離れた点のひずみ量
θ	24	巻き付け角
$\theta_1-\theta_0$	26	休止角

θ_0	26	クリープ角
θ_{p1}	138	原動プーリ回転角
λ	28	トラクション係数
μ	25	設計摩擦係数
μ'	36	ベルトとプーリ間の見かけの摩擦係数
μ_k	115	動力伝達を生み出す円周方向の摩擦係数
μ_r	35	半径方向の摩擦係数
μ_θ	36	ベルトの円周方向の摩擦係数
ν	30	ベルトのポアソン比
ρ	25	ベルト密度
ρ_0	30	ベルト張力が作用していない状態での密度
σ_b	33	ベルト最外部に生じる曲げ応力
$\sigma_{\max}$	202	穴の端部に作用する最大応力
σ_r	202	穴の間のベルトに作用する応力平均値
ϕ	64	F と F' のなす角
ϕ_t	48	従動プーリのひねり角度
ϕ_1	50	C_{31} と C_{12} がなす角
ϕ_2	50	プーリ 1 の中心点から L_{12} に下ろした垂線と C_{12} がなす角
ϕ_3	50	プーリ 1 の中心点から L_{31} に下ろした垂線と C_{31} がなす角
ω	68	角速度

ベルト伝動技術懇話会関連企業

ベルト伝動技術懇話会

Society of Belt Transmission Engineers
since 1989

http://www.sbte.jp/

ベルト伝動技術懇話会は，ベルトの伝動技術に関する技術の向上と関係技術者の交流をはかることを目的とし，下記の事業を行っています。

○総会講演会；毎年春に，活動計画・予算等について議論します。同時開催の講演会では，　会員からの新技術・新商品の紹介や，興味深いテーマを選定した講演会を実施し，会員相互の親睦・情報交換の場を設けています。

○企画委員会；若手研究者技術者を対象として，ベルト伝動の基礎理論やベルト関連素材の 基本特性に関して，専門家を招いた講演会およびベルト関連の基礎技術に関する講習会を開催しています。

○ Q&A委員会；ベルト伝動に係る多方面からの質問に，懇話会メンバー内の専門家がお答えします。会員外の皆様からの質問も歓迎しています。設計業務において不明な点，あるい　は使用しているベルト特性について疑問に思った点等についての質問を受付け，お答えしま す。ホームページをご覧ください。

○ 出版物等；本書籍であるベルト伝動技術懇話会編「ベルト伝動・精密搬送の実用設計第三次改訂増補版」養賢堂(2017) の広報販売活動をしています。また，ホームページに「今日　のベルト用語」として，ベルト関連の基礎知識と用語解説を掲載しています。さらに，ベルト関　連業界新聞社と提携し，関連記事を転載させて頂いています。

○ 国際会議；　ベルト伝動技術に係る国際ワークショップ等を随時企画・開催してきています。

≪連絡先≫

ベルト伝動技術懇話会 事務局
E-mail: transmissionbelt@sbte.jp　ホームページ:http://www.sbte.jp/

創立20周年記念祝賀会にて（2009年11月、大阪)

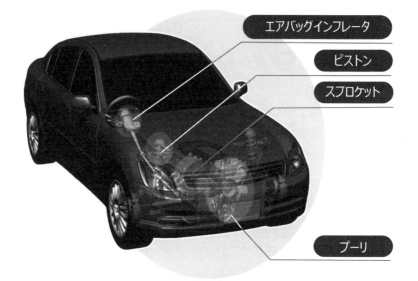

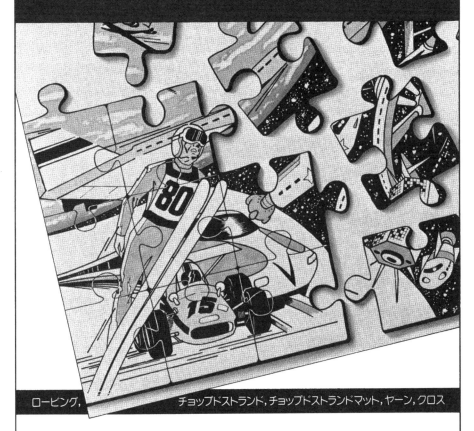

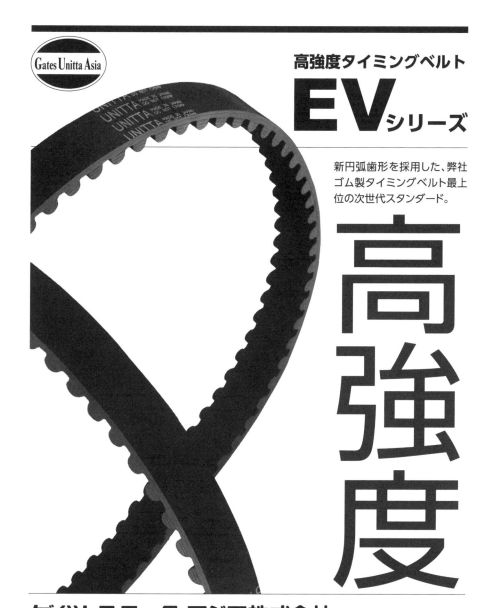

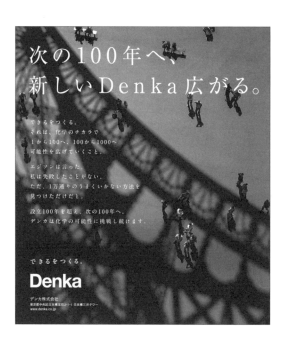

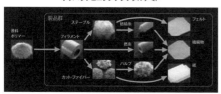

DuPont™
Kevlar®

ケブラー®手袋

・パラ系アラミド繊維ケブラー®の特長である**耐切創性・耐熱性**を生かし、災害発生要因として多い「切れ、こすれ」による労働災害を予防する耐切創性手袋として、さまざまな危険な作業現場から労働者の安全を守ります。

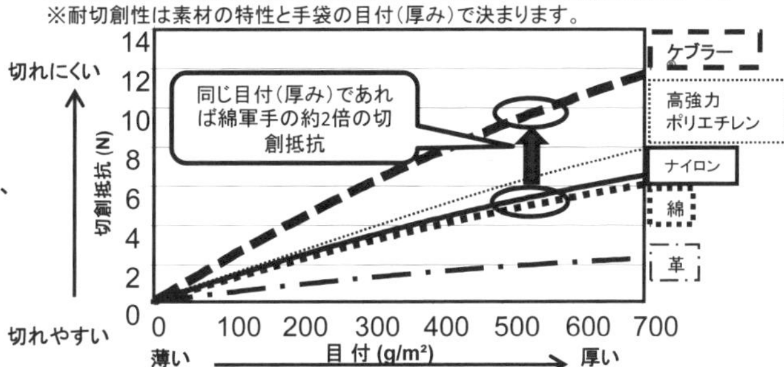

＊切創抵抗値は手袋の構成により変わるため、実際の手袋の切創抵抗値を示すものではありません。

どんな手袋を使ってますか？

高温物との接触あり

精密な作業、埃を嫌う作業がある
薄手でフィット感が欲しい

ケブラー®製手袋(厚手タイプ)

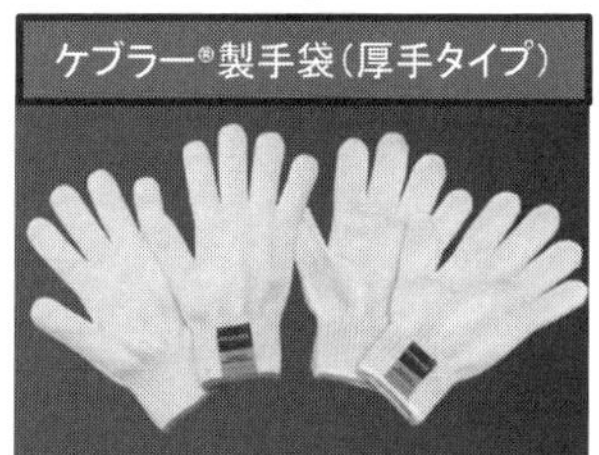

【切れ難さ対比】
高強力ポリエチレン手袋・・約1.5倍
ナイロン・綿手袋・・約2倍
革手袋・・・約5倍

もっと耐切創が必要

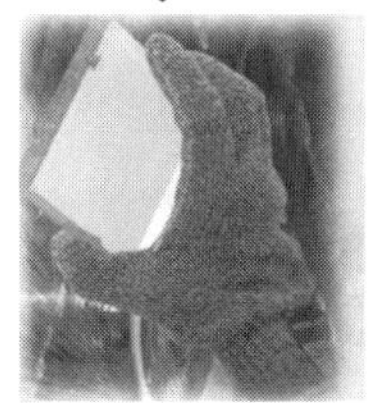

Kevlar®ES
(ステンレス入り)

【切れ難さ対比】
高強力ポリエチレン手袋・・約5.5倍
ナイロン・綿手袋・・約6.5倍
革手袋・・・約16倍

ケブラー®製手袋(薄手タイプ)

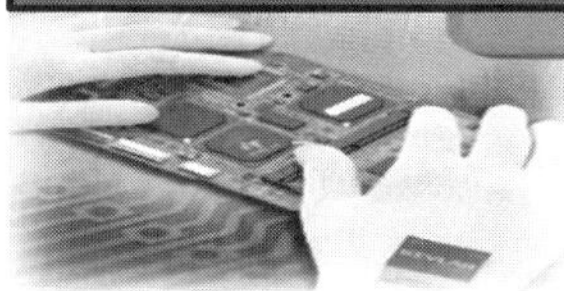

【低発塵】
クラス100相当
(クリーンルーム対応)

Kevlar®SD
(細い特殊加工糸、スパンデックス入り)

【切れ難さ対比】
高強力ポリエチレン手袋・・約1.5倍
ナイロン・綿手袋・・約2倍
革手袋・・・約5倍

もっと耐切創が必要

【低発塵】
クラス100相当
(クリーンルーム対応)

Kevlar®SD/SUS
(ステンレス入り)

【切れ難さ対比】
高強力ポリエチレン手袋・・約4.5倍
ナイロン・綿手袋・・約4.5倍
革手袋・・・約12倍

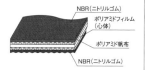

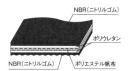

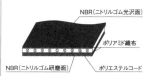

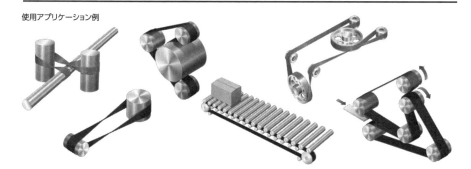

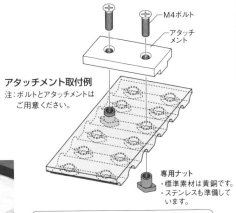

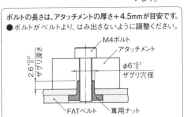

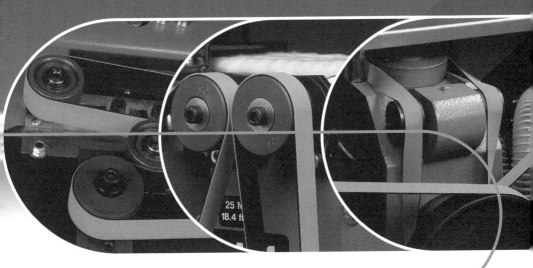

人を想い、
地球を想う。

それは、三ツ星ベルトが
未来に託す願いです

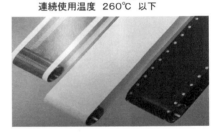

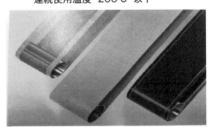

JCOPY <(社) 出版者著作権管理機構 委託出版物>

2018

ベルト伝動・精密搬送の
実用設計
第三次改訂増補版

著者との申
し合せによ
り検印省略

2018年3月20日　第1版第1刷発行

編 著 者　ベルト伝動技術懇話会
代 表 者　篭谷正則

発 行 者　株式会社　養 賢 堂
代 表 者　及 川 清

印 刷 者　株式会社　真 興 社
責 任 者　福田真太郎

定価(本体4800円+税)

〒113-0033 東京都文京区本郷5丁目30番15号
発 行 所　株式会社養賢堂
TEL 東京(03)3814-0911 [振替00120
FAX 東京(03)3812-2615 [7-25700
URL http://www.yokendo.com/

ISBN978-4-8425-0565-7　C3053

PRINTED IN JAPAN　製本所　株式会社真興社